Raspberry Pi《ラズベリー・パイ》 はじめてガイド

［Raspberry Pi 4完全対応］

著 山内直
大久保竣介
森本梨聖

監修 太田昌文
（Japanese Raspberry Pi Users Group）

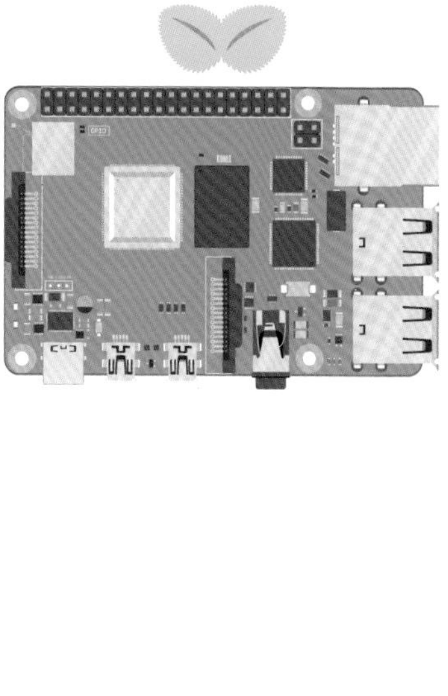

技術評論社

Contents

第1章 Raspberry Piをはじめよう

1-1 ▶▶ Raspberry Piの世界にようこそ …… 014
Raspberry Piとは
Raspberry Piの特徴
Raspberry Piの各部紹介

1-2 ▶▶ Raspberry Piのラインナップ …… 020
主要モデルのスペック表
主要モデルの特徴

1-3 ▶▶ 本書でRaspberry Piを楽しむために必要なもの …… 024
パソコンやサーバーとして使ううえで必要なもの
電子工作をするうえで必要なもの

1-4 ▶▶ チェックしておきたいRaspberry Piアクセサリー …… 034
主要なRaspberry Piアクセサリー

第2章 OSを入れよう

2-1 ▶▶ Raspberry PiのOSを知ろう …… 038
Raspberry Piで使えるOSの種類
Raspberry Pi OSの特徴

2-2 ▶▶ OSを用意しよう …… 042
OSを起動するしくみ
Raspberry Pi Imagerでインストールしよう

2-3 ▶▶ Raspberry Piを起動しよう …… 051
Raspberry Piを起動しよう

2-4 ▶▶ 初期設定と動作確認を行おう …… 053
初期設定を行おう
動作確認を行おう
Raspberry Piを終了しよう

2-5 ▶▶ ネットワークを設定しよう …… 058
Wi-Fiに接続しよう
固定IPアドレスを設定しよう

第3章 デスクトップパソコンとして活用しよう

3-1 ▶▶ Raspberry Piとデスクトップパソコン …… 064
デスクトップパソコンとしての活用を支える要素
GUIとCLI

3-2 ▶▶ デスクトップOS／サーバーOSの考え方 …… 066
デスクトップOSの場合
サーバーOSの場合

3-3 ▶▶ GUIの基本操作 …… 068
Raspberry Pi OSの画面構成
アプリケーションを起動しよう
アプリケーションを終了しよう
アプリケーションの画面を最大化／最小化しよう
複数のアプリケーションを切り替えよう

3-4 ▶▶ フォルダとファイルの基本操作 …… 074
ファイルマネージャーの画面構成
表示するフォルダを変更しよう
フォルダを作成してファイルを移動させよう
ファイルをコピー／削除しよう
「ゴミ箱」のファイルをもとに戻そう

3-5 ▶▶ アプリケーションを使いこなそう …… 080
アプリケーションを使ってみよう
アプリケーションをインストールしよう

アプリケーションをアンインストールしよう
アプリケーションのショートカットをデスクトップに作成しよう
アプリケーション・ランチャーにショートカットを追加しよう
アプリケーション・ランチャーのショートカットを管理しよう

3-6 ▶▶ Raspberry Pi OSの設定を変更しよう ……… 088
文字などの表示サイズを変更しよう
パスワードを変更しよう
ディスプレイの解像度を設定しよう
壁紙を変更しよう
メニューバーの設定を変更しよう

3-7 ▶▶ Raspberry Piでゲームをプレイしよう ……… 096
Minecraft Piを起動しよう
プレーヤーを動かそう
ブロックを操作しよう

第4章 サーバーとして利用しよう

4-1 ▶▶ Raspberry Piとサーバー ……… 100
サーバーとクライアント
Raspberry Piで動くLinuxはサーバー用途が得意
サーバーを動かすために必要なもの

4-2 ▶▶ Raspberry Piのコマンドの基本操作 ……… 102
サーバー操作はCLIがメイン
CLI用のターミナルを立ち上げよう
コマンドの基礎知識
表示と移動から覚えよう
現在のRaspberry Piの情報を取得しよう
コマンドを組み合わせよう
アプリケーションをインストール／更新しよう

4-3 ▶▶ WebサーバーでWebサイトを表示しよう ……… 117
Webブラウザでアクセスできるサーバーを作ろう
サーバーへの接続に必要な情報を集めよう
サーバーを起動しよう
表示するWebサイトを用意しよう

4-4 ▶▶ ファイルサーバーとして利用しよう …… 126
ファイルを保存するためのサーバーを作ろう
Sambaをインストールしよう
Sambaの設定をしよう
手元のパソコンからSambaを覗いてみよう
外部ストレージを接続しよう

4-5 ▶▶ 手元のパソコンからサーバーにアクセスしよう …… 140
手元のパソコンからサーバーにアクセスできるSSH
SSHを設定して動かそう

4-6 ▶▶ さらに高度なサーバー …… 146
写真や動画を楽しむメディアサーバー
自動バックアップサーバー
スマートホームデバイス化

第5章 プログラミングを楽しもう

5-1 ▶▶ Raspberry Piとプログラミング …… 150
プログラミングは今注目のスキル
Raspberry Piはプログラミングに最適
プログラミングに必要なものを知ろう

5-2 ▶▶ Pythonを動かそう …… 154
プログラミング言語Python
はじめてのプログラムに挑戦しよう
プログラムで計算してみよう
文字列を操作してみよう
プログラムをファイルに保存してみよう
条件分岐とくり返し
日付情報を表示してみよう

5-3 ▶▶ インターネットから情報を取得しよう …… 168
ライブラリとpip3コマンド
インターネット上の情報を取得しよう
取得した情報を見やすく表示しよう

5-4 ▸▸ サーバーをプログラミングしよう …… 176
フレームワークFlaskとは
Flaskをインストールしよう
Webアプリケーションを作成しよう
動的コンテンツにチャレンジしよう
テンプレートエンジンを使ってみよう

5-5 ▸▸ AIの技術「機械学習」も試そう …… 184
PythonとAI
TensorFlowをインストールしよう
TensorFlowの動作確認をしよう
チュートリアルのサンプルを試そう

5-6 ▸▸ Raspberry Piにあるたくさんのプログラミング環境 …… 188
Scratch
Ruby
統合開発環境（IDE）

第6章 電子工作に挑戦しよう

6-1 ▸▸ Raspberry Piと電子工作 …… 192
Raspberry Piで電子回路を制御するしくみ
GPIOと各端子
PythonによるGPIOの基本操作
ブレッドボード
ジャンパーワイヤー

6-2 ▸▸ 電子回路の基礎知識 …… 198
電源と素子
電圧と電流
抵抗とオームの法則
回路図の基本

6-3 ▸▸ LEDを光らせよう …… 204
LEDと抵抗の基本
電子回路を確認しよう
組み立ててLEDを光らせよう

6-4 ▶▶ LEDの光らせ方をプログラミングしよう …… 210
プログラムでLEDのオン／オフを制御しよう
電子回路を確認しよう
電子回路を組み立てよう
PythonでLEDを点灯させよう
PythonでLEDを点滅させよう
LEDの明るさを調節しよう

6-5 ▶▶ センサーで物までの距離を測ろう …… 220
距離を測る超音波センサー
電子回路を確認しよう
電子回路を組み立てよう
Pythonで距離を測定しよう

6-6 ▶▶ 一定の距離まで近付いたときにLEDが光るようにしよう …… 228
LEDとセンサーを組み合わせよう
電子回路を確認しよう
電子回路を組み立てよう
Pythonでプログラミングしよう

6-7 ▶▶ カメラで画像を撮影しよう …… 236
近付いたらカメラで自動撮影するようにしよう
焦電型赤外線センサーとカメラモジュール
カメラモジュールを設定しよう
電子回路を確認しよう
電子回路を組み立てよう
プログラムを作成しよう

6-8 ▶▶ もっと電子工作 …… 248
暗くなったら自動で光るライト
熱中症の危険度を知らせるLED
別の部屋から操作できるリモコン
侵入者を教えてくれる防犯カメラ

パーツリスト …… 252

索引 …… 253

サンプルファイルのダウンロード

本書で使用するプログラムのサンプルファイルは、下記のURLから入手できます。

https://gihyo.jp/book/2021/978-4-297-11958-4/support

●免責

本書に記載された内容は、情報の提供のみを目的としています。したがって、本書を用いた運用は、必ずお客様自身の責任と判断によっておこなってください。これらの情報の運用の結果について、技術評論社および著者はいかなる責任も負いません。

本書記載の情報は、2021年1月現在のものを記載していますので、ご利用時には変更されている場合もあります。

以上の注意事項をご承諾いただいたうえで、本書をご利用願います。これらの注意事項をお読みいただかずに、お問い合わせいただいても、技術評論社および著者は対処しかねます。あらかじめご承知おきください。

●使用環境

本書記載の情報は、特に断りのない限り、以下の環境で使用した場合のものです。

・Raspberry Pi OS Full (32bit) ／Raspberry Pi 4 Model B
・Windows 10

●商標、登録商標について

はじめに

推薦文（原文）

I was lucky to be part of the Raspberry Pi journey since the beginning, before there was even any hardware released into the world. The promise of a hackable computer that just about anyone could own was a worthy dream.

At the time I was rediscovering the world of Electronics and Making that I'd left behind after school over a decade before. In the years since then I've travelled around the world more than three times, learned countless new skills and built a company with my good friend Jon. I've seen the communities that have adopted and grown around a hacking, learning and creating with Raspberry Pi.

Some of my happiest memories are with the crew of the Japanese Raspberry Pi Users Group. They showed me their world, filled with people who had a love of well-crafted things. Who enjoyed exploring and discovering the limits of technology and what it could do, and then perfecting that knowledge in projects. They showed me things that were useful, beautiful, fun, or all of these things at once.

From Tokyo to Kyoto at Maker Faires and Hackspaces people gathered to show and build their projects. In Ryokan and Izakayas we talked and shared ideas and news and dreams. With these friends I was guided through the beauty geekiness of Akiba, watched eagles fly around Mie, and drove all the way around Mount Fuji without seeing it once.

I hope this book will be the start of a path of learning and making that is as happy and fulfilling for you. With Masafumi-san and his friends, you have good companions for your journey :-)

Paul Beech
Founder and Designer at Pimoroni LTD.

●推薦文（翻訳）

いろいろなハードウェアが世に出る前の初頭からRaspberry Piの『旅』に参加できて、私は幸運でした。誰もが所有できるだろうそのハッカブルなコンピューターの約束するものは、価値のある夢でした。

当時の私は、その10年以上前に学校を卒業してからなおざりにしていたエレクトロニクスとメイキングの世界を再発見していました。それから数年間で少なくとも3回以上世界中を旅し、数え切れないほどの新しいスキルを学び、親友のジョンと会社（Pimoroni）を設立しました。また、Raspberry Piを使ってハッキングしたり、学んだり、モノ作りしたりしているコミュニティができ、成長していくのを見てきました。

私にとってもっとも幸せな思い出のいくつかは、Japanese Raspberry Pi Users Groupのクルーと一緒に過ごしたことです。彼らは『うまく作られているモノ』の愛好家にあふれているコミュニティを私に見せてくれました。技術の限界や可能性を探り、発見し、その知識をプロジェクトの中で完成させることを、彼らは楽しんでいました。便利なもの、美しいもの、楽しいもの、あるいはこれらすべてを一度に実現できるものを、彼らは私に見せてくれたのです。

東京や京都のMaker Faire（メイカーフェア）やハックスペースには、人々が集まって、自分たちのプロジェクトを展示したり、作ったりしていました。旅館や居酒屋ではアイデアや新しいことや夢を語り合い共有もしました。そんな仲間たちとアキバの美しいギークなものを見て回ったり、三重でワシが飛び交うのを見たり、富士山を見ずにその周辺を一周したりしました。

この本をきっかけに、あなたにとっても同じように幸せで充実した学びの道やモノ作りの道が始まることを願っています。太田昌文さんとその仲間たちとともに、あなたのRaspberry Piの『旅』のよき仲間がいますように。

Paul Beech
Founder and Designer at Pimoroni LTD.

刊行に寄せて

Raspberry Piもついにシリーズ4まで発売され、ここ最近では別の方向付けでもあるオリジナルSoCを使ったMicroPythonで動かすマイクロコントローラであるPicoの販売も開始されました。Raspberry Pi 4が出た当初、販売された公式のTシャツには、Raspberry Pi 4はサーバーから電子工作まであらゆる用途で使われることが示唆されましたが、今やRaspberry Piは、教育だけでなくDIYやビジネスにまで応用されるようになりました。ここまでくることができたのは、Raspberry Piを支える内外の数百におよぶスタッフがいてこそではないかと思っております。

今回この本の推薦文を、Eben Uptonの永き親友であり、Raspberry Piのロゴをデザインした Pimoroni創始者のPaul Beechに、あえてお願いしました。Ebenは確かにRaspberry Piの父であり今までの製品の開発責任者でありますが、そのほかに公式ブログをご覧になっている方にはお判りいただけるように、Raspberry Piを支えてくれている人が内外に多くいることを皆さんに知らせたくて、特に外部の人で代表的なPaulにお願いしました。

この本はいろいろと多岐にわたることを扱い、初心者にも寄り添ったものであることから、Raspberry Piを使ってどんなことができるかを考えてくれて、おもしろい周辺機器をずっと作り続けてきた彼がふさわしいなと思ったのです。この本の内容も一度目を通してくれています。また推薦文にあるとおり、ここ最近、彼は毎年Maker Faireに顔を出しており、そのたびに日本のメーカームーブメントに大いに感心する彼をよく見ます。今はコロナの影響で開催が難しいですが、また再開されて会場で彼を見かけたら、気さくな彼なので、ぜひ気軽に声をかけてみてください。

彼のいうように、皆さんにとってこの本がよきガイドとなることをお祈りいたします。

2021年2月

Japanese Raspberry Pi Users Group代表
太田　昌文

本書の読み方

本書の構成について

本書は以下のとおり、題材を取り扱います。

第1章 Raspberry Piの基礎知識
第2章 Raspberry Pi OSのインストール
第3章 デスクトップ
第4章 サーバー(Linux)
第5章 プログラミング
第6章 電子工作

それぞれの章はそこまで強く関連していないので、第1章と第2章を読んだあとは好きな章からチャンレンジして読むこともできます。初めてRaspberry Piを使う場合や、Linuxやプログラミングなどの経験がない場合は、第1章から順に読み進めていくことをおすすめします。

本書で用いる機器について

本書はRaspberry Pi(1台)と基本のパーツだけで楽しめる第1～5章、さらに電子工作用のパーツを加えて楽しむ第6章から構成されます。本書で実際に用いたパーツについては、巻末の「パーツリスト」(P.252)に掲載しています。

個々のパーツがどういった用途に用いられるものかについては、「1-3 本書でRaspberry Piを楽しむために必要なもの」(P.24)でかんたんな解説を行っています。これらを参考に必要なパーツを揃えてください。

Raspberry Piを楽しむにあたってはすべてのパーツを揃える必要はありません。

先述の、第1～5章の用途で使いたければ、「1-3」の「1 パソコンやサーバーとして使ううえで必要なもの」、「パーツリスト」の「第1～5章」を参考に、機器を導入すれば楽しめます。

電子工作に挑戦したい場合は、「1-3」の「2 電子工作をするうえで必要なもの」、「パーツリスト」の「第6章」を参考に、追加でパーツを導入してください。

第 1 章

Raspberry Pi を はじめよう

Raspberry Pi を活用していく前に、まずはRaspberry Pi がどのようなコンピューターなのかを確認しておきましょう。Raspberry Pi の特徴やラインナップのほか、使用するうえで必要になる関連機器や、あると便利なアクセサリーなどもあわせて確認します。

1-1 Raspberry Piの世界にようこそ

世界的に人気の高いRaspberry Pi。そもそもRaspberry Piとはどのようなコンピューターなのでしょうか。まずはRaspberry Piの特徴や、その構造について確認していきましょう。

① Raspberry Piとは

Raspberry Pi (ラズベリーパイ) は、イギリス生まれの小型コンピューターで、Raspberry Pi財団※が開発と販売を行っています。当初は教育用としてリリースされましたが、現在では組み込み用途や研究用、趣味の用途などでも幅広く活用されています。国内では、「ラズパイ」の愛称でも親しまれています。

一般的なコンピューターはケースに収まった形で販売されていますが、Raspberry Piはむき出しの基板１枚で提供されています。機械が苦手な人は見ただけで尻込みしてしまいそうですが、機械好きの人なら見ただけでワクワクしてたまらないことでしょう。基板に直接端子類をつなげていけるため、活用の自由度は非常に高いです。ケースに入れてパソコンのように使ったり、ロボットなどに装着してコントローラー的に使ったりもでき、可能性は無限大です。

※Raspberry Pi財団の子会社となるRaspberry Pi Ltdで製品開発・商品物流を行っている。

■Raspberry Pi活用イメージ

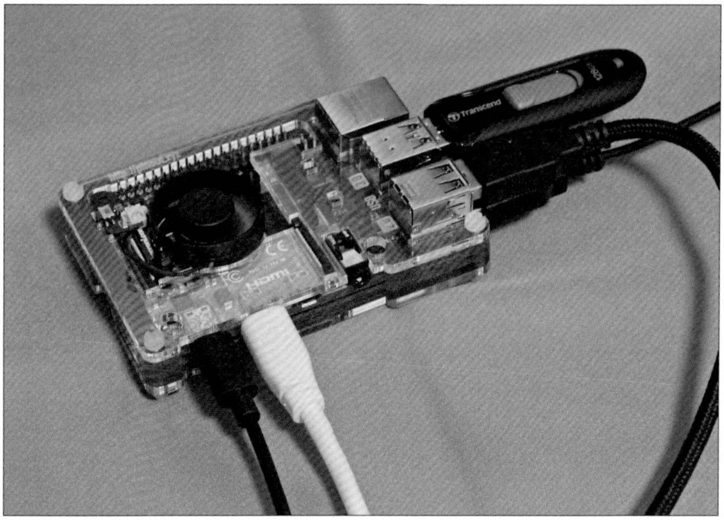

② Raspberry Piの特徴

Raspberry Piは小型ながら、本格的なコンピューターとしてのさまざまな魅力を秘めています。ここでは、主な特徴を見ていきましょう。

●安価である

最新・最上位機種のRaspberry Pi 4 Model B（8GB）でも、約75ドル、日本では約8,200円（税抜）からという低価格で購入できることが魅力です。軽量版のRaspberry Pi Zeroに至ってはわずか5ドルという安さで、普及を後押ししています。

●拡張性に優れる

Raspberry Pi 4 Model Bでは85×56×18mm、Raspberry Pi 3 Model A+に至ってはわずか65×56×12mmというコンパクトさを誇ります。しかも同時に拡張性にも優れているのがRaspberry Piのすごいところです。そのコンパクトな基板にはさまざまなインターフェイス（端子など）が搭載されており、市販されている周辺機器を接続して自在に機能を拡張することができます。

●OSを選べる

標準OSであるRaspberry Pi OSをはじめ、パソコンOSとして有名なUbuntu（ウブントゥ）、組み込み機器用WindowsであるWindows IoT Coreなど、多彩なOSが公式にリリースされており、用途に応じて選ぶことができます。

●バリエーションが豊富である

さまざまなバリエーションも魅力です。高機能を求めるならRaspberry Pi 4 Model B、Raspberry Pi 3 Model B+といった上位機種、コンパクトで安価なものを求めるならRaspberry Pi 3 Model A+やRaspberry Pi Zeroシリーズなどが適しています。

MEMO　Raspberry Piは技適を取得したものを選ぶ

海外製のコンピューターを国内で使用する場合は、技適取得済みの製品を選ぶのが安全です。技適とは、総務省の「技術基準適合証明」の略で、無線設備が電波法令で定められる技術基準に適合していることを証明するものです。Raspberry Piは無線機ではありませんが、無線LANやBluetoothを備えているため、利用には技適が必要です。国内で入手できる製品は基本的に技適を取得していますが、技適取得前に海外で流通していたものもあるため注意しましょう。

❸ Raspberry Piの各部紹介

ここでは、Raspberry Pi 4 Model BとRaspberry Pi 3 Model B+を例として、Raspberry Piの基板上にある主要な各部を紹介します。モデルによって各部の配置や形状などに違いがありますが、基本的な構造は似通っています。モデルごとの詳細については、次の1-2を参照してください。

●表面の各部紹介

■Raspberry Pi 4 Model B（表面）

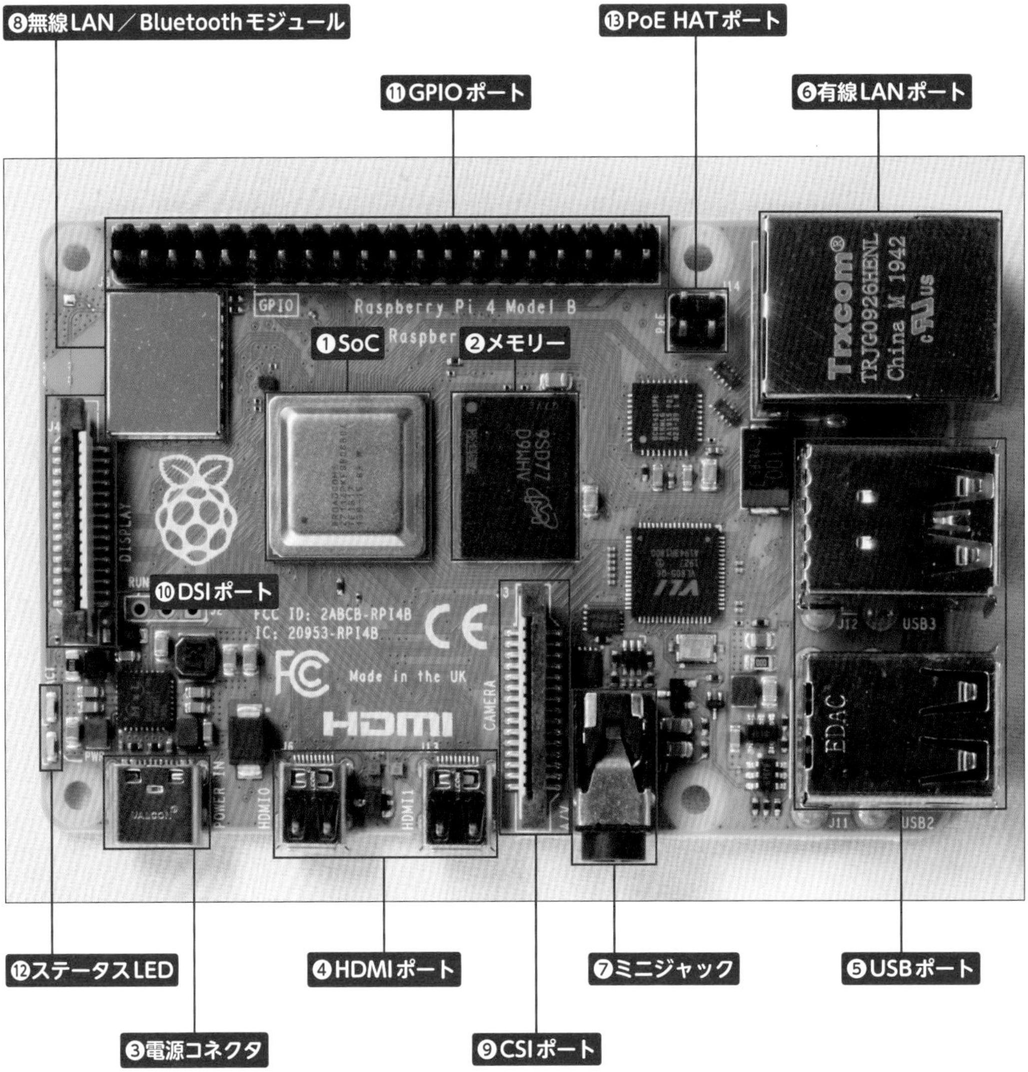

❶SoC (CPU・GPU・DSP)

Raspberry Piの心臓部です。SoC (System on a Chip) とは、CPUなどの主要な部品を1個のチップにまとめたものです。Raspberry PiにはBroadcom社のSoCが搭載されており、システムの性能を決定付けるCPU、GPU、DSPといった部品が統合されています。

心臓部中の心臓部といえるのがCPU (中央演算処理装置、Central Processing Unit) です。CPUの能力で、Raspberry Piの処理能力がほぼ決まります。基本的には、スマートフォンなどでも使われるARMという会社が提唱する規格のCPUを搭載しています。シングルコアとクアッドコア、クロック周波数の違いによって何種類ものバリエーションがあります。

グラフィック関係の処理を専門に行うのがGPU (画像処理装置、Graphic Processing Unit) です。高速な画面表示を行うほか、3Dグラフィクスにおける座標演算、機械学習におけるベクトルや行列の計算などに威力を発揮します。

信号処理を行うのがDSP (Digital Signal Processor) です。音声信号や、後述するGPIOポートの入出力信号などを引き受けて処理します。

❷メモリー

CPUの作業場所にあたるのがメモリー (RAM：Random Access Memory) で、CPUと並ぶ重要な部品です。メモリーの容量が大きいほどCPUが余裕をもって作業でき、一度に動作させられるプログラムの個数も増えるため、Raspberry Piの全体的な能力が向上します。Raspberry Pi 4 Model Bでは、最大でノートパソコン並みの8GBという大容量のメモリーを搭載したモデルも用意されています。Raspberry Pi 4 Model Bではメモリーは基板の表面に実装されていますが、Raspberry Pi 3 Model B+などでは基板の裏面に実装されています。

❸電源コネクタ

Raspberry Piへ5Vの電源を供給する電源コネクタです。 Raspberry Pi 3 Model B+まではmicroUSB (USB Type-B) のコネクタでしたが、Raspberry Pi 4 Model Bでは、USB Type-Cのコネクタが採用されており、電力が拡張された規格であるUSB Power Deliveryによって給電されます。

❹HDMIポート

ディスプレイを接続するためのHDMIポートを備えています。HDMIに対応したディスプレイやテレビをRaspberry Piの画面表示に使うことができます。スピーカーを備えたディスプレイなら、音声の出力も可能です。 Raspberry Pi 4 Model Bでは端子にコンパクトなmicro HDMIが採用されており、数も2基に増え、最大4Kまでの出力が可能となりました。

❺USBポート

キーボードやマウスといった基本的な周辺機器をはじめ、ポータブルHDDといった外部ストレージや、スマートフォン、スピーカー、マイクなどを接続できるUSBポートを複数備えています（Raspberry Pi 3 Model A+は1基）。Raspberry Pi 4 Model BではUSB 3.0規格に対応したUSBポートも用意され、より高速な周辺機器の性能を活かすことができるようになりました。

❻有線LANポート

Raspberry Piを有線ネットワークに接続するためのRJ-45規格の有線LANポートです。最新のモデルでは、1Gbpsの通信を可能にするギガビットイーサネットをサポートしているほか、後述するPoEによる電源供給も可能にしています。

❼ミニジャック

ステレオの音声出力に加えてコンポジット映像の出力も行える4極タイプのミニジャックを備えています。4極－3ピンAV端子（RCA）のケーブルを接続することで映像出力が可能になります。

❽無線LAN／Bluetoothモジュール

無線LANとBluetooth機能を備えるモデルにおいて、それらの機能を提供するモジュールで、大きな金属製のアンテナを装備しています。主力モデルの無線LANでは、高速通信規格IEEE802.11acまでをサポートしており、2.4GHz／5GHzの2つのバンドを使うことができます。Bluetoothは省電力規格のBluetooth Low Energyをサポートしています。

❾CSIポート

外部カメラを接続するためのCSI（Camera Serial Interface）ポートを備えています。Raspberry Pi公式のカメラモジュールを接続すれば、Raspberry Piをデジタルカメラやスマートフォンのように活用することができます。

❿DSIポート

ディスプレイに接続するためのDSI（Display Serial Interface）ポートを備えています。ただし、接続できるディスプレイが公式タッチパネル以外にほとんど存在しないため、ディスプレイは基本的には前述のHDMIポートで接続するとよいでしょう。

⓫GPIOポート

Raspberry Piの機能を拡張したり給電したりするためのさまざまな信号を入出力できるのが、

このGPIO (General Purpose Input Output) ポートです。電子工作を行う場合は、このGPIOポートを使って各種の部品を接続することになります。

⓬ステータスLED

電源の状態 (PWR) と、microSDカードのアクセス状況 (ACT) を示すLEDです。PWR LEDは赤色に点灯し、ACT LEDは緑色に点灯します。プログラムからコントロールすることもできます。

⓭PoE HATポート

有線LANポートからの給電を行うための拡張ボード、PoE (Power over Ethernet) HATを接続するポートです。

裏面の各部紹介

■Raspberry Pi 4 Model B（裏面）

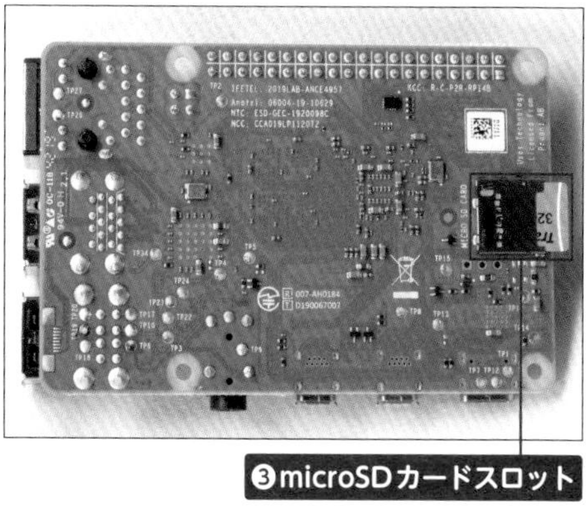

■Raspberry Pi 3 Model B+（裏面）

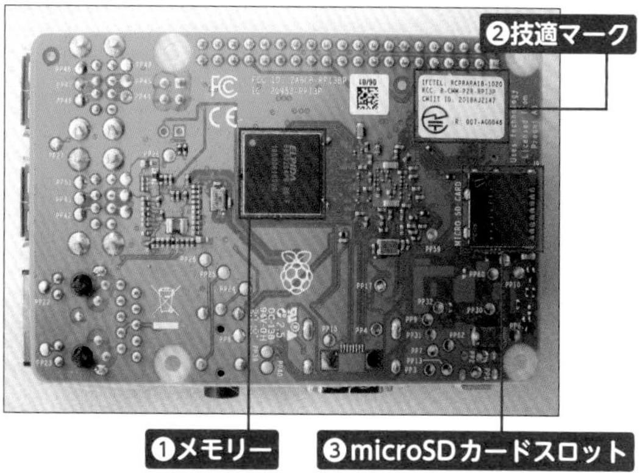

❶メモリー

Raspberry Pi 3 Model B+とRaspberry Pi 3 Model A+では、写真のようにメモリーが裏面に実装されています。 Raspberry Pi 4 Model BではP.16の写真のように表面に実装されています。

❷技適マーク

技適 (P.15MEMO参照) を取得していることを示すマークです。

❸microSDカードスロット

OSやアプリケーション、データファイルなどを格納するmicroSDカードを挿入する、microSDカードスロットです。

1-2 Raspberry Piのラインナップ

ここでは、Raspberry Piのラインナップを紹介します。大きく分けて、Model A、Model B、Zeroの3シリーズが存在します。主力モデルを中心にラインナップの詳細を見ていきましょう。

① 主要モデルのスペック表

まず、本書で取り上げる主要モデル、Raspberry Pi 4 Model B、Raspberry Pi 3 Model B+、Raspberry Pi 3 Model A+の主なスペックを表で比較してみましょう。

	Raspberry Pi 4 Model B	Raspberry Pi 3 Model B+	Raspberry Pi 3 Model A+
CPU	1.5GHz（4コア）	1.4GHz（4コア）	1.4GHz（4コア）
GPU	500MHz（2コア）	400MHz（1コア）	400MHz（1コア）
メモリー	2GB／4GB／8GB LPDDR4 SDRAM	1GB LPDDR2 SDRAM	512MB LPDDR2 SDRAM
映像出力	microHDMIポート×2、 DSIポート、RCAポート	HDMIポート、 DSIポート、RCAポート	HDMIポート、 DSIポート、RCAポート
ネットワーク	有線：ギガビットイーサネット 無線：IEEE802.11b/g/n/ac、Bluetooth 5.0	有線：ギガビットイーサネット 無線：IEEE802.11b/g/n/ac、Bluetooth 4.2	有線：なし 無線：IEEE802.11b/g/n/ac、Bluetooth 4.2
USBポート	USB 3.0ポート×2、 USB 2.0ポート×2	USB 2.0ポート×4	USB 2.0ポート
電源	5V／3A（15W）	5V／2.5A（12.5W）	5V／2.5A（12.5W）
給電	USB Type-Cポート、 GPIOポート、 PoE HATポート	microUSBポート、 GPIOポート、 PoE HATポート	microUSBポート、 GPIOポート
価格	2GBモデル：約35ドル 4GBモデル：約55ドル 8GBモデル：約75ドル	約35ドル	約25ドル

② 主要モデルの特徴

Raspberry Pi 4 Model B

Raspberry Pi 4 Model Bは、全ラインナップの最新モデルです。国内では2019年11月に登場しました。1.5GHzの4コアCPUを搭載し、メモリーを2GB／4GB／8GBの中から選ぶことができる、パワフルなモデルです。8GBメモリ搭載モデルで約75ドルという手頃な価格も魅力です。

ここでは、ほかのモデルとは異なる優れたポイントを中心に紹介します。

■ Raspberry Pi 4 Model B

❶動作周波数1.5GHzの4コアCPU、動作周波数500MHzの2コアGPUを搭載しており、高いパフォーマンスを誇ります。

❷LPDDR4規格の高速なSDRAMが基板表面に実装されています。2GB／4GB／8GBから選択可能です。

❸有線LANポート（RJ-45）を備えています。

❹USB 3.0ポート（USB Type-A）を2基備えています。

❺USB 2.0ポート（USB Type-A）を2基備えています。

❻IEEE 802.11acに対応した無線LAN、Bluetooth Low Energyに対応したBluetooth 5.0を備えています。

❼映像／音声出力のためのmicroHDMIポートを2基備えています。

❽電源供給のためのUSB Type-Cポートを備えています。

●Raspberry Pi 3 Model B+／Raspberry Pi 3 Model A+

Raspberry Pi 4 Model Bの登場でやや影が薄くなりましたが、Raspberry Pi 3 Model B+とRaspberry Pi 3 Model A+のどちらも、依然としてシリーズの主力となるモデルです。国内では2018年6月に登場しました。1.4GHzの4コアCPUを搭載しています。モデルにもよりますが、Raspberry Pi 3 Model B+は、Raspberry Pi 4 Model Bの半額以下の約35ドル、Raspberry Pi 3 Model A+に至っては約25ドルで購入できるのが魅力です。Raspberry Pi 3 Model A＋はデスクトップ用途ではやや非力です。

■Raspberry Pi 3 Model B+

■Raspberry Pi 3 Model A+

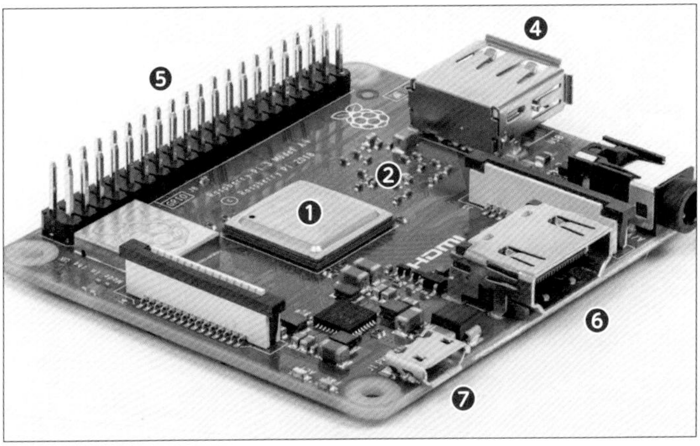

❶Raspberry Pi 4 Model Bにこそ劣りますが、パワフルな動作周波数1.4GHzの4コアCPU、動作周波数400MHzの1コアGPUを搭載しています。

❷LPDDR2規格のSDRAMが基板裏面に実装されています。
❸Raspberry Pi 3 Model B+は有線LANポート(RJ-45)を備えています。Raspberry Pi 3 Model A+にはありません。
❹Raspberry Pi 3 Model B+は4基、Raspberry Pi 3 Model A+は1基のUSB 2.0ポート(USB Type-A)を備えています。
❺IEEE 802.11acに対応した無線LAN、Bluetooth Low Energyに対応したBluetooth 4.2を備えます。
❻映像／音声出力のためのHDMIポートを備えています。
❼電源供給のためのmicroUSBポートを備えています。

●Raspberry Pi 3 Model B ／ Raspberry Pi 2 Model B ／ Raspberry Pi 1 Model B+

700MHz～1.2GHzのCPU、512MB～1GBのメモリーを搭載したかつての主力モデルです。4基のUSB 2.0ポート(USB Type-A)、有線LANポートを備えています。Raspberry Pi 3 Model Bのみ、IEEE 802.11nまでの無線LANとBluetooth 4.1を備えています。25～35ドルと安価ですが、同価格帯でより高機能なRaspberry Pi 3 Model B+があるため、選択する理由は薄いでしょう。

●Raspberry Pi 1 Model A+ ／ Raspberry Pi Zero ／ Raspberry Pi Zero W

1GHz(Raspberry Pi 1 Model A+は700MHz)のCPU、512MBのメモリーを搭載したベーシックなモデルです。有線LANポートは装備していませんが、Raspberry Pi Zero Wのみ無線LANを備えています。Raspberry Pi 1 Model A+は約20ドルと、Raspberry Pi Zero／Zero Wを除くともっとも安価です。 Raspberry Pi Zero／Zero Wは約5ドルという低価格や、非常にコンパクトなサイズが魅力ですが、その非力さゆえ活用シーンは限られます。

MEMO **各シリーズの特徴**

Model A、Model B、Zero の3シリーズのほか、組み込み用途に特化したCompute Moduleシリーズが存在します。主流は、標準型カードサイズのModel Bシリーズでしょう。Model Aシリーズは Bシリーズからイーサネットなど一部機能が省略されてやや非力ですが、安価で消費電力面でも有利です。Zeroシリーズは入門者に向け、より性能を抑えることで、さらに小型、軽量、低消費電力、低価格であることを追求しています。また、キーボードと一体化してCPU機能を若干強化したデスクトップ利用向けのPi 400、Raspberry Pi独自開発のSoC「RP2040」を搭載したマイクロコントローラのPicoも登場しています。

1-3 本書でRaspberry Piを楽しむために必要なもの

本書でRaspberry Piを楽しむために必要な周辺機器やパーツなどを紹介していきます。パソコン／サーバー用途と、電子工作用途で分けて紹介しています。必要なものは、とくに断りのない限り、Raspberry Pi 4 Model B、Raspberry Pi 3 Model B+、Raspberry Pi 3 Model A+の3モデルで共通しています。巻末のパーツリストも参照してください。

① パソコンやサーバーとして使ううえで必要なもの

Raspberry Piをパソコンやサーバーとして使うケースがもっともオーソドックスといえます。いずれのケースでも、下記に挙げたものが必要です。順に詳細を見ていきましょう。

・パソコン
・microSDカード（OSが入る容量のもの）
・キーボード／マウス（USBまたはBluetooth接続のもの）
・ディスプレイ（HDMI対応のもの）
・ACアダプター（各モデルに合った電流供給能力のあるもの）
・変換アダプター（USBなどで必要な場合）
・ケーブル（有線LANなどで必要な場合）
・ケース
・冷却ファン

●パソコン

Raspberry Piに差し込んで使うmicroSDカードは、パソコンを使ってフォーマットしたりOSをインストールしたりする必要があります。Windowsパソコンと Macのどちらでも問題なく、高いスペックも要求されません。

ただし、パソコンがmicroSDカードスロットを備えていない場合、別途メモリーカードリーダー／ライターが必要です。なお、メモリーカードリーダー／ライターは、使用するmicroSDカードの容量を扱えるものが必要です。また、SDカードスロットのみ使用できる場合は、SDカード変換アダプターを使いましょう。SDカード変換アダプターは、microSDカードを購入すると付属していることがあります。

■メモリーカードリーダー／ライター

IODATA：US3-U2RW/B

■SDカード変換アダプター

IODATA：SDMC-ADP

●microSDカード

microSDカードは、インストールするOSが入る容量のものが必要です。今では大容量のものでも十分に安価ですから、画像や音声をはじめとするデータの保存場所であるということも考慮して、32GB以上のものを用意しておきましょう。クラス(スピード)は高いもの(Class 10など)に越したことはないでしょう。なお、miniSDカードやSDカードはスロットが合わないため使えません。

■microSDカード

Western Digital：WD Purple SC QD101
Ultra Endurance microSD カード

●キーボード／マウス

キーボードとマウスは、USBまたはBluetoothに対応したものを用意しておきましょう。Bluetooth対応のものを使うとケーブルでごちゃごちゃとせずに済みますが、OS のインストール中は使えないため、一時的にでもUSB対応のキーボードとマウスがあったほうがよいでしょう。

■キーボード／マウス（USBタイプ）

●ディスプレイ

ディスプレイは、HDMI対応のパソコン用のものをなるべく用意しておきましょう。専用のディスプレイを用意する余裕がない場合は、家庭用のテレビ（HDMIポートを備えたもの）も活用できます。ただし、テレビは映像コンテンツを観ることに特化しているため、パソコン用のディスプレイのほうが適しているでしょう。

解像度がフルHD（1920×1080ピクセル）であれば、Raspberry Piの能力を生かして画面を広々と使えます。最低でも、1440×900ピクセルの解像度がほしいところです。

HDMIケーブルを用意する際、Raspberry Pi 4 Model B+はRaspberry Pi側がmicroHDMIポートであることに注意してください。また、DSIポートやコンポジット映像出力も利用できますが、まずはHDMI対応ディスプレイを使うことをおすすめします。

■ディスプレイ

IODATA：LCD-AH241XDB

■HDMIポート

●ACアダプター

ACアダプターは、各モデルに合った電流供給能力のあるものを用意しておきましょう。Raspberry Pi 3 Model A+／Raspberry Pi 3 Model B+で2.5A、Raspberry Pi 4 Model Bで3Aの電流供給能力が必要です。いずれも電圧は5Vです。コネクタ形状は、Raspberry Pi 3 Model A+／Raspberry Pi 3 Model B+ではmicroUSB、Raspberry Pi 4 Model BではUSB Type-Cのものが必要です。直接接続できない場合は、後述するUSB変換アダプターを使うのも1つの方法ですが、変換アダプターはトラブルのもととなることもあるため、できれば直接接続できるものがよいでしょう。

コネクタ形状が異なるACアダプターをいくつも用意するのが面倒な場合には、電源部にUSB Type-Aポートのみ備えたものを用意し、それからRaspberry Piの機種に応じたケーブルを用意するというのも1つの方法です。

Raspberry Pi用を謳った製品もあるため、不安な場合にはそうした製品をチョイスするとよいでしょう。

■ microUSBのコネクタを備えたACアダプター

IODATA：PS-0530M

●変換アダプター

USBケーブルやHDMIケーブルがRaspberry Piの各モデルのポートに適合しない場合には、それらの変換アダプターが必要です。たとえば、microUSBのACアダプターをRaspberry Pi 4 Model Bに使う場合は、microUSBをUSB Type-Cに変換するアダプターが必要です。また、標準サイズのHDMIケーブルをRaspberry Pi 4 Model Bに使う場合は、HDMIをmicroHDMIに変換する純正変換アダプターなどを使用します。

ただし、変換アダプターはあまり安価ではなく、何かとトラブルのもとになることもあるため、ほかのトラブルの原因を突き止める障害になることもあります。できれば、変換アダプターは緊急時のみの利用に留めておき、変換アダプターなしでも適合する機材を揃えたほうがよいでしょう。

■ microUSBからUSB Type-Cへの変換アダプター

サンワサプライ：AD-USB25CMCB

■ HDMIからmicroHDMIへの純正変換アダプター

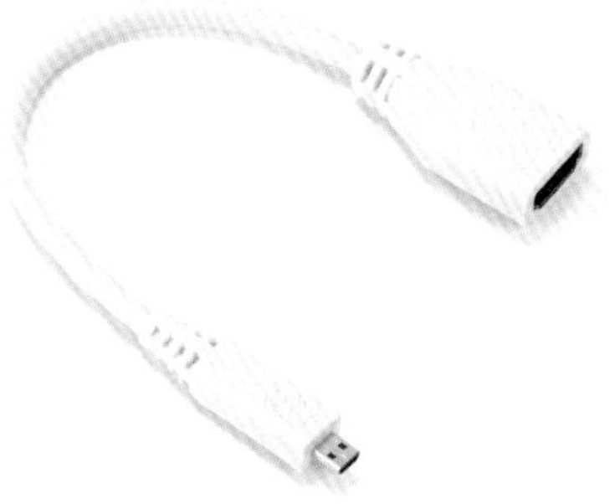

ケーブル

ディスプレイの接続のためにHDMIケーブルが必要なほか、有線LANを使う場合にはイーサネットケーブル（UTPケーブル）も必要です。また、ACアダプターがUSBポートのみを装備しているなどといった場合には、そこからRaspberry Piに接続するための各種ケーブルが必要です。

イーサネットケーブルは、Raspberry Piがギガビットイーサネットをサポートしているため、カテゴリ6以上の規格のものが必要です。また、HDMIケーブルをRaspberry Pi 4 Model Bで使用する場合は、片方がmicroHDMIになっているものが必要であるため注意しましょう。

■イーサネットケーブル

IODATA：LCD-AH241XDB

■HDMIケーブル

IODATA：LCD-AH241XDB

ケース

Raspberry Piはむき出しの基板のため、回路の保護や美観の点からケースに収めることを推奨します。モデルごとに設計されたケースを使えば、各ポートに確実にアクセスできて安心です。冷却ファンやヒートシンクを備えているものもあります。

なお、Raspberry Pi 3 Model B+とRaspberry Pi 4 Model Bのようにサイズが同じでも、搭載されるポートの関係でケースに互換性がないことがほとんどです。モデルごとに販売されている専用ケースを使いましょう。

■Raspberry Pi 4 Model B専用ケース

●冷却ファン

SoCやメモリーチップの発熱を抑えるため、冷却ファンが必要になる場合もあります。とくにRaspberry Pi 4 Model Bでは稼働状況によってはかなり発熱するため、冷却ファンやヒートシンクなどの装着が推奨されています。 Raspberry Pi 3 Model B+など発熱がそこまで大きな問題とならないモデルを使用する場合は、ヒートシンク (P.34参照) の装着程度で済む場合もあります。

冷却ファンには、GPIOポートから電力供給を受けて、マイクロスイッチでオン／オフを切り替えられる機種などもあるため、ニーズに合わせていろいろと探してみるとよいでしょう。

■冷却ファン

② 電子工作をするうえで必要なもの

電子工作をする場合は、P.24～29で取り上げたものに加えて、主に下記のものが必要になります。ただし、作るものに応じて必要な部品は大きく変わってくるため、ここではある程度共通して使うものを紹介します。

・ブレッドボード
・ジャンパーワイヤー
・フラットケーブル
・抵抗器
・マイクロスイッチ
・LED（発光ダイオード）
・カメラモジュール
・センサー類

●ブレッドボード

ブレッドボードは、電子部品を効率的に配線するための基板です。そもそもブレッドボードとは「パン用のまな板」を意味し、昔のイギリスでパン用のまな板の上に部品を載せて回路を作っていたことに由来しますが、同様にブレッドボード上に部品を配置して使います。

ブレッドボードの特長は、ハンダ付けを必要とせず、電子部品を差し込むだけでよいことです。ハンダを使うにはハンダごてが必要ですが、高温ゆえに火傷などの事故のもとにもなるため、年少者が使う場合や慣れないうちは、ハンダが不要なブレッドボードを使いましょう。

さまざまなサイズがありますが、ブレッドボード上に載せる部品の数や大きさに応じて、サイズを決めるようにしましょう。なお、Raspberry Pi専用のものもあり、それを使えば見た目も取り回しもすっきりとします。

■ブレッドボード

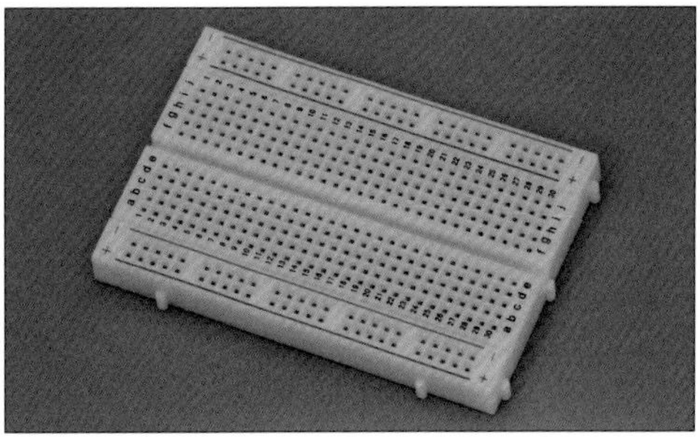

●ジャンパーワイヤー

ブレッドボード上の配線では、ジャンパーワイヤーを使います。端子の形状にはオスとメスがあり、GPIOポートのピンに差し込んだり、ブレッドボード上の穴に差し込んだりするだけで、必要な配線が完了します。配線しやすくなるように、さまざまな長さや色のものを、たくさん用意しておくとよいでしょう。

■ジャンパーワイヤー

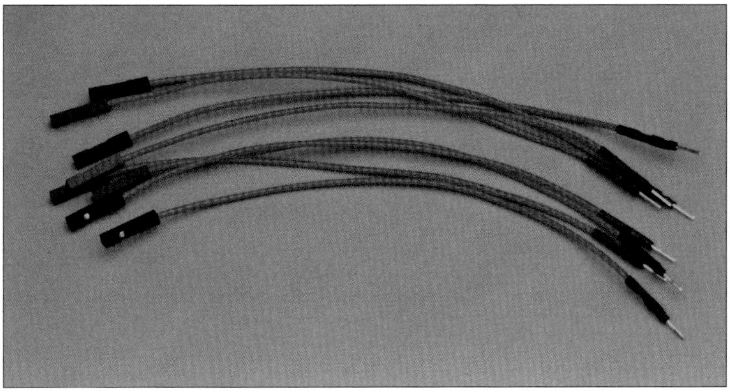

●フラットケーブル

フラットケーブルは、Raspberry PiのGPIOポートとブレッドボードを接続するためのケーブルです。ジャンパーワイヤーで必要な信号線のみをつなぐことも可能ですが、フラットケーブルでGPIOポートとブレッドボードをまとめてつなぎ、必要な配線をブレッドボード上で行うと効率的です。本書では利用していません。

■フラットケーブル

抵抗

LEDなどを接続するとき、抵抗（抵抗器）によって電圧や電流を制限する必要があります。その度合によって抵抗値（Ω）を決めて、該当する抵抗を揃えます。電子工作のような弱電回路では、一般的な金属皮膜抵抗が用いられます。

■抵抗

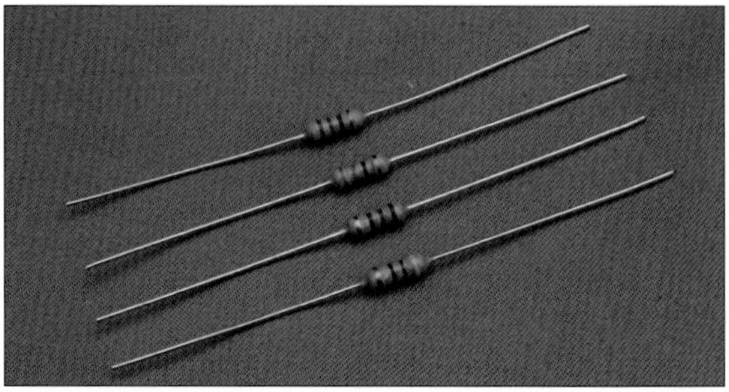

マイクロスイッチ

マイクロスイッチは、その名のとおりとても小さなプッシュ式のスイッチです。物理的なアクションをRaspberry Piに伝えるうえで、もっともシンプルに使える部品です。本書では利用していません。

■マイクロスイッチ

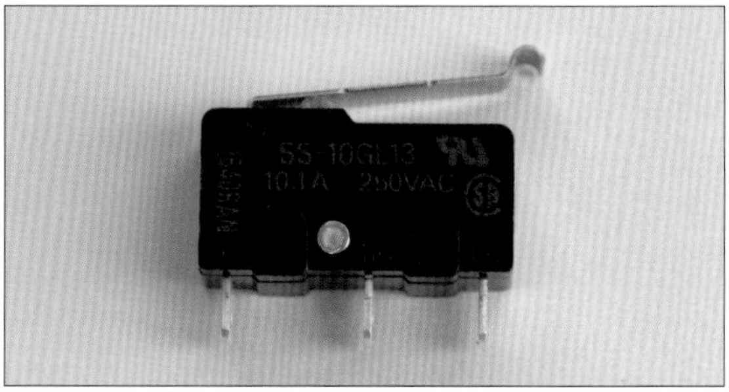

LED（発光ダイオード）

LED（Light Emission Diode）は発光する半導体素子で、基本的な工作をはじめさまざまな用途で活躍する部品です。定番の赤のほかに、緑、白、青、透明（クリア）、多色LEDなどがあるため、いろいろなカラーを用意しておくと楽しいでしょう。

■LED

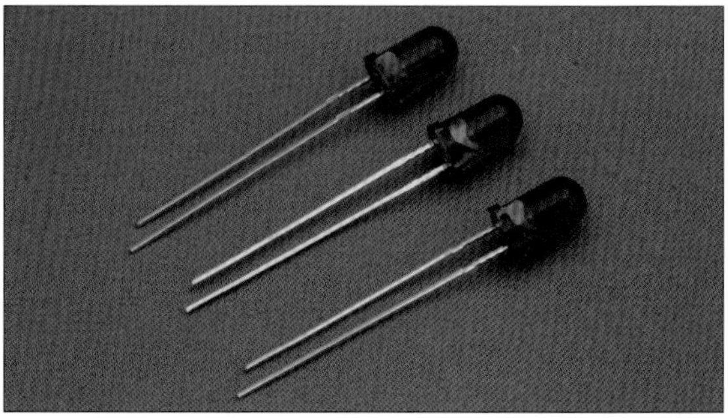

MEMO　キットを活用しよう

Raspberry Piでの電子工作用に、ここで紹介しているものなどをまとめたキットボックスも販売されています。価格は3,000～5,000円ほどしますが、各部品を個別に購入することなく一度に入手できるうえ、豊富なセンサー類を取り替えていろいろな工作を楽しめます。電子工作に本腰を入れるなら、手元に置いておくとよいでしょう。

カメラモジュール

CSIポートに専用のカメラモジュールを接続すれば、デジカメやスマートフォンのように静止画や動画の撮影が可能になります。カメラモジュールは、Raspberry Pi公式のもののほかに、いくつかのメーカーから開発・販売されています。専用のスタンドもあるため、定点撮影などにも便利です。

■公式カメラモジュールV2

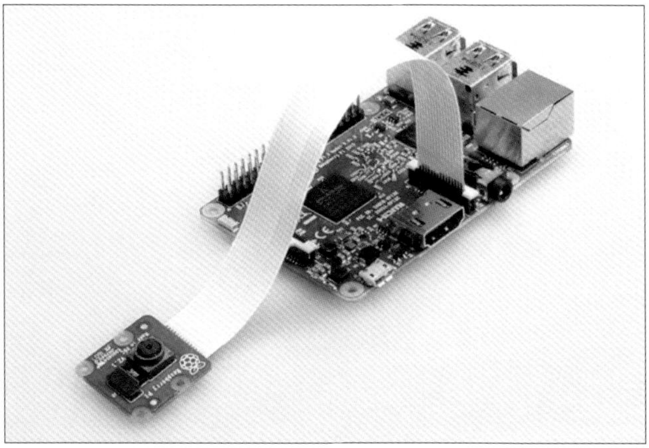

センサー類

さまざまなセンサー類も使用でき、これらを使うと工作の幅がグッと拡がります。光センサーで目覚まし時計を作ったり、超音波センサーで距離を測ったり、温度センサーでお風呂の温度をチェックしたりと、電子工作の真骨頂を味わうことができます。そのほかにも、湿度センサー、気圧センサー、音声センサー、ショックセンサー、タッチセンサーなど、たくさんの種類があります。

■超音波センサー

■温度センサー

1-4 チェックしておきたい Raspberry Piアクセサリー

1-3ではRaspberry Piを活用するうえで必要になる基本的なパーツなどを紹介しました。ここでは、揃えておくとさらに活用の幅が拡がりそうなアクセサリーをいくつか紹介します。

① 主要なRaspberry Piアクセサリー

●ヒートシンク

ヒートシンクは、SoCなどのチップに貼り付ける放熱のための金属片です。効率のよい放熱のために、多くの突起を設けて表面積を増やしてあるものが主流です。Raspberry Piの安定的な動作には必須といえるアイテムで、できれば、SoC、メモリー、USBコントローラー、イーサネットコントローラーの4つに装着するのが望ましいですが、最低でもSoCには装着しましょう。4点同時に巨大なヒートシンクに貼り付けて放熱するタイプもあります。

ただし、Raspberry Pi 4 Model Bは、3に比べて放熱量がかなり多いため、P.29で取り上げた冷却ファンを使用した方がよいでしょう。冷却ファンは、SoCの上に装着するもののほかに、ケースと一体化しているものも多く販売されています。見た目と性能を両立させるなら、ケース一体型を選ぶとよいでしょう。

●カメラ

カメラは、Raspberry Piの用途を大きく拡げてくれます。Raspberry Piでは、大きく3つの種類のカメラを接続することができます。

1つめは、一般的なUSBカメラです。USBポートに接続できるカメラは多くのメーカーから提供されていますので、それを使えばRaspberry Piに手軽にカメラ機能を持たせることができます。

そのほかには、P.33で紹介した純正のカメラであるカメラモジュールV2と、Raspberry Pi High Quality Cameraがあります。双方とも、Raspberry Piに装備されているCSIポートに接続して使います。画像の画素数は、前者は800万画素、後者は1,230万画素です。

特筆すべきは、Raspberry Pi High Quality Cameraが、防犯カメラなどで使われているC/CSマウントを備えていることです。これにより、別売の16ミリ望遠レンズや6ミリ広角レンズを取り付けることができます。レンズにはフォーカスと絞りのリングがあり、画像を映しながらピントやボカシを調節できます。

スピーカー

Raspberry Pi自体にはスピーカーは搭載されていませんが、いくつかの方法で外部スピーカーを利用することができます。もっともシンプルなのは、Raspberry Piのミニジャックを使って外部スピーカーをつなぐというものです。最近は、100円ショップでもアンプ付きのステレオスピーカーが販売されており、比較的手軽に外部オーディオを楽しむことができます。ただしこの場合、USBポートでアンプへの電力供給を行うケースもあります。

また、Bluetoothのスピーカーやイヤフォンを使うと、Raspberry Piとペアリングするだけですぐに外部オーディオが利用できます。スピーカーを備えたディスプレイならHDMIで接続するだけで音声が出ますし、GPIOポートからDAコンバーター経由で音を出すこともできます。

■スピーカー

サンワサプライ：MM-SPL2N2

マイク

マイクは、基本的にUSBポートに接続するタイプのものを使用します。USBで接続するマイクはたくさんの形状や種類があるため、用途に応じて最適なものを選ぶとよいでしょう。

なお、ミニジャックではマイクを使用できないことに注意しましょう。Raspberry Piのミニジャックは４極といわれるもので、それぞれの極が、GND（アース）、左音声、右音声、映像出力に用いられています。このように、ミニジャックの４極にはマイクは割り当てられていないのです。

●モバイルバッテリー

電源の選択肢としては、一般的なACアダプターのほかに、モバイルバッテリーも挙げられます。モバイルバッテリーを使う場合には、ACアダプターと同様に電流（出力）に気を付ける必要があります。Raspberry Pi 4 Model Bでは3A（15W）が必要で、Raspberry Pi 3 Model B+やRaspberry Pi 3 Model A+でも2.5A（12.5W）が必要です。かなりの電流を要求されますので、注意して購入しましょう。また、容量も大きなものにしないとあっという間にバッテリー切れを起こしてしまいます。容量は10,000mAh以上のものを選ぶとよいでしょう。

できれば、Raspberry Pi 4 Model Bのためのモバイルバッテリーには、USB Type-Cの給電規格であるUSB Power Deliveryに対応したモバイルバッテリーを選ぶとよいでしょう。これに対応したモバイルバッテリーは最大100Wの電力供給が可能なため、余裕をもって使用することができます。ただし、実際にどれほどの電力供給能力を備えているかは機種に依存します。

●PoE HAT

電源にはPoE（Power over Ethernet）HATという、Raspberry Pi専用の拡張ボードを使うこともできます。その名のとおり、イーサネット（有線LANポート）を使って給電できるようにするものです。PoE HATをRaspberry Piに装着し、PoE HATポートに接続することで、Raspberry Piに有線LANポートから給電が行えます。

国内ではRSコンポーネンツ、KSY、スイッチサイエンスがオフィシャルなPoE HATを販売しています。

なお、PoE HATを使うためには、イーサネット給電に対応したスイッチングハブとケーブルが必要です。一般的なスイッチングハブとケーブルで接続しても給電されないため、注意が必要です。

■Raspberry Pi PoE HAT

第 2 章

OSを入れよう

この章では、Raspberry PiにOSを導入して使用できるようにする方法を解説します。今回は、Raspberry Piの公式OSであるRaspberry Pi OSをインストールして使用します。OSのインストールだけでなく、初期設定やネットワーク設定についても、あわせて確認していきましょう。

2-1 Raspberry PiのOSを知ろう

まずは、Raspberry Piを活用するうえでもっとも基本となるソフトウェアである OSについて取り上げます。公式のRaspberry Pi OSのほか、さまざまなOSを使用できます。ここでは、Raspberry Pi OSを中心に、各OSの特徴を紹介します。

① Raspberry Piで使えるOSの種類

そもそもOSとは「Operating System」の略で、Raspberry Piのようなコンピューターを使ううえで、もっとも基本となるソフトウェアのことです。一般的なパソコンでいうWindowsやmacOSなどもこのOSにあたるものです。Raspberry Piには、用途によって使い分けることのできるOSが複数用意されています。OSを実際に導入していく前に、それぞれのOSについてかんたんに確認しておきましょう。

●Raspberry Pi OS

最初に、Raspberry Piの公式OSであるRaspberry Pi OSについて確認していきます。Raspberry Piが教育用に開発されたコンピューターであるということもあり、Raspberry Pi OSもプログラミング教育や小規模開発用に適した仕様であり、入門者が最初に使うには最適です。WindowsやmacOSなどと同様に、ファイルなどが視覚的に表現されたGUI (Graphical User Interface) を備えており、直感的な操作が可能です。さまざまなプログラミング言語を扱えることもポイントです。

以降、本書ではこのRaspberry Pi OSをメインに扱っていきます。Raspberry Pi OSの詳細な特徴については、P.40～41を参照してください。

Raspberry Pi OS：
https://www.raspberrypi.org/downloads/raspberry-pi-os/

MEMO　もとの名前はRaspbian

Raspberry Pi OSは、2020年5月までRaspbian(ラズビアン)という名前でした。これが、ハードウェアであるRaspberry Piの名前をそのまま使って、Raspberry Pi OSとなりました。名前は変わっても基本的な仕様は大きく変わっておらず、以前と同様に扱えます。

●Windows 10 IoT Core

Windows 10 IoT Coreは、Raspberry Piで動かせるWindows環境です。Windows用の開発環境であるVisual Studioを含んでおり、Raspberry Piのための開発を行うことができます。
Windows 10 IoT Core：
https://docs.microsoft.com/ja-jp/windows/iot-core/downloads

■Windows 10 IoT Core

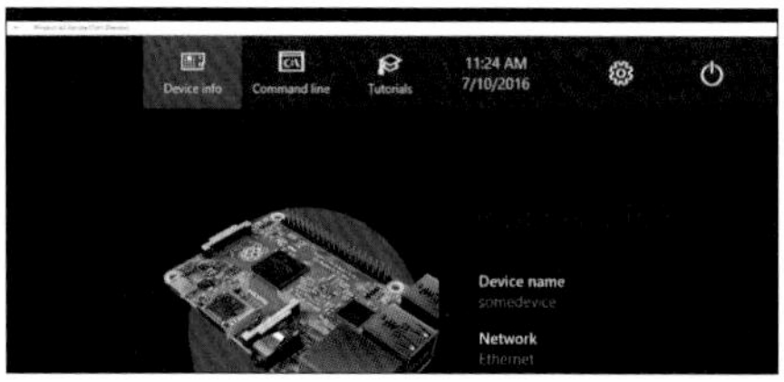

●Ubuntu／Ubuntu MATE

UbuntuはLinuxの有名なディストリビューションです。Ubuntu MATEは、UbuntuをベースとしたOSです。フルスペックのUbuntuに対して軽量化が図られており、Raspberry Piでも軽快に動かすことができます。Ubuntuに慣れている人に向いているでしょう。サーバー用（第4章参照）のUbuntuも動きます。
Ubuntu MATE：
https://ubuntu-mate.org/

■Ubuntu MATE

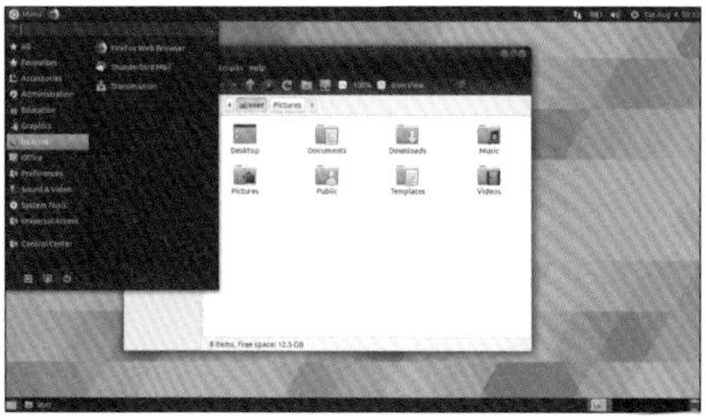

●Coder for Raspberry Pi

Coder for Raspberry Piは、Webサイト構築のプログラミング学習ができるように作られたOSです。教育者や保護者が教えるのに適した仕様です。
Coder for Raspberry Pi：
http://googlecreativelab.github.io/coder/

■Coder for Raspberry Pi

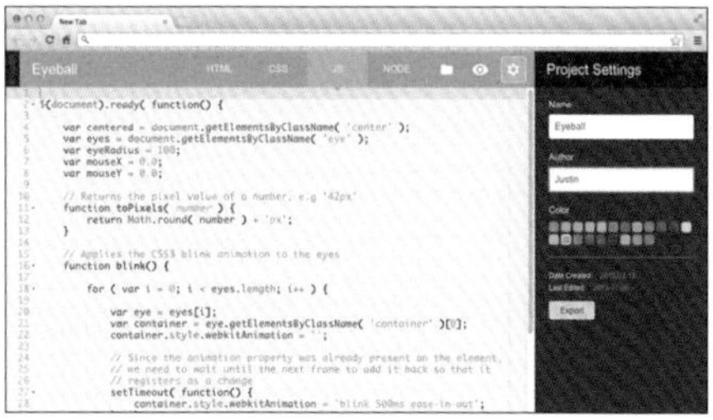

●OSMC

OSMCは、Open Source Media Centerの略で、音楽や動画などのメディアを楽しむために特化したOSです。エンターテインメントが好きな人に向いています。
OSMC：
https://osmc.tv/

■OSMC

② Raspberry Pi OSの特徴

続いて、Raspberry Pi OSの優れた特徴を紹介していきます。

●64ビットOSへ

2020年5月に行われたRaspberry Pi OSへの名称変更と同時に、64ビットOSのテストリリースが始まりました。Raspberry Pi自体はRaspberry Pi 3以降64ビット仕様のため、ようやくOSがハードウェアに追いつきつつあるといえます。これで、Raspberry Piの持つ性能をフルに発揮できるようになることが期待できます。

●Debianベースである

Linuxディストリビューションとして実績のあるDebian GNU Linux（以降Debian）をベースとしています。DebianはCentOSなどと並んで非常に人気のあるLinuxディストリビューションで、安定性が高く高品質と評価されています。DebianをベースとするRaspberry Pi OSもこの性質を受け継いでおり、安心して使えるOSといえます。

また、Debianベースであるということは、Debianのために用意された豊富なツールやドキュメント、インターネット上の情報、利用ノウハウなどを活用できるということです。Raspberry Pi OSの活用でトラブルなどに直面した場合は、Debianの情報にあたってみると、突破口が開ける可能性があるのです。

●プログラミング環境を備える

Raspberry Piはコンピューター教育用に開発されたという経緯もあるため、そのOSであるRaspberry Pi OSもプログラミング環境が充実しています。Java、Mathematica、Python、Ruby、Scratchなどのプログラミング言語と環境がすぐに使えるようになっています。

■Scratch

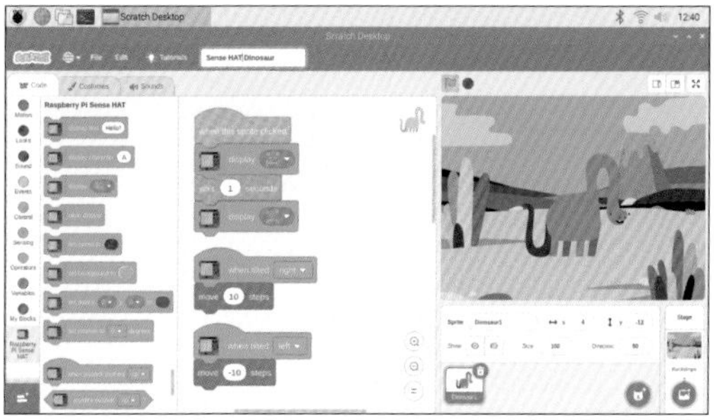

なお、Javaはプロ向けのプログラミング言語の定番です。Mathematicaは高価な数学用のプログラミング言語です（商用でない場合に限り無償）。Pythonは、今注目の人工知能（AI）を開発するためのプログラミング言語として人気急上昇中です。そしてScratchは、GUIを使ってパズル感覚でプログラミングを学習でき、教育現場での活用が進んでいるプログラミング環境です。

Pythonなどを使ったプログラミングについては、本書の第5章で詳しく取り上げていきます。

●Officeアプリケーションを備える

Raspberry PiはLibreOfficeというOfficeアプリケーションスイートを備えます。Officeアプリケーションスイートとは、WindowsなどでいうMicrosoft Officeにあたるもので、ワープロ、表計算、プレゼンテーションといった機能を提供するアプリケーションのセットです。Microsoft Officeは有償ですが、LibreOfficeは無償で使えます。ワープロのWriter、表計算のCalc、プレゼンテーションのImpressに加えて、データベースのBase、ドロー系グラフィックスのDraw、そして数式作成のMathを備えます。

■LibreOfficeのメニュー

●ゲームも遊べる

ゲームとしては、有名なMinecraftが最初からインストールされています。Raspberry Pi用はMinecraft Piという名前になっており、Scratchなどからプログラミングで操作することもできます。そのほかに、Pythonで作成されたゲームのセットも用意されています。

■Minecraft Pi

●基本ツールも充実

これまで取り上げてきたアプリケーションに加えて、Webブラウザ、メールクライアント、ターミナル（端末）、テキストエディタ、PDFビューワーなどの基本的なツールも充実しています。日常的に使うパソコンとしても十分に活用できるでしょう。

MEMO　Raspberry Pi OSは基本的にオープンソース

Raspberry Pi OSは無償で使うことができますが、それはRaspberry Pi OSがオープンソース・ソフトウェアとして開発されているからです(一部を除く)。オープンソースとは、プログラムのもととなるソースコードが公開されているという意味で、ほとんどの場合は無償で配布されています。このオープンソースによって、Raspberry Pi OSの優れた機能を無償で利用することができるのです。もちろん、Raspberry Pi OSのベースとなるDebianもオープンソース・ソフトウェアです。

2-2 OSを用意しよう

Raspberry Pi OSについて確認できたところで、さっそくRaspberry PiにRaspberry Pi OSを導入するための準備をしていきましょう。まずは、Raspberry PiがOSを起動するしくみを確認して、そのあとにOSそのものを用意していきます。

① OSを起動するしくみ

最初に、Raspberry PiがOSを起動するしくみについて解説します。Raspberry Piでは、OSはmicroSDカードに入れておくことになっています。Raspberry Piの電源を入れると、Raspberry PiがmicroSDカードに入っているOSを見つけてメモリーに読み込むことで、OSを起動します。では、どのような方法で、microSDカードにOSを入れるのでしょうか。

●microSDカードへOSを書き込む方法

microSDカードへOSを入れる方法にはいくつかありますが、もっとも推奨されているのはRaspberry Pi公式の書き込みソフトウェアであるRaspberry Pi Imagerを使うものです。Raspberry Pi Imagerを使うと、OSのダウンロード、microSDカードのフォーマット、書き込みを、きわめてかんたんな手順で行うことができ、非常に便利です。

なお、従来はNOOBS（ヌーブス）というソフトウェアを利用する方法がよく用いられていましたが、現在ではRaspberry Pi Imagerにその役割を譲っています。また、ダウンロードしたOSのイメージをRaspberry Pi Imagerを使わずにmicroSDカードに直接書き込む方法もありますが、書き込みのためのソフトウェアが別途必要となるので、とくに理由のない限りはRaspberry Pi Imagerを使いましょう。

本書では、主にRaspberry Pi Imagerを使ったWindowsでのOSの用意について取り上げていきます。

・Raspberry Pi Imagerのインストーラーをダウンロード
・Raspberry Pi Imagerをインストール
・Raspberry Pi ImagerでRaspberry Pi OSをmicroSDカードに書き込む

このような手順でOSの用意を行っていきます。

② Raspberry Pi Imagerでインストールしよう

最初に、Raspberry Pi ImagerのインストーラーをRaspberry Piの公式Webサイトからダウンロードしてインストールしましょう。そのあとで、Raspberry Pi Imagerを使って、Raspberry Pi OSをmicroSDカードに書き込みます。

●Raspberry Pi Imagerのダウンロードとインストール

1 Webブラウザで「https://www.raspberrypi.org/software/」にアクセスし、「Install Raspberry Pi OS using Raspberry Pi Imager」の＜Download for Windows＞をクリックします（Windowsの場合）。Raspberry Pi Imagerインストーラーのダウンロードが始まります。

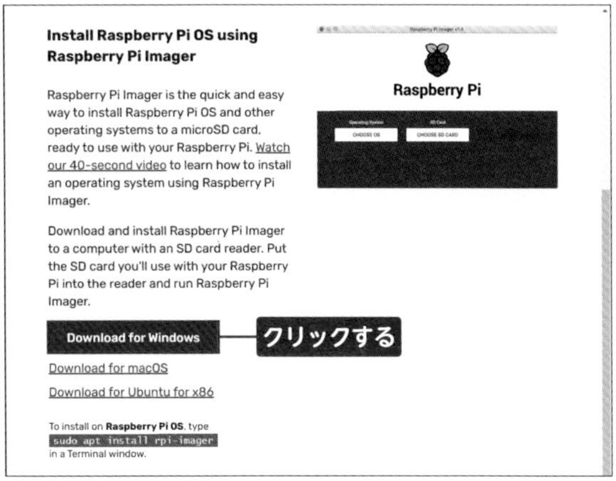

2 ダウンロードが完了したらインストーラーを起動します。「ユーザーアカウント制御」画面が表示された場合は、＜はい＞をクリックします。

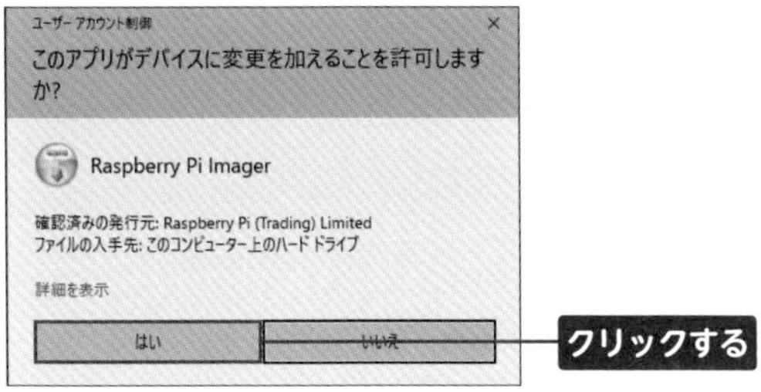

3 インストーラーが起動し、「Welcome to Raspberry Pi Imager Setup」と表示されます。＜Install＞をクリックします。

❹「Installing」と表示され、インストールが開始されます。

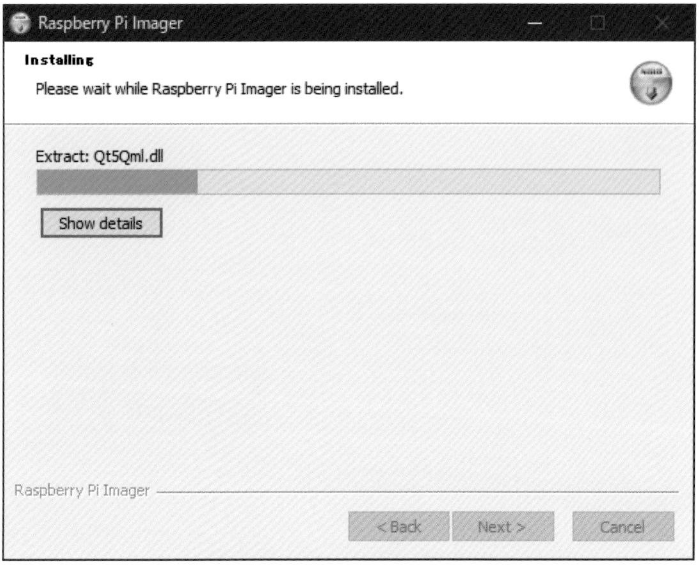

❺「Completing Raspberry Pi Imager Setup」と表示されればインストールは完了です。＜Finish＞をクリックしてインストーラーを終了します。なお、「Run Raspberry Pi Imager」のチェックボックスにチェックを付けたままにしておくと、インストーラーの終了後、すぐにRaspberry Pi Imagerが起動します。チェックを外した場合は、次のページで解説するスタートメニューからの起動手順を参考にしてください。

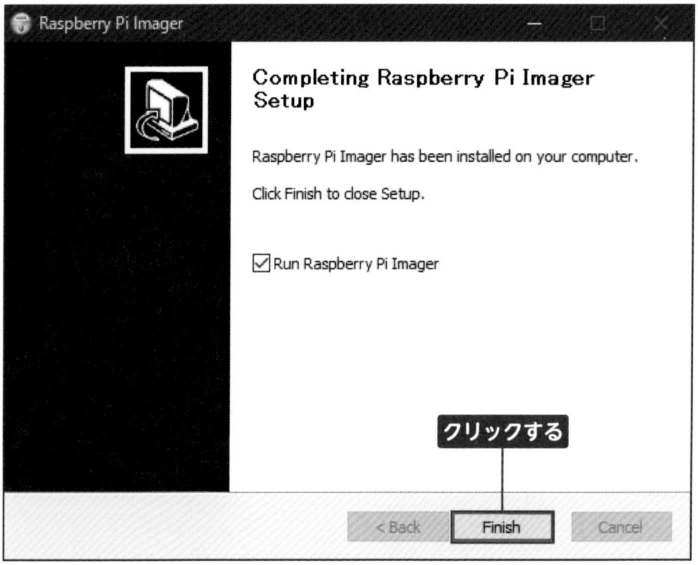

●Raspberry Pi ImagerでRaspberry Pi OSをmicroSDカードに書き込む

1 OSの書き込みに使用するmicroSDカードをパソコンに接続します。この際、パソコンがmicroSDカードを扱えるか確認し、そうでない場合には、メモリーカードリーダー／ライターやSDカード変換アダプターなどの機器を使用して接続しましょう (P.24～25参照)。

2 ■ →＜Raspberry Pi＞→＜Raspberry Pi Imager＞の順にクリックしてRaspberry Pi Imagerを起動します。

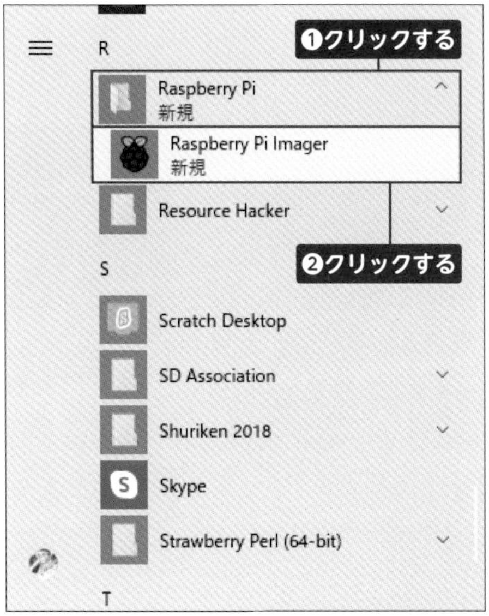

3「ユーザーアカウント制御」画面が表示された場合は、＜はい＞をクリックします。

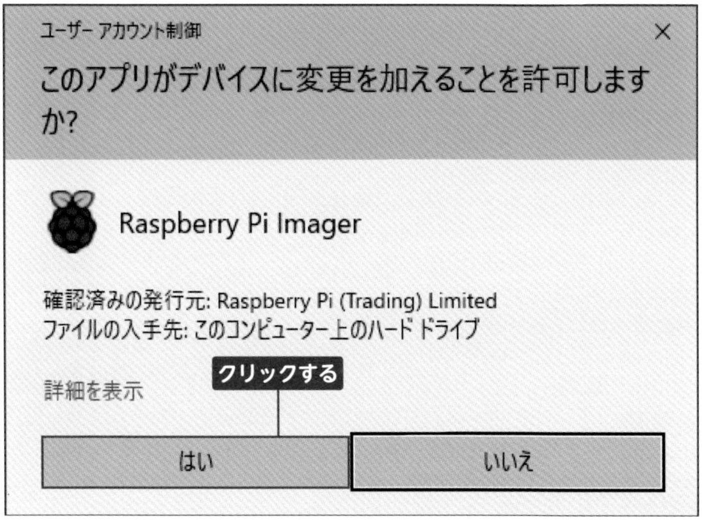

❹まずはOSを選びます。「Operating System」の＜CHOOSE OS＞をクリックします。

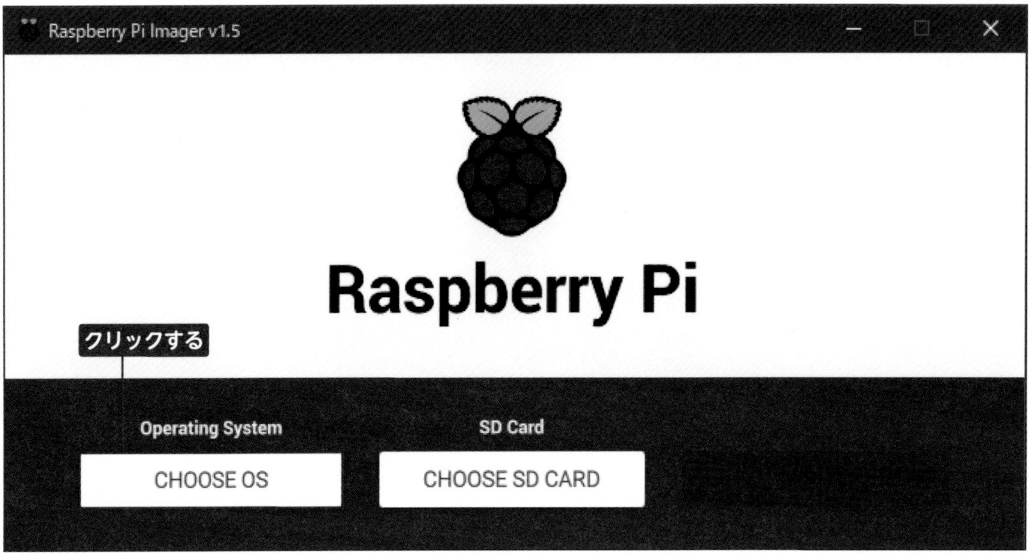

❺選択可能なOSの一覧がポップアップ表示されます。まず＜Raspberry Pi OS (other) ＞をクリックします。「Raspberry Pi OS (32-bit)」はコンパクトなパッケージですが、収録されているアプリケーションの数が絞られているため、本書では使用しません。

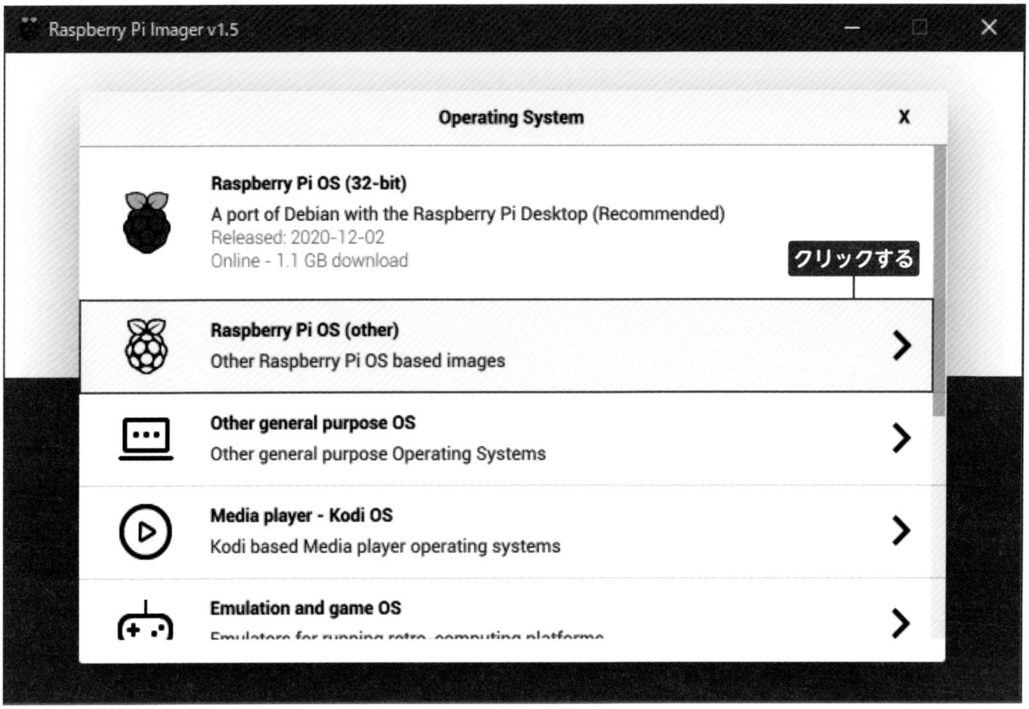

6 ＜Raspberry Pi OS Full (32-bit) ＞をクリックします。おすすめのアプリケーションが多く含まれたパッケージで、少々サイズが大きくなります（ここでは2.9GB）。microSDカードの容量に収まるサイズであるか、念のため確認してください。本書ではこの「Raspberry Pi OS Full (32-bit)」を使用していきます。

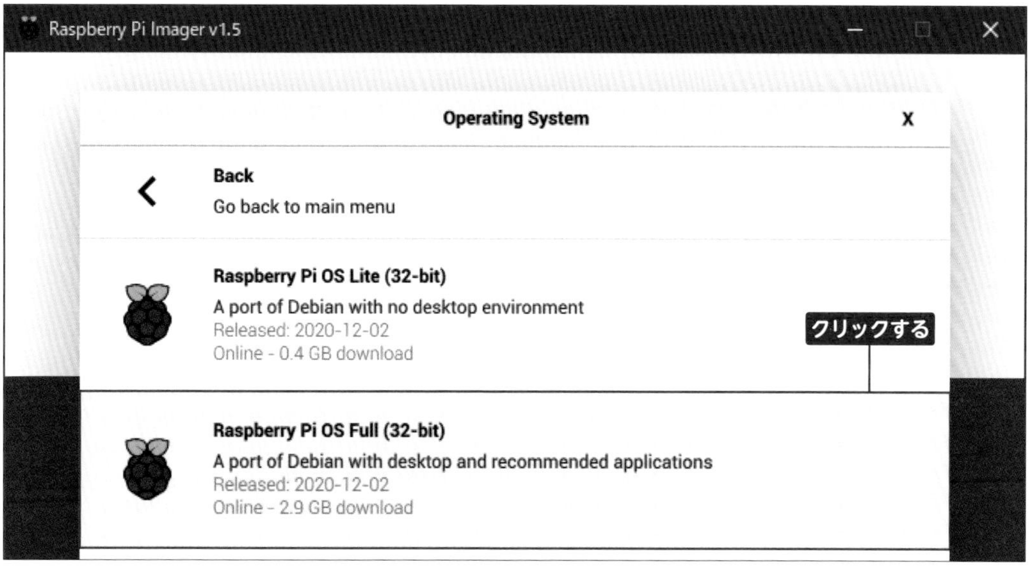

7 「Operating System」が「RASPBERRY PI OS FULL (32-BIT)」に変わります。続いて、microSDカードのデバイスを選びます。「SD Card」の＜CHOOSE SD CARD＞をクリックします。

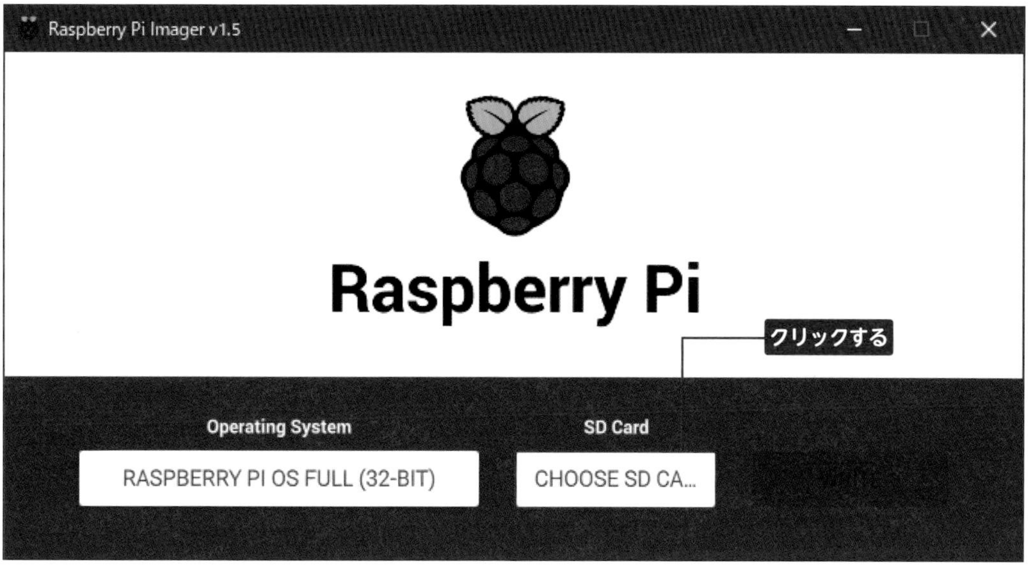

❽選択可能なデバイスの一覧がポップアップ表示されるので、パソコンに接続したmicroSDカードのデバイス名（ここでは＜Generic MassStorageClass USB Device＞）をクリックします。

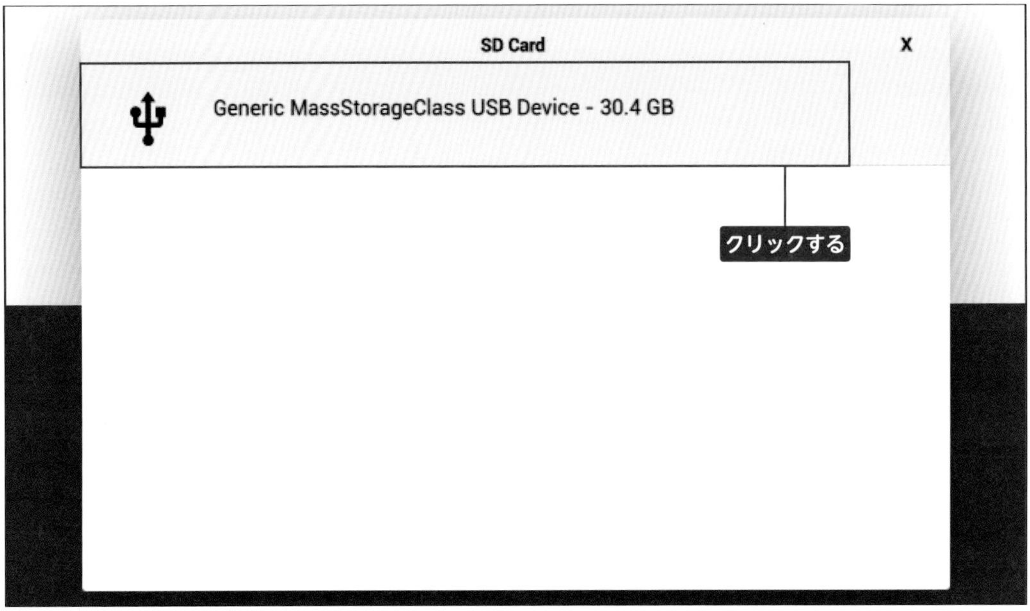

❾「SD Card」が選択したデバイス名に変わります。「Operating System」と「SD Card」を選択すると、右側の「WRITE」が有効になります。書き込みを開始して問題なければ、＜WRITE＞をクリックします。

10 SDカード内の既存のデータがすべて消去されることを確認する注意書きが表示されます。問題なければ＜YES＞をクリックします。

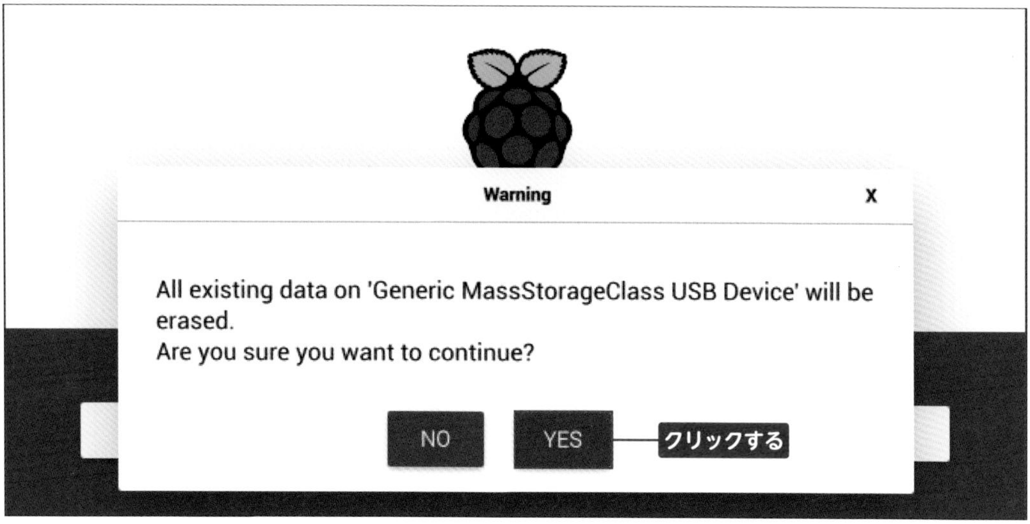

11 書き込みが開始されます。ネットワークやmicroSDカードの性能にもよりますが時間がかかるため、しばらく待機しましょう。なお、＜CANCEL WRITE＞（または＜CANCEL VERIFY＞）をクリックすれば、いつでも書き込みやベリファイは中止できます。

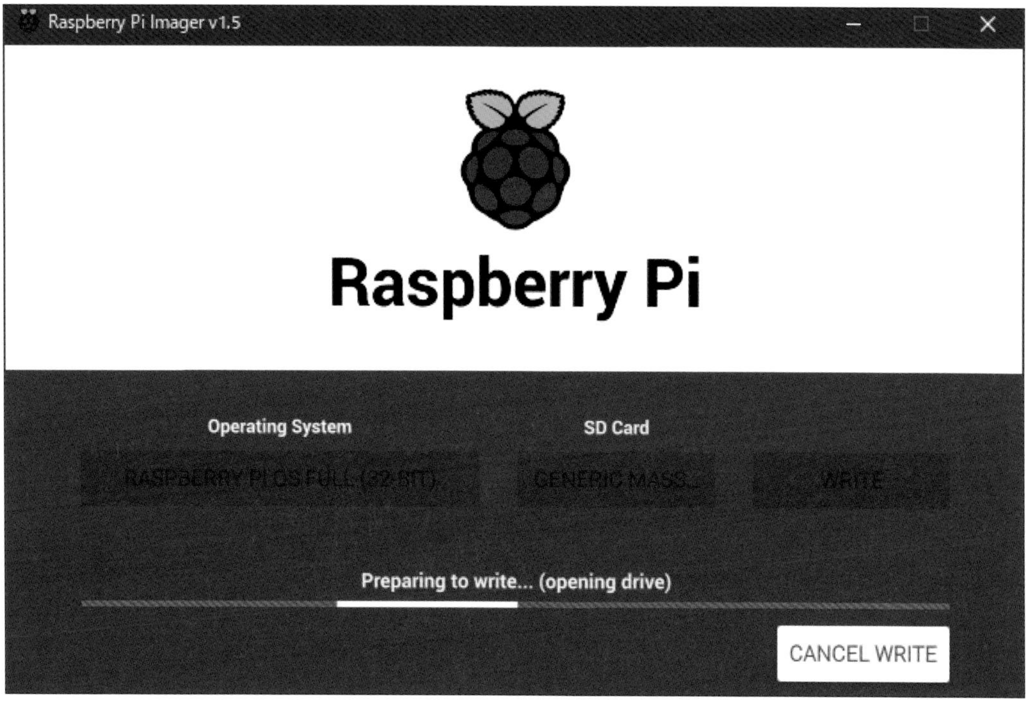

⓬「Write Successful」と表示されれば、書き込みは終了です。この段階で、microSDカードをパソコンから取り外すことができます。取り外しの際、タスクバーの通知領域にあるデバイスアイコンをクリックして＜ハードウェアを安全に取り外してメディアを取り出す＞→＜Deviceの取り出し＞の順にクリックしてから取り外します。この手順で取り外さないと、microSDカードの内容が壊れてしまう可能性があるため、十分に注意してください。
microSDカードを取り外したら、＜CONTINUE＞をクリックします。

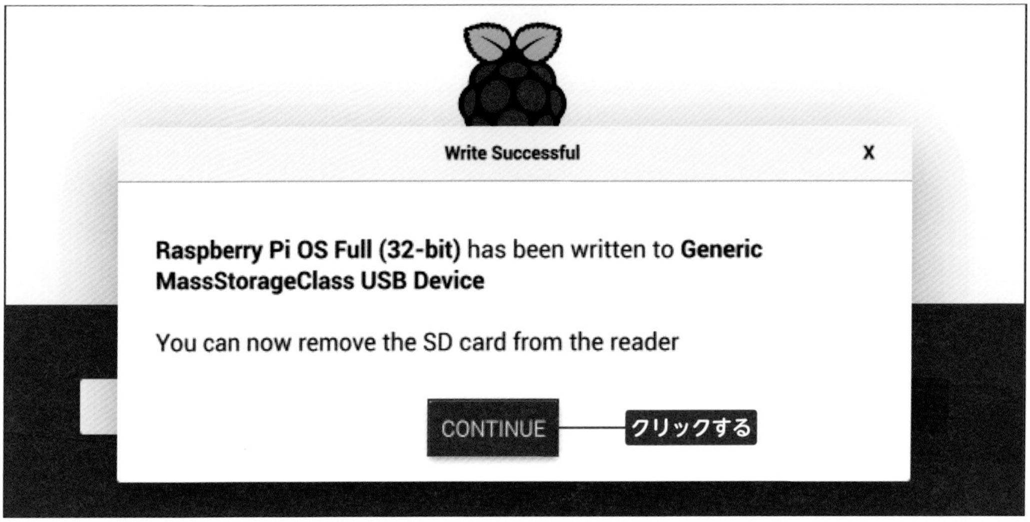

⓭＜×＞をクリックしてRaspberry Pi Imagerを終了します。これで、microSDカードへのRaspberry Pi OSの書き込みは完了です。

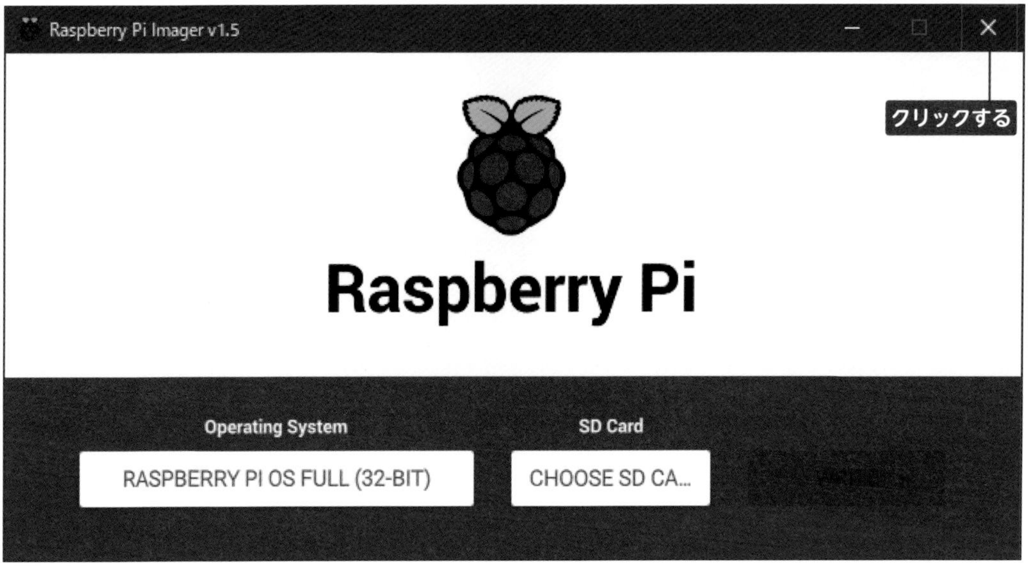

2-3 Raspberry Piを起動しよう

Raspberry Pi OSの用意が完了したら、Raspberry Piを起動してみましょう。このためにはまず、Raspberry Piに必要な周辺機器を接続します。そのうえで、電源を入れましょう。

① Raspberry Piを起動しよう

まず、Raspberry Piを起動できるように準備しましょう。下記の手順で周辺機器を接続していきます。今回は、Raspberry Pi 4 Model Bを使用して解説していきます。

●microSDカードのセット

2-2でRaspberry Pi OSを書き込んだmicroSDカードを、Raspberry PiのmicroSDカードスロットに差し込みます。microSDカードには表裏があり、microSDカードスロットは裏面にあることに注意してください。下図のように、microSDカードの表面が見える向きで、ていねいに奥まで差し込みます。

なお、microSDカードスロットにはとくにロックなどはありません。microSDカードを取り外すときは、指先でつまんでゆっくりと引き出します。

■Raspberry Pi 4 Model B へのmicroSDカードのセット例

ケーブルの接続

microSDカードをセットしたら、Raspberry Piに各種ケーブルを接続します。ここで必要なケーブルは、❶電源（USB Type-CまたはmicroUSB）のケーブル、❷ディスプレイ（microHDMIまたはHDMI）のケーブル、❸キーボード（USB Type-A）のケーブル、❹マウス（USB Type-A）のケーブルです。また、本書では無線LAN（Wi-Fi）を使うものとしますが、無線LANが使えない場合には、イーサネットケーブルも必要です。❷をディスプレイ、❸をキーボード、❹をマウスに順不同で接続します。ただし、ACアダプターはまだコンセントに差し込まないでください。

なお、Raspberry Pi 4 Model BにはmicroHDMIポートが2基ありますが、ディスプレイのmicroHDMIケーブルは「HDMI0」と表示されたほうに接続しましょう。また、キーボードとマウスのケーブルは、USB 3.0ではなくUSB 2.0ポートにつなぎ、USB 3.0ポートは高速な周辺機器のために空けておきましょう。

Raspberry Pi 3 Model A+にはUSBポートが1基しかないため、タッチパッド付きキーボードを接続するか、USBハブを使用して接続します。

■Raspberry Pi 4 Model B へのケーブルの接続例

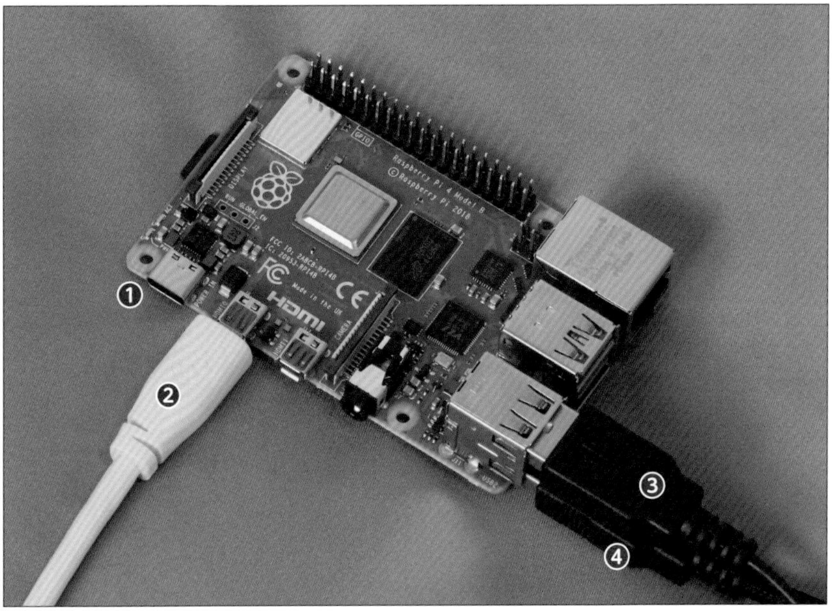

起動

ケーブルの接続後、❶のACアダプターをコンセントに差し込んで通電させれば、PWR LEDが赤く点灯し、Raspberry Piが起動します。電源ボタンはないため、可能であればスイッチの付いたコンセントなどを使用するとよいでしょう。

2-4 初期設定と動作確認を行おう

Raspberry Pi の起動が完了したら、初期設定を行いましょう。言語やパスワード、画面などの設定が行えます。初期設定が完了したら、動作確認も行っておきましょう。

① 初期設定を行おう

Raspberry Pi を起動してからしばらくすると、デスクトップ画面が表示されます。初回起動時は、自動的に以下の「Welcome to Raspberry Pi」画面が表示されるので、この画面で初期設定を行います。

■「Welcome to Raspberry Pi」画面

1「Welcome to the Raspberry Pi Desktop!」と表示されていることを確認し、＜Next＞をクリックします。

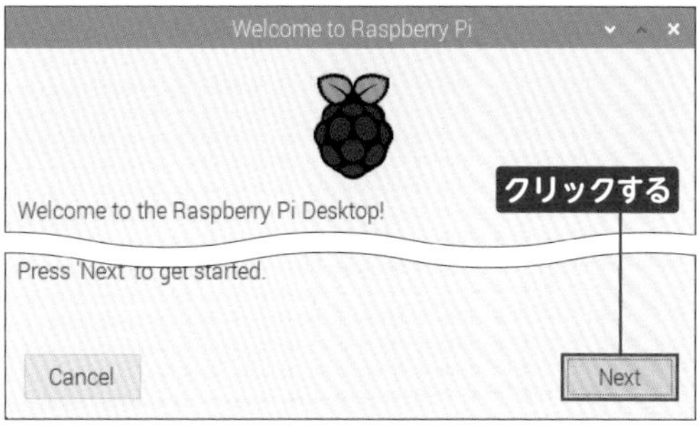

2「Set Country」では、国や地域の設定を行います。「Country:」で「Japan」、「Language:」で「Japanese」、「Timezone:」で「Tokyo」を選択します。＜Next＞をクリックします。

3「Change Password」では、システムユーザーのパスワードを変更します。初期状態のシステムユーザーは「pi」で、パスワードは「raspberry」ですが、パスワードを任意のものに変更することが推奨されています。新しいパスワードを2回入力し、＜Next＞をクリックします。英大小文字、数字などを組み合わせるなどし、強度の高いパスワードにしましょう。

4「Set Up Screen」では、画面の設定を行います。設定できるのは、「画面の縁を消す」設定だけです。現在の画面に黒縁がある場合は、「This screen shows a black border around the desktop」のチェックボックスをクリックしてチェックを付け、＜Next＞をクリックします。再起動後、黒縁のない画面が表示されるようになります。

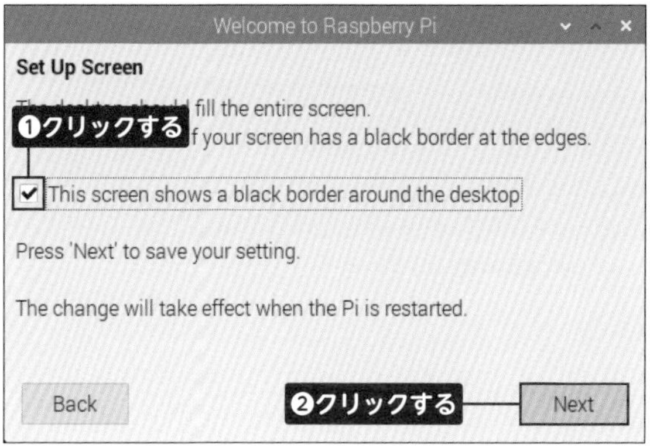

❺「Select WiFi Network」では、無線LAN（Wi-Fi）の接続を行います。本書では、ここではWi-Fiの設定を行わず、初期設定終了後に設定を行うことにします。＜Skip＞をクリックします。

❻「Update Software」では、ソフトウェアのアップデートを行います。インストールしたソフトウェアに更新版がリリースされている場合には、ここでアップデートを済ませておくことができます。ただしアップデートにはインターネット接続が必要なので、ここでは行えません。＜Skip＞をクリックします。

❼「Setup Complete」と表示され、初期設定が完了します。再起動の必要がある場合は＜Restart＞が表示されるため、クリックして再起動します。再起動の必要がない場合は「Restart」が表示されないため、＜Done＞をクリックします。

再起動後、デスクトップ画面が表示されます。以降、Raspberry Pi OS本来の操作ができます。

② 動作確認を行おう

Raspberry Pi OSの初期設定が完了したら、かんたんに動作確認をしておきましょう。とはいえ、現段階ではネットワークにつながっていないため、メニューバーからアプリケーションを開いて、きちんと起動と終了ができることを確認するに留めます。

1画面上部にあるメニューバーの をクリックします。ファイルマネージャーが起動したことを確認します。

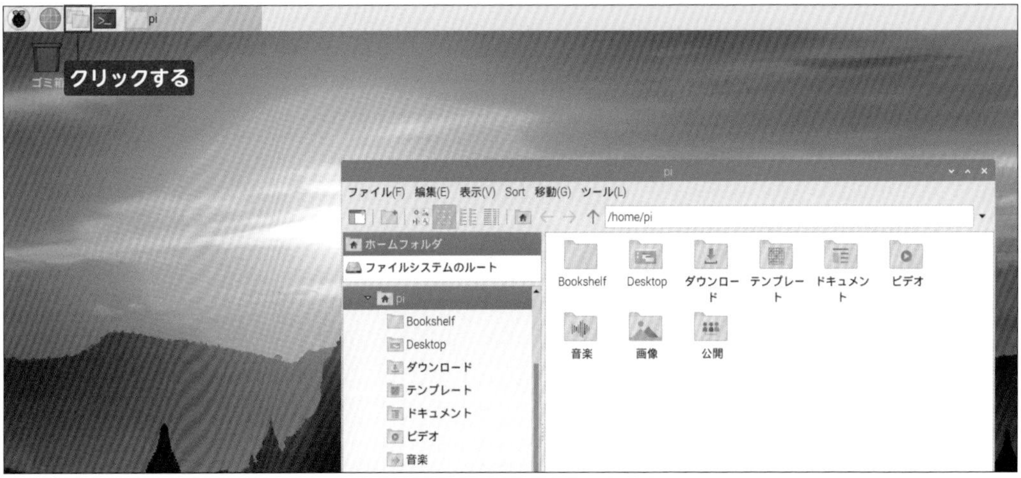

2画面上部にあるメニューバーの をクリックします。Chromium ウェブ・ブラウザ(Webブラウザ)が起動したことを確認したら、「×」をクリックして終了します。

③ Raspberry Piを終了しよう

Raspberry Pi OSを本格的に楽しむ前に、Raspberry Pi OSを正しく終了する方法を確認しておきましょう。正しく終了せずに電源を無理に落としたりすると、microSDカードの中身が壊れてしまうことがあるため、注意しましょう。

❶メニューバー左端の（メニューボタン）をクリックします。

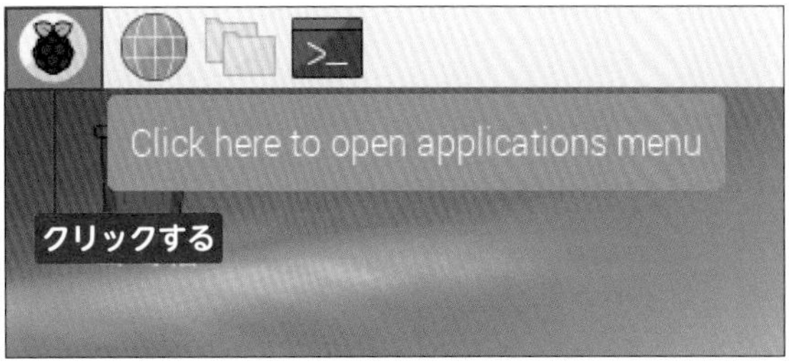

❷表示されるアプリケーションメニューの＜Shutdown...＞をクリックします。

❸「Shutdown options」画面が表示されるので、＜Shutdown＞をクリックします。なお、＜Reboot＞をクリックすると再起動、＜Logout＞をクリックするとログアウトできます。ログアウトすると、ログイン画面が表示され、システムユーザー名とパスワード（P.54参照）を入力すれば再度ログインできます。Shutdown後は電源ケーブルを一度抜いて再度差し込むことで起動します。

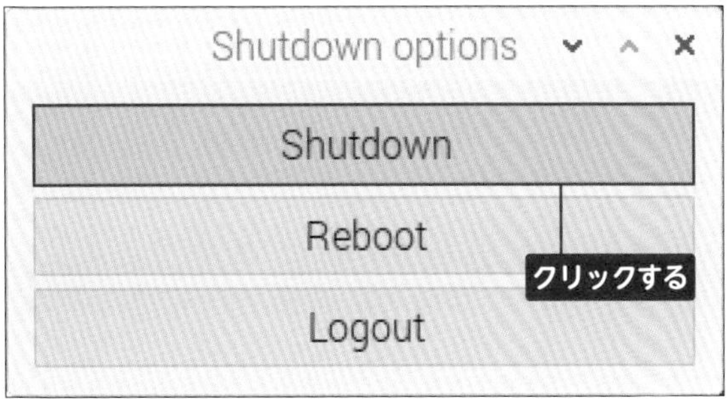

2-5 ネットワークを設定しよう

2-4の初期設定時にはWi-Fiの設定をスキップしたため、あらためて設定する方法を確認しましょう。ここでは、GUIによる設定方法を解説します。また、Raspberry Piをサーバー用途で使う場合のために、固定IPアドレスの設定方法も解説します。

① Wi-Fiに接続しよう

Wi-Fiに接続する前に、Wi-Fiの接続情報を確認しておきましょう。具体的には、ESSID(Raspberry Pi OSでは「SSID」と表記)というWi-Fiネットワークを識別する名前と、パスワード(キー)です。これらを確認したら、以下の手順でWi-Fiの設定を行います。

1 メニューバー右端のネットワークアイコンをクリックします。有効なネットワーク接続がない場合には、が表示されています。初期状態でWi-Fiがオフになっている場合は、＜Turn On Wi-Fi＞をクリックし、再度ネットワークアイコンをクリックします。

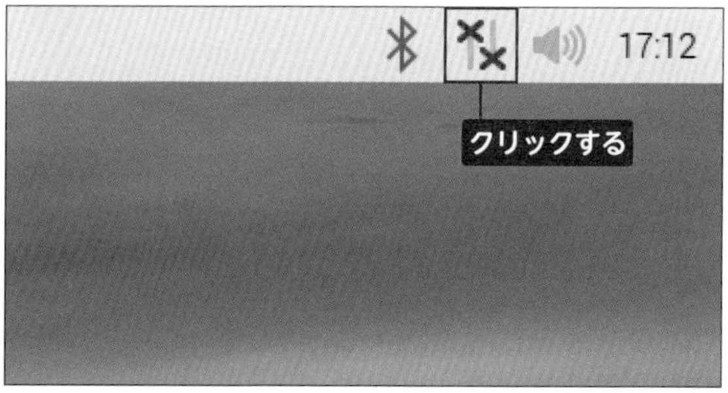

2 近隣のWi-FiネットワークのESSIDの一覧が表示されるので、接続したいESSIDをクリックします。なお、「5G」と表示されているのは5GHz帯を使用するWi-Fiネットワークです。また、鍵のマークが表示されているのはセキュリティで保護されているものです。電波の強度も表示されます。

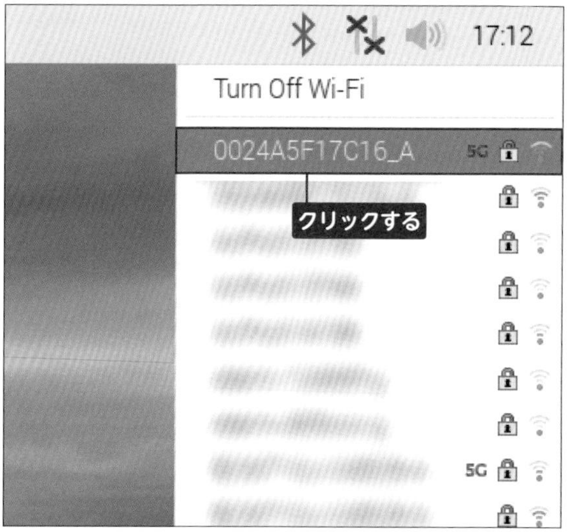

3「Pre Shared Key:」にWi-Fiネットワークのパスワードを入力し、＜OK＞をクリックします。なお、「Hide characters」のチェックを外せば、パスワードが平文で表示されます。

4 Wi-Fiに接続されると、ネットワーク接続アイコンの表示が青色の電波強度を表すアイコンに変化するので、確認します。

5アイコンにマウスポインターを合わせると、無線LANインターフェースにむすび付けられたESSIDや、割り当てられたIPアドレスなどの接続情報がポップアップ表示されます。

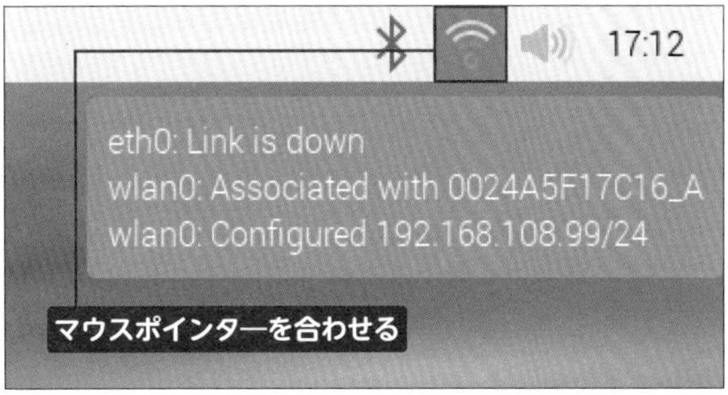

なお、この手順による接続では、DHCPという方式でWi-Fiに接続されます。DHCPとは、「Dynamic Host Configuration Protocol」の略で、自動的にIPアドレスなどの情報が割り当てられるものです。家庭用を含めて一般的なネットワークではDHCPが使えることがほとんどのため、複雑な設定を行うことなく、ネットワークの接続が完了します。

MEMO **Wi-Fiのセキュリティ**

ここでのWi-Fiネットワークの設定は非常にシンプルですが、一定強度以上のセキュリティ方式を前提としています。Raspberry Piでは、WPA-PSKという高度なセキュリティ方式を採用しています。この方式は、アクセスポイントとセキュリティキーを共有し、暗号化された通信を行うというものです。P.58手順2の画面で鍵のマークのないWi-Fiネットワークは、セキュリティで保護されていないものであり、このようなネットワークでは通信内容が盗聴される危険があることを覚えておきましょう。

② 固定IPアドレスを設定しよう

P.58～59のDHCPによる設定で割り振られるIPアドレスは、動的IPアドレスと呼ばれます。この動的IPアドレスは、割り振られるまでわからないものであるうえ、いつも同じIPアドレスが割り振られるとも限りません。しかし、サーバーなどの用途では、ほかのコンピューターからアクセスされるので、IPアドレスが最初からはっきりしていて、変わらないことが必要です。そのため、Raspberry Piをサーバー用途で使う場合は、IPアドレスが最初から決まっていて変わらない、固定IPアドレスを設定しましょう。なお、デスクトップで使いたい場合はこの手順は省略してもかまいません。

Wi-Fiネットワークのインターフェースに固定IPアドレスの設定を行う場合、インターフェース自体に対して行う方法と、ESSIDごとに行う方法があります。前者の場合、どのWi-Fiネットワークに接続しても同じIPアドレスとなりますが、後者の場合は接続するW-Fiネットワークごとに、異なるIPアドレスを使い分けることができます。

1 まずWindowsパソコンで、ネットワーク環境の接続情報を調べます。→＜設定＞→＜ネットワークとインターネット＞の順にクリックし、＜アダプターのオプションを変更する＞をクリックします。

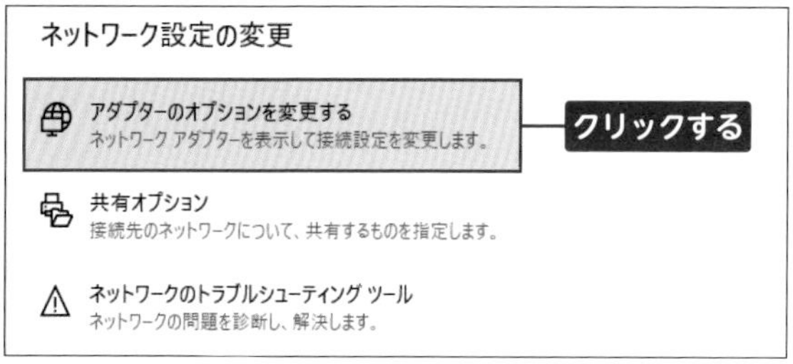

2 接続中のアダプター（赤い×印がないもの）のアイコンを右クリックし、＜状態＞をクリックします。

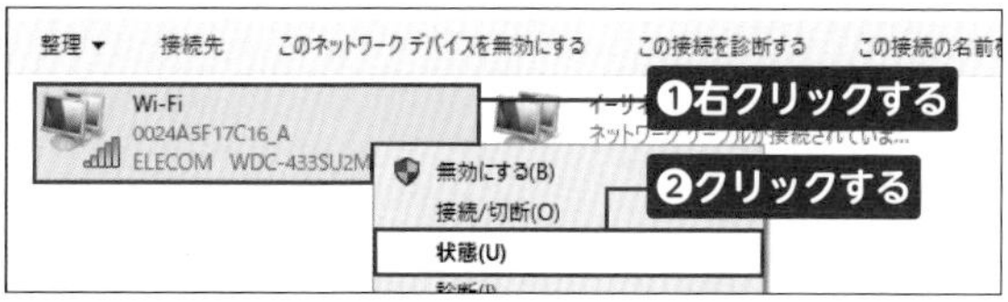

3 ＜詳細…＞をクリックします。

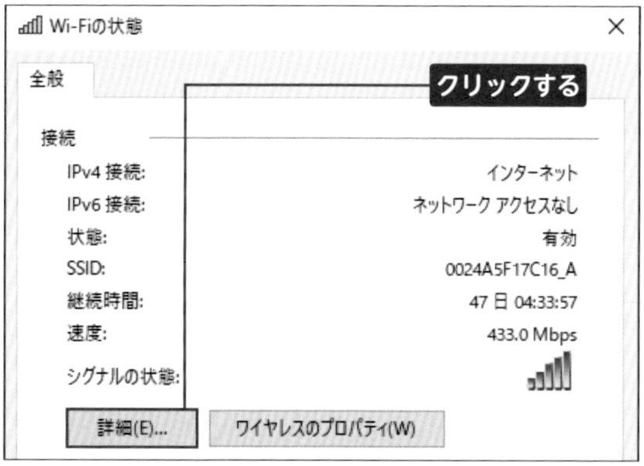

❹「ネットワーク接続の詳細」画面が表示されます。「IPv4 アドレス」「IPv4 デフォルトゲートウェイ (Router)」「IPv4 DNSサーバー (DNS Servers)」が必要な接続情報なので、メモします。ただし、IPv4 アドレスは、後述する設定時にほかの利用可能なものに変更する必要があります。

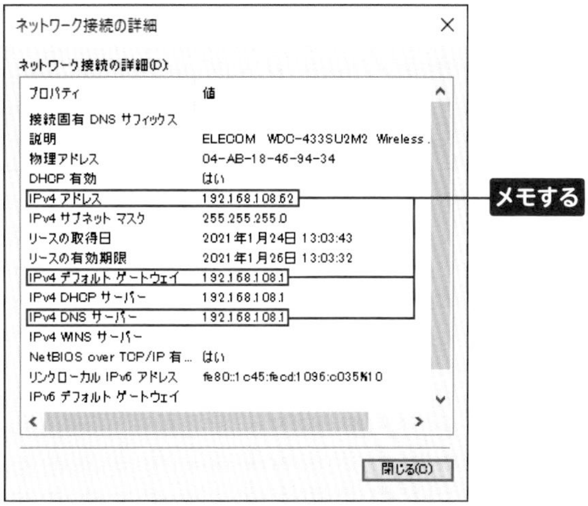

❺Raspberry Pi OSで、メニューバー右端のネットワークアイコンを右クリックします。

❻＜Wireless & Wired Network Settings＞をクリックします。

❼「Network Preferences」画面が表示されます。固定IPアドレスをインターフェースに設定する場合は、「Configure:」が「interface」になっていることを確認し、その右のドロップダウンメニューから、設定するネットワークインターフェース（ここでは無線LANインターフェースの＜wlan0＞）を選択します。

8「Automatically configure empty options」のチェックボックスをクリックしてチェックを外します。ここにチェックが付いていると、P.58～59と同様にDHCPによってIPアドレスが自動的に設定されます。ネットワークの動作がおかしくなったらこの状態に戻しましょう。

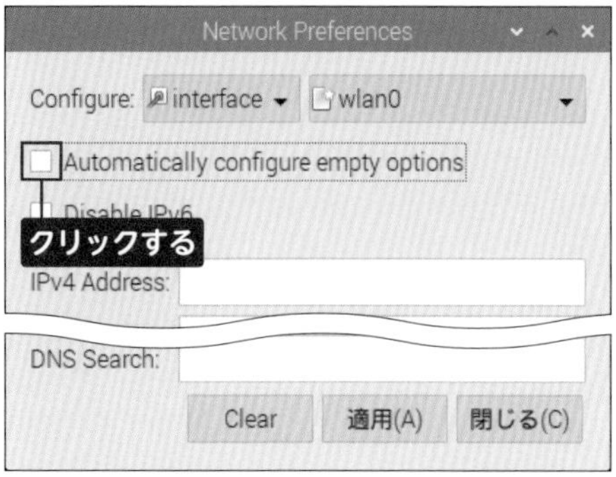

9各項目の入力欄に、ネットワーク環境の接続情報を入力します。図中にない項目は空欄で構いません。固定IPアドレスはLAN内で割り振られてないIPアドレスが使えます。IPアドレス（IPv4 Address）は、「192.168.108.12」「192.168.108.15」など、P.61で確認したものと、最後の部分が異なる番号を指定します。

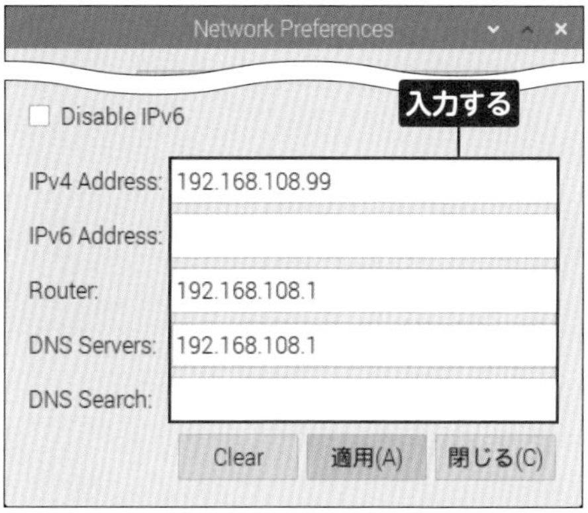

10<適用>をクリックすれば、設定内容が有効になります。なお、設定の変更はただちに反映されず、Raspberry Piを再起動するか、Wi-Fiをいったん無効にして再び有効にすると反映されます。

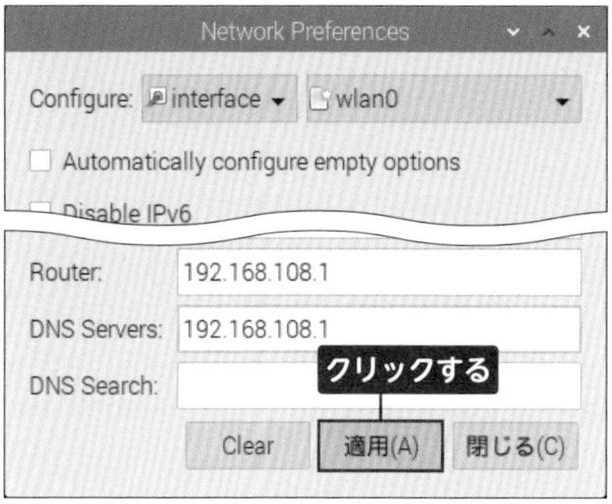

11ネットワークアイコンにマウスポインターを合わせ、表示されるポップアップで、IPアドレスが設定したとおりに変わったことを確認します。

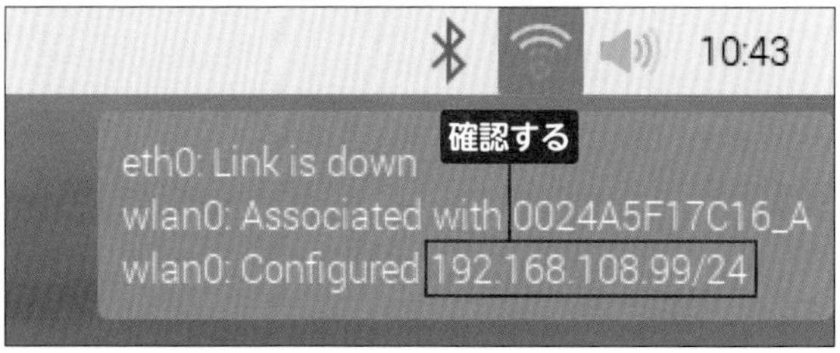

第3章

デスクトップパソコンとして活用しよう

この章では、Raspberry Pi をデスクトップパソコンとして活用するための基本を解説していきます。アプリケーションのインストールから活用、アンインストール、ツールのカスタマイズ、ファイルやフォルダの基本操作などの方法を覚えて、存分に活用できるようにしましょう。

3-1 Raspberry Piとデスクトップパソコン

Raspberry Pi OSを使用すれば、Raspberry Piをデスクトップパソコンとして活用することができます。まずは、活用するうえでおさえておきたい要素を確認しておきましょう。

① デスクトップパソコンとしての活用を支える要素

Raspberry Pi OSには豊富な機能やアプリケーションが最初から備わっており、WindowsやmacOSを搭載したパソコンと同様の感覚で、デスクトップパソコンとして活用できます。ここで、Raspberry Pi OSの主要な機能やアプリケーションを確認しておきましょう。

●日本語対応

Raspberry Pi OSは国際化対応で、もちろん日本語も使用できます。日本語の表示はもとより、日本語の入力（仮名漢字変換）も可能です（日本語入力システムMozc（P.83MEMO参照）のインストールが必要）。日本語のフォントとしてはAndroidでおなじみのNotoフォントなどが搭載されており、後述するLibreOfficeで扱う文書に使用することができます。

●インターネット

Webブラウザとしては、Googleが開発し、オープンソースとして公開されている、Chromium ウェブ・ブラウザが用意されています。メールクライアントとしては、軽快な動作に定評があるClaws Mailが用意されています。

●Office

LibreOfficeという、Officeアプリケーションスイートが用意されています。WordやExcelなどといったMicrosoft Officeアプリケーションのファイルを読み書きできるため、ビジネスにも役立てることができます。

●その他のアプリケーション

このほか、動画や音声の再生ができるVLCメディアプレイヤーなどのエンターテインメント系ツール、Thonny Python IDEなどのプログラミング環境も備えています。そのほかのアプリケーションも、必要に応じて検索・インストールすることができます。

② GUIとCLI

OSのインターフェースには、大きく分けて、GUI (Graphical User Interface) とCLI (Command Line Interface) の2つがあります。GUIは、WindowsやmacOSなどと同様に、操作対象となるファイルなどが画面に並び、キーボードやマウスで直感的な操作を行うことができるものです。一方のCLIは、基本的に文字ベースでコマンドによる操作を行うもので、直感的な操作はできません。Raspberry Pi OSでは、GUIで操作できるため、誰でもかんたんにデスクトップパソコンとして活用することができます。

■Raspberry Pi OSのGUI

もっとも、一般的なデスクトップパソコンとしての用途を超えてRaspberry Piを活用するためには、CLIも扱う必要があります。とりわけ、Raspberry Piをサーバーとして使ったり、プログラムを作って動かしたりする場合は、GUIでは十分に対応できません。GUIによるツールが用意されていないことがあるからです。CLIでの操作は文字を正確に打ち込むなど面倒で難しい面もありますが、マスターしてしまえばRaspberry Pi OSの高度な操作が可能になり、Raspberry Piの活用の幅が拡がります。第4章でCLIでの操作方法を解説しているため、ぜひマスターしましょう。ディスプレイに画面が表示されれば、Raspberry Piの準備は完了です。

MEMO **CUI (Character User Interface)**

CLI(Command Line Interface) はCUI(Character User Interface) と呼ばれることもあります。GUIとの対比として、文字ベースのユーザーインターフェースであることを示す呼び名です。

3-2 デスクトップOS／サーバーOSの考え方

この章ではRaspberry Pi OSをデスクトップOSとして扱っていきますが、そもそもデスクトップOSとサーバーOSの違いは何でしょうか。実は、OSの中心部（コア部分）はデスクトップOSもサーバーOSもさほど変わりません。ではどのような部分が違うのでしょうか。具体的に見ていきましょう。

① デスクトップOSの場合

デスクトップOSは、基本的に1人のユーザーがパソコンを使うことを前提にします。皆さんに馴染みのあるWindowsやmacOSはデスクトップOSです。業務では、Webブラウザやメールクライアントのほか、ワープロや表計算といったOfficeアプリケーションを活用します。画像編集、動画編集の用途でも活躍します。日常生活ではWebブラウザやゲームを利用することが多いでしょう。

このように視覚的な用途が多いため、デスクトップOSではGUIによる操作ができるほうが快適で望ましいといえます。このため、ノートパソコンのように画面がついていたり、デスクトップパソコンのように画面が一緒に使われたりすることが一般的です。

また、ネットワークの利用は限定的で、必要なときに外部サーバーにアクセスするというものです。そのため、自身は外部に見えている必要はなく、むしろ見えてはいけないように構成する必要があります。

■デスクトップOSの構成

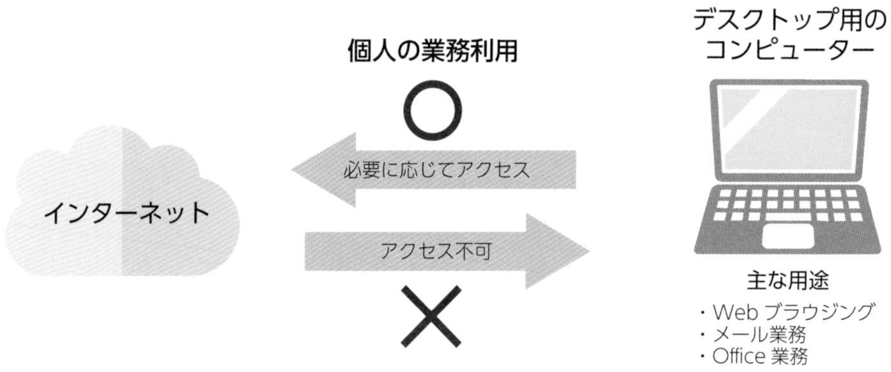

② サーバーOSの場合

サーバーOSは、ネットワークを経由して多くの人にサービスを届けるために構成されています。サービスの内容はさまざまですが、わかりやすいところでは、Webサイトの表示を提供するためのWebサーバー、メールの配送のためのメールサーバー、ファイルを共有する場所としてのファイルサーバーなど、多岐にわたります。

サーバーOSはデスクトップOSとは用途が異なるため、必ずしもGUIを必要としません。むしろ、CLIでしか操作できないようなアプリケーションが少なくないのです。また、多くのユーザーが集中してアクセスしてくる、常に稼働させて多くのユーザーからのアクセスに備える必要があるといった事情から、パソコンとは別のサーバー用コンピューターが使われることが一般的です。サーバー用コンピューターは画面がないなど、GUIでの利用には適していません。

ネットワークの利用形態もデスクトップOSと大きく異なります。サーバーOSは、常時外部からのアクセスを待ち、外部からの要求に応じてサービスを処理して結果を返すという形態を取ることも少なくありません。そのため、こういった用途に合わせるには外部から自身の存在が見えて、いつでもアクセスできるようにネットワークを構成する必要があります。

■ サーバーOSの構成

MEMO Windowsの場合

Windowsでも、デスクトップOSとサーバーOSが分けられています。デスクトップOSにはWindows 10やWindows 8.1などがあり、サーバーOSにはWindows Server 2019やWindows Server 2016などがあります。サーバーOSには管理に特化した機能が多数用意されています。安価で導入できるデスクトップOSに対してサーバーOSは高価であり、ライセンス形態やサポートの提供も異なります。

3-3 GUIの基本操作

Raspberry Pi OSでは基本的にはGUIを使います。まずはGUIによる操作をしっかりと押さえて、それからアプリケーションの活用やCLIによる操作、プログラミングなどに進んでいきましょう。

① Raspberry Pi OSの画面構成

Raspberry Pi OSの画面構成を見ていきましょう。ここでは、基本となるデスクトップ画面を例に解説します。P.51～53を参考に起動したあとの画面です。

■Raspberry Pi OSのデスクトップ画面

●メニューバー（パネル）

スクリーン上部のバーはメニューバーです。パネルとも呼ばれ、Raspberry Pi OSの操作の基本となる部分です。メニューを表示させるメニューボタンや、時計などが表示されるシステムトレイ、起動中のアプリケーションのアイコンが表示されるタスクバーなど、各機能が集約されています。

このメニューバーは、初期設定ではmacOSのようにスクリーン上部に表示されますが、Windowsのようにスクリーン下部に表示させることもできます。さらに、ほかのアプリケーションのウィンドウが最大化した際に隠れるようにするなどといった、柔軟な設定が可能です。

メニューボタン

メニューバーの左端にあるラズベリーのアイコンは、アプリケーションメニューを表示させるためのメニューボタンです。アプリケーションの起動のほか、Raspberry Pi OSを終了なども行える、もっとも基本的なボタンです。

■ メニューバー左端の構成

アプリケーション・ランチャー

メニューボタンの右側は、あらかじめ登録されたアプリケーションのショートカットからのすばやい起動を可能にする、アプリケーション・ランチャーです。初期状態では、Chromiumウェブ・ブラウザ（Webブラウザ）、ファイルマネージャー、LXTerminal（ターミナル、端末）の3つが登録されています。アプリケーション・ランチャーにアプリケーションのショートカットを登録する方法についてはP.86を参照してください。

タスクバー

アプリケーション・ランチャーの右側は、起動しているアプリケーションのアイコンが表示されるタスクバーです。タスクバーに表示されているアイコンをクリックすることで、アプリケーションのすばやい切り替えができます。

システムトレイ

メニューバー右端のシステムトレイには、Bluetoothやネットワークの接続状態、オーディオの音量や時刻など、システムの情報が表示されます。

■ システムトレイ

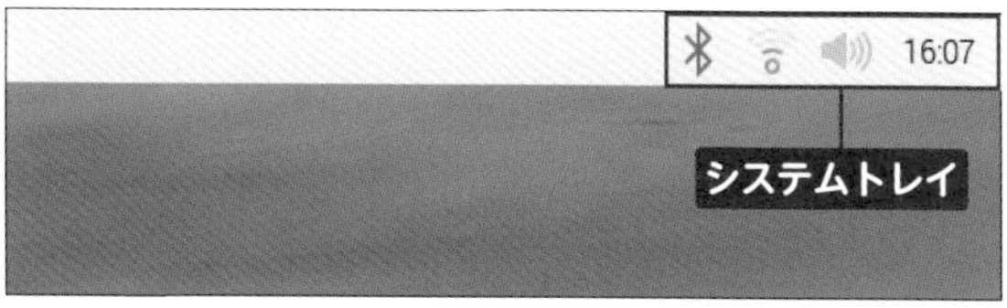

デスクトップ

スクリーンの大部分を占める領域が、アプリケーションのウィンドウが表示されるデスクトップです。アプリケーションのショートカットやファイルやフォルダなども配置することができます。初期状態では「ゴミ箱」のアイコンのみが設置されています。

② アプリケーションを起動しよう

アプリケーションの起動は、メニューバー左端の（メニューボタン）をクリックすると表示される、アプリケーションメニューから行います。また、アプリケーション・ランチャーから、登録されているアプリケーションをスピーディに起動することもできます。

●メニューから起動する

基本中の基本として、メニューからアプリケーションを起動してみましょう。ここでは、galculator（電卓）を起動してみます。

1 （メニューボタン）をクリックします。

2 アプリケーションメニューが表示されます。＜アクセサリ＞→＜Calculator＞の順にクリックします。

3 galculator（電卓）が起動します。使い方はほかのOSと変わりません。クリックやショートカットキーで操作できます。

●アプリケーション・ランチャーから起動する

アプリケーション・ランチャーで、任意のアプリケーションのショートカットをクリックすると、アプリケーションを起動できます。

■アプリケーション・ランチャーからの起動

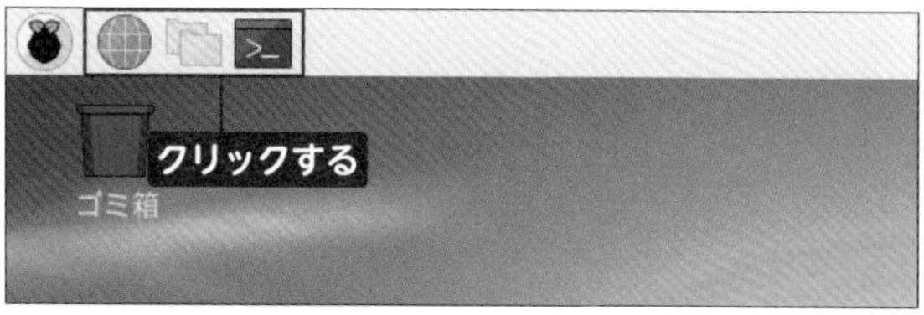

③ アプリケーションを終了しよう

アプリケーションの終了方法にはいくつかの種類があります。

●「×」で終了する

アプリケーションのウィンドウ右上に＜×＞があれば、それをクリックすることでアプリケーションを終了できます。

■「×」での終了

●メニューから終了する

アプリケーションがメニューを備える場合、＜閉じる＞＜終了する＞などをクリックすればアプリケーションは閉じられます。ファイルマネージャーの場合は、＜ファイル＞→＜ウィンドウを閉じる＞をクリックします。

■メニューからの終了

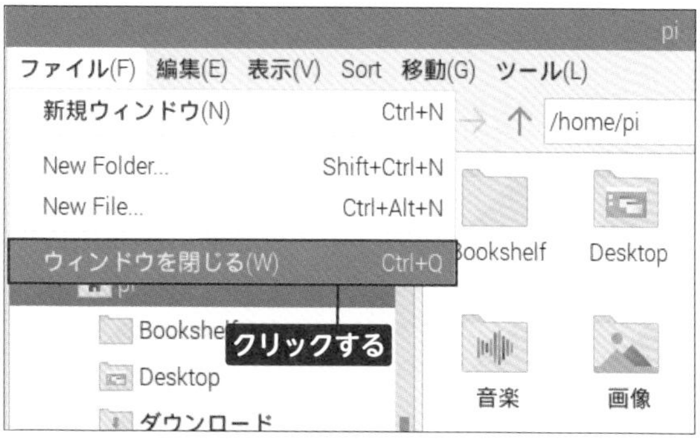

●ショートカットキーで終了する

アプリケーションによっては、ショートカットキーで終了することもできます。たとえばファイルマネージャーの場合、Ctrl＋Qキーを押すと終了できます。また、Alt＋F4キーで終了できるアプリケーションも少なくありません。

④ アプリケーションの画面を最大化／最小化しよう

アプリケーションによっては、画面の最大化（デスクトップにくまなく拡大）と最小化（アイコンだけをメニューバーに格納）が可能です。作業に集中するときは最大化して画面領域を目一杯利用し、一時的に不要なアプリケーションは最小化して作業の妨げにならないようにしておきましょう。

●最大化する

ウィンドウの右上に があれば、それをクリックすることで最大化できます。最大化したウィンドウは、 をクリックすることで、もとに戻ります。ウィンドウのタイトルバーをダブルクリックすることでも、最大化させたり、もとに戻したりできます。

■最大化と復元

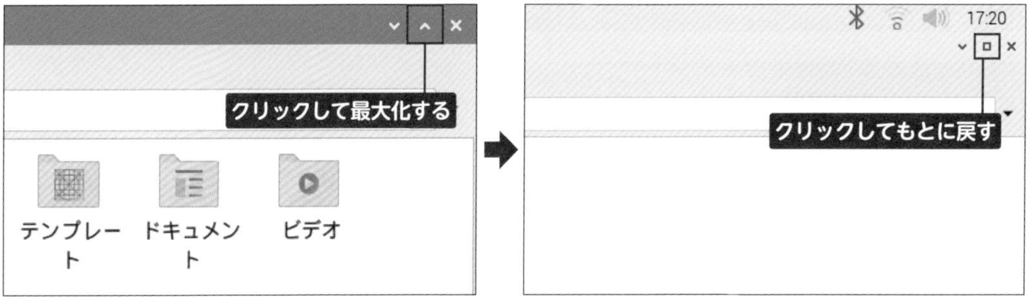

●最小化する

ウィンドウの右上に があれば、それをクリックすることで最小化できます。最小化したウィンドウは、タスクバーのアプリケーションアイコンをクリックすることで、もとに戻ります。

■最小化と復元

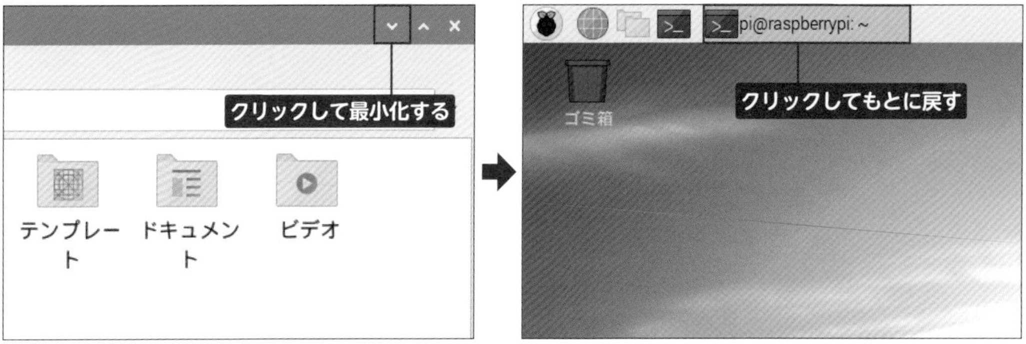

⑤ 複数のアプリケーションを切り替えよう

アプリケーションを複数起動したら、目的のアプリケーションにスムーズに切り替えたいものです。アプリケーションの切り替えにも、いくつかの方法があります。

●アプリケーションのウィンドウをクリックする

アプリケーションのウィンドウが別のアプリケーションのウィンドウのうしろに位置しているときには、目的のアプリケーションのウィンドウをクリックすることでアクティブになります。

■ウィンドウの切り替え

●タスクバーから切り替える

タスクバーで、起動しているアプリケーションのアイコンをクリックすれば、アクティブにすることができます。

■タスクバーでの切り替え

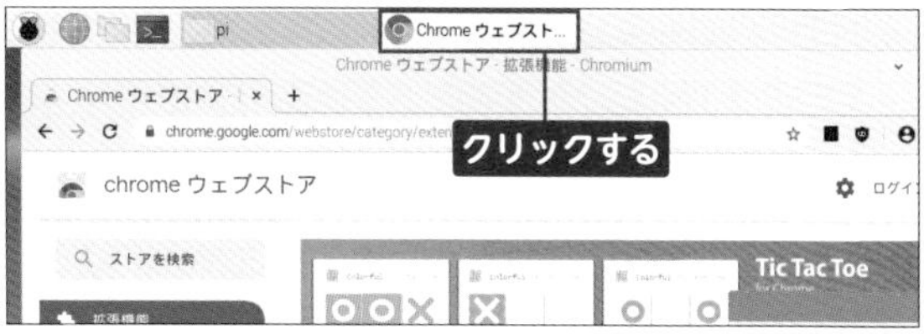

●ショートカットキーを使用する

Altキーを押しながらTabキーを押すと、起動しているアプリケーションのサムネイルがリストで表示されます。この状態でAltキーを押したままTabキーを押すと、次々とアプリケーションの選択が切り替わります。目的のアプリケーションが選択された状態ですべてのキーを離せば、そのアプリケーションがアクティブになります。

■ショートカットキーでの切り替え

3-4 フォルダとファイルの基本操作

フォルダとファイルの基本操作を学びましょう。こうした操作は、ファイルマネージャーで行うと便利です。Windowsのエクスプローラーなどと同様に使用できるため、慣れ親しんだ感覚で直感的に操作できます。

① ファイルマネージャーの画面構成

ファイルマネージャーは、Windowsでいうエクスプローラー、macOSでいうFinderと同様の機能を持ったアプリケーションで、ファイルやフォルダを統合的に管理できます。ファイルマネージャーは、アプリケーション・ランチャーに初期状態からアイコンが登録されているため、クリックすることですぐに起動できます。

■ファイルマネージャーの画面

メニューバー

すべての機能のメニューがメニューバーにまとめられています。「ファイル」「編集」「表示」「Sort」「移動」「ツール」というカテゴリに分かれており、それぞれクリックすることで各機能にアクセスできます。

ツールバー

よく使う機能はツールバーにアイコンとして配置されています。構成は以下のとおりです。

■ツールバーの構成

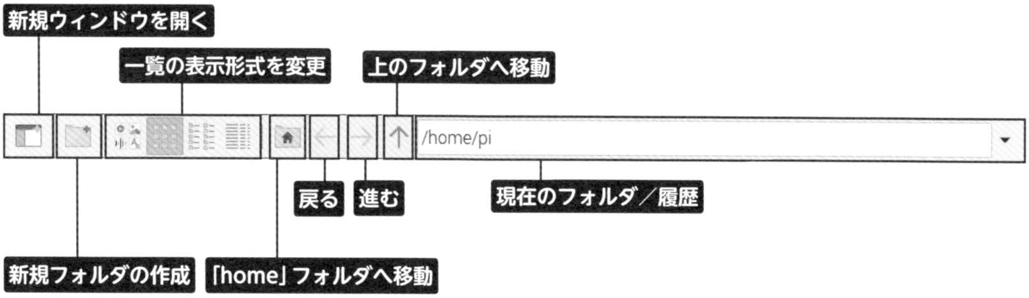

場所

場所には、初期設定では、「ホーム」と「ファイルシステムのルート」が表示されます。microSDカードなどのリムーバルメディアが挿入されると、それも表示されます。

フォルダツリー

フォルダツリーには、ルートフォルダ（最上階層のフォルダ）から現在のフォルダまでのツリーが表示されます。

フォルダの内容

フォルダの内容には、フォルダツリーで選択されているフォルダにあるフォルダやファイルが一覧表示されます。初期状態ではアイコンと名前だけの表示ですが、アイコンの大きさを変更したり、ファイルのサイズや日付の入った詳細表示に切り替えたりすることもできます。ここにあるファイルをダブルクリックするとファイルが開きます。

ステータスバー

ステータスバーには、アイテム（ファイルやフォルダ）の数や選択されている数、空き容量などの情報が表示されます。

②表示するフォルダを変更しよう

まずは、「フォルダの内容」に表示するフォルダを変更する方法を確認しましょう。1つめは、フォルダツリーにあるフォルダ名をクリックする方法です。2つめは、フォルダの内容に表示されているフォルダをダブルクリックしていく方法です。ほかの方法もありますが、まずはこの2つを覚えておけばよいでしょう。

1 ここでは、フォルダツリーの＜home＞をクリックします。

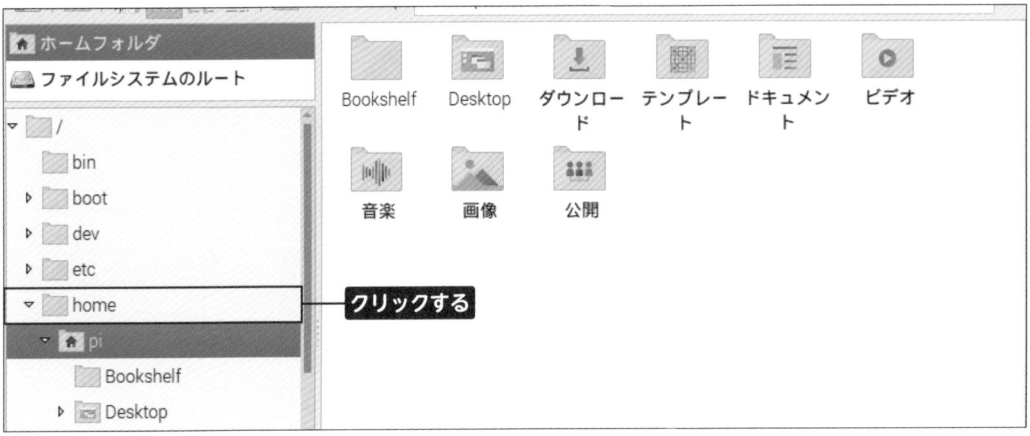

2 「home」フォルダに移動し、フォルダの内容も変化します。「フォルダの内容」の＜pi＞をダブルクリックすると、「pi」フォルダに移動します。

フォルダではなくファイルをダブルクリックすると、そのファイル形式にひも付いたアプリケーションが起動します。

③ フォルダを作成してファイルを移動させよう

次に、フォルダを新しく作って、そこに既存のファイルを移動させてみましょう。ここでは、「pi」フォルダを選択した状態を例に解説します。

1 メニューバーの＜ファイル＞→＜New Folder...＞の順にクリックします。

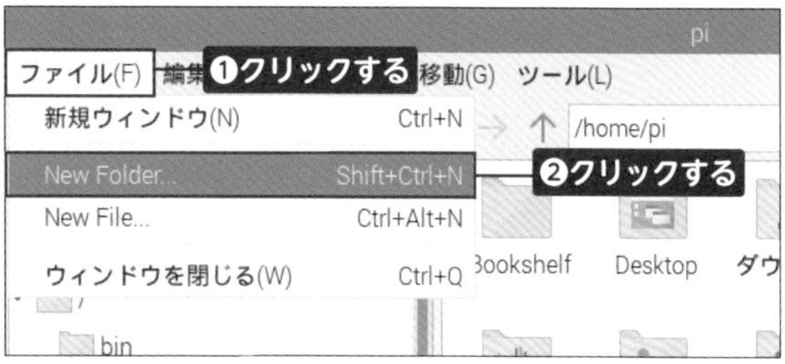

2 作成するフォルダの名前を入力し、＜OK＞をクリックすると、「pi」フォルダに新規フォルダが作成されます。ここではフォルダ名は初めから入力されている「新規」のままにしました。

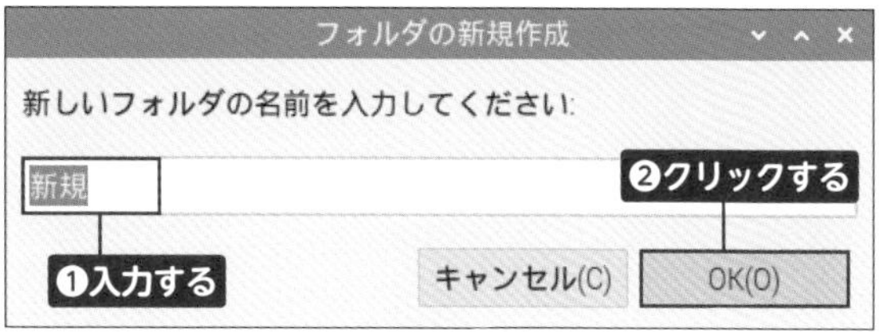

3 フォルダツリーの＜Bookshelf＞をクリックし、PDFファイルがあることを確認します。このPDFファイルを、フォルダツリーの「新規」フォルダにドラッグします。「Bookshelf」フォルダから「新規」フォルダにPDFファイルが移動します。

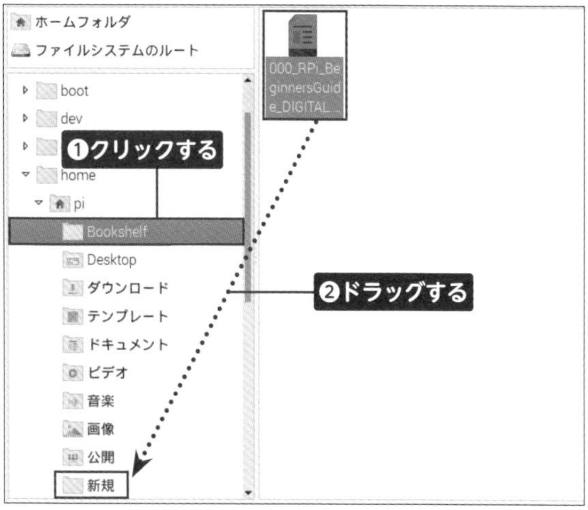

MEMO カット・アンド・ペースト

ファイルの移動は、ファイルを右クリックして＜切り取り＞をクリックし、移動先のフォルダで右クリックして＜貼り付け＞をクリックすることでも行えます。これをカット・アンド・ペーストといいます。Ctrl ＋ X キー→ Ctrl ＋ V キーでも同じことができます。

④ ファイルをコピー／削除しよう

ファイルをコピーする方法と、ファイルを削除する方法も確認しましょう。ここでは、P.76～77の操作を行った状態を例に解説します。

❶「新規」フォルダにあるPDFファイルを、「Bookshelf」フォルダに、Ctrlキーを押しながらドラッグします。マウスポインターがファイルの形状に変化しますが、「＋」が付いているのが確認できるはずです。

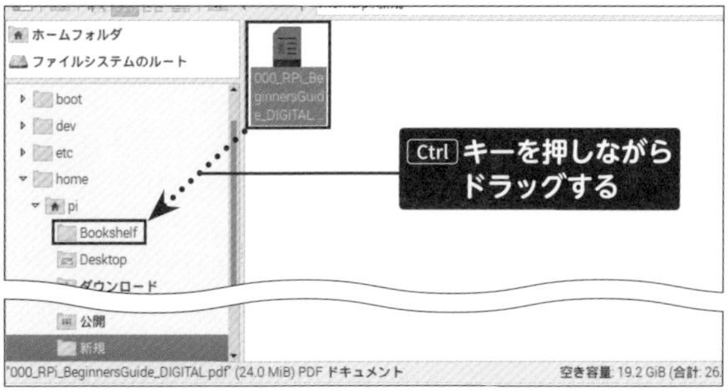

❷「新規」フォルダのPDFファイルは残ったままですが、「Bookshelf」フォルダを開くと、PDFファイルがコピーされていることが確認できます。

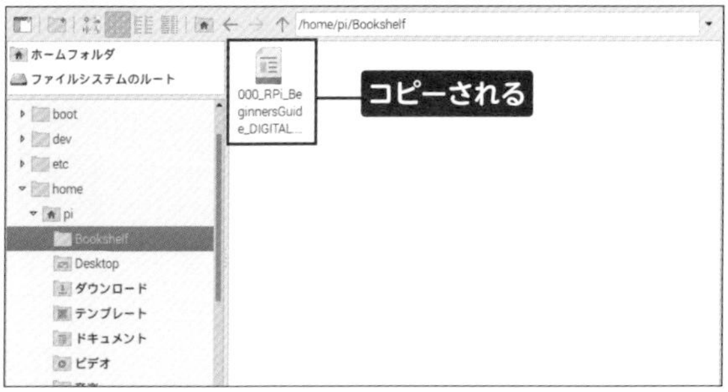

❸「新規」フォルダのPDFファイルを削除するには、PDFファイルを右クリックし、＜ゴミ箱へ移動＞をクリックします。「ファイル'○○'をゴミ箱に移動しますか？」と表示されたら、＜はい＞をクリックすると、ファイルが削除されます。なお、ファイルを選択してDeleteキーを押すことでも削除できます。

MEMO　コピー・アンド・ペースト

ファイルのコピーは、ファイルを右クリックして＜コピー＞をクリックし、コピー先のフォルダで右クリックして＜貼り付け＞をクリックすることでも行えます。これをコピー・アンド・ペーストといいます。Ctrl＋Cキー→Ctrl＋Vキーでも同じことができます。

❹ファイルが削除されると、ファイルは「ゴミ箱」に移動します。デスクトップにある「ゴミ箱」のアイコンが変化して、ゴミとして溜まっているのがわかります。

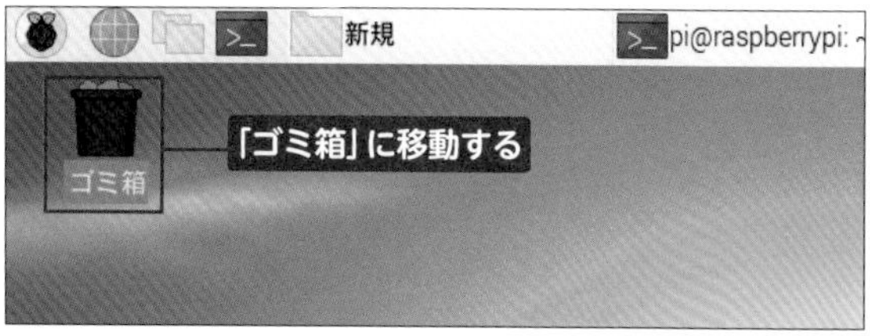

⑤「ゴミ箱」のファイルをもとに戻そう

続いて、「ゴミ箱」の中のファイルをもとに戻してみましょう。うっかりファイルを削除してしまっても、「ゴミ箱」を空にしない限りはもとに戻せるので安心です。

❶デスクトップの「ゴミ箱」のアイコンをダブルクリックするか、「ゴミ箱」のアイコンを右クリックして＜新規ウィンドウで開く＞をクリックします。

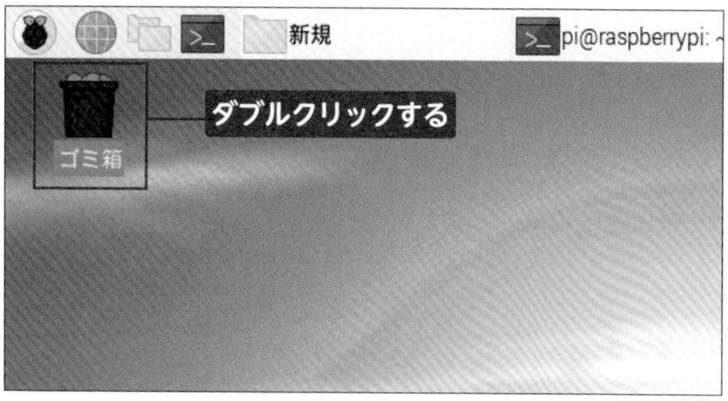

❷「trash:///」というタイトルのファイルマネージャーのウィンドウが開き、削除したファイルが表示されます。ファイルを右クリックし、＜元に戻す＞をクリックすると、ファイルの削除を取り消してもとの場所に戻せます。

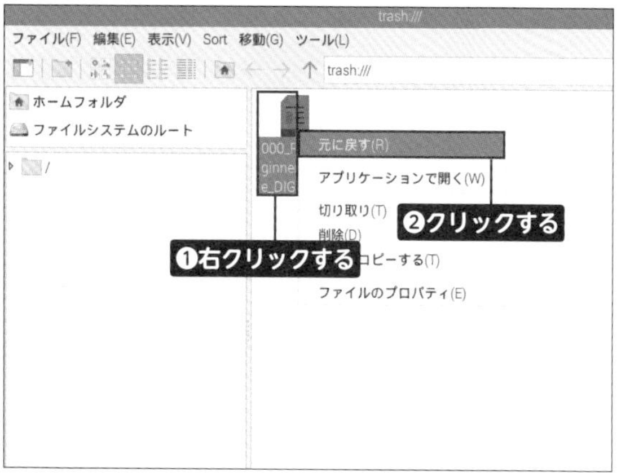

MEMO アンドゥ

ファイルを「ゴミ箱」に移動した（削除した）直後なら、Ctrl ＋ Z キーを押すことでもとに戻せます。これをアンドゥといいます。また、「ゴミ箱」にあるファイルを、別のフォルダにドラッグすることでも、削除を取り消すことができます。

3-5 アプリケーションを使いこなそう

Raspberry Pi OSではさまざまなアプリケーションがインストールされています。また、最初からインストールされていなくても、あとから追加することもできます。ここでは、アプリケーションの活用や追加の方法について確認していきましょう。

① アプリケーションを使ってみよう

P.56の動作確認では、ファイルマネージャーやChromium ウェブ・ブラウザを立ち上げただけでした。ここではもう少し踏み込んでアプリケーションを使ってみましょう。

●Chromium ウェブ・ブラウザを使ってみる

アプリケーション・ランチャーのをクリックすると、Chromium ウェブ・ブラウザが起動します。ウィンドウ中央に表示されている＜ウェブストア＞をクリックしてみましょう。「Chrome ウェブストア」のWebページが開きます。このWebページは、Google Chromeの拡張機能を入手できます。たとえば、「Office」のオレンジ色のアイコンをクリックすると、Microsoft OfficeのWebブラウザ版の詳細ページが表示できます。ここから拡張機能を入手できます。ここに表示される内容は表示するタイミングによって変わります。

■Chromium ウェブ・ブラウザの使用例

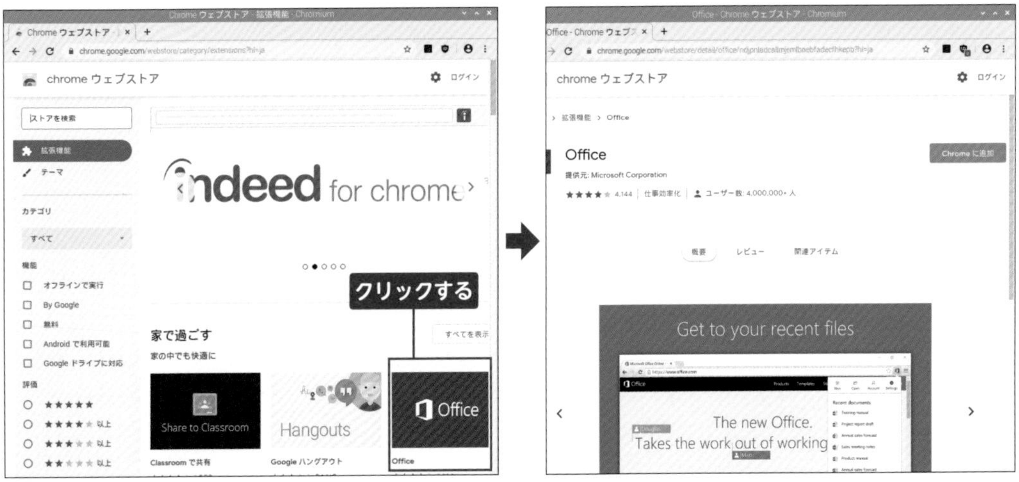

なお、Chromium ウェブ・ブラウザは、→＜インターネット＞→＜Chromium ウェブ・ブラウザ＞の順にクリックすることでも起動できます。

また、一般的なWebブラウザと同様に、タブの右側の＜＋＞をクリックしてタブを追加したり、タブの「×」をクリックしてタブを閉じたり、タブをクリックしてタブを切り替えたりできます。

■タブの追加

●qpdfview（PDFビューワー）を使ってみる

続いて、PDFファイルを閲覧してみましょう。「pi」フォルダにある「Bookshelf」フォルダには、「THE OFFICIAL Raspberry Pi Beginner's Guide」（000_RPi_BeginnersGuide_DIGITAL.pdf）という、Raspberry Pi公式の初心者向けガイドが収められています。このファイルをファイルマネージャー上で右クリックして、表示されるメニューから＜PDF Viewer＞をクリックすれば、qpdfviewというPDFビューワーでファイルが開きます。PDFファイルはデフォルトではChromiumウェブ・ブラウザに関連付けられています。ダブルクリックするとこちらが開きます。

「THE OFFICIAL Raspberry Pi Beginner's Guide」は248ページの小冊子です。画面上部の＜←＞＜→＞をクリックしてページを切り替えて、読んでみましょう。

■qpdfviewの使用例

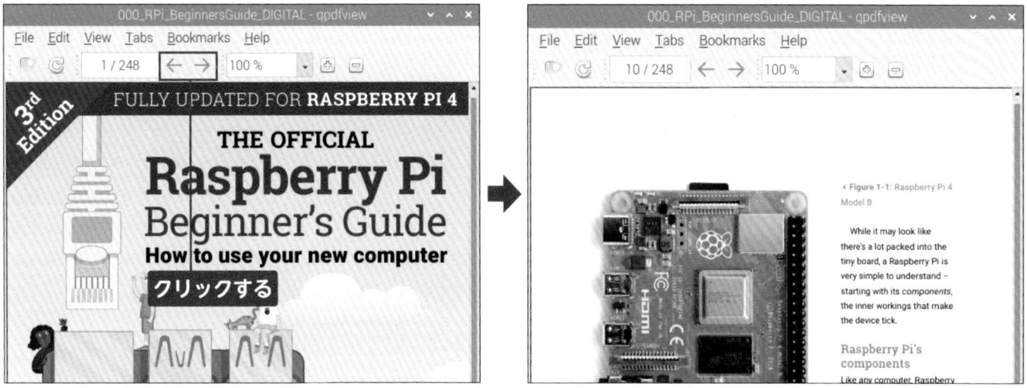

qpdfviewは、→＜アクセサリ＞→＜PDF Viewer＞の順にクリックしても起動できます。

② アプリケーションをインストールしよう

アプリケーションはいつでも自由に追加することができます。ここでは、GUIによるインストール方法を紹介します。Raspberry Pi OSでは、アプリケーションはパッケージという形態で配布されています。ここでは、GIMP (GNU Image Manipulation Program) という画像編集アプリケーションを例にインストールします。

1 → <設定> → <Add / Remove Software>の順にクリックします。

2「Add / Remove Software」が起動します。左側に表示されるカテゴリから目的のパッケージを探せますが、数が多く非常に大変です。そのため、検索欄にキーワードを入力して探すことをおすすめします。検索窓に「gimp」と入力して Enter キーを押すと、しばらくしたあと右側に検索結果が表示されます。

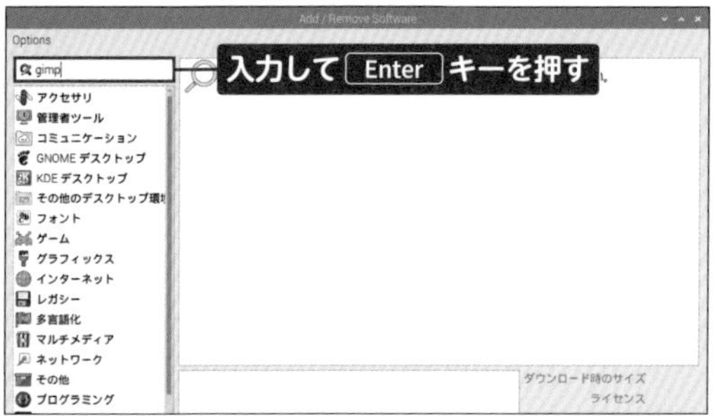

3 目的のパッケージ(ここでは「GNU Image Manipulation Program」)のチェックボックスをクリックしてチェックを付け、<Apply>をクリックします。なお、すでにチェックが付いているパッケージは、インストール済みということを示しています。

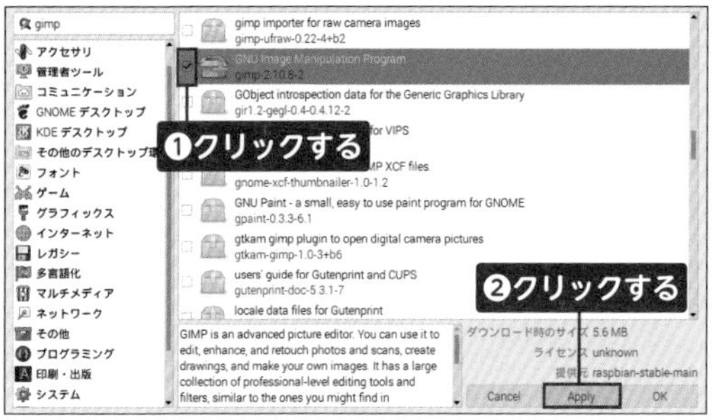

4 認証を求められたら、ユーザー (pi) のパスワードを入力して、<OK>をクリックします。

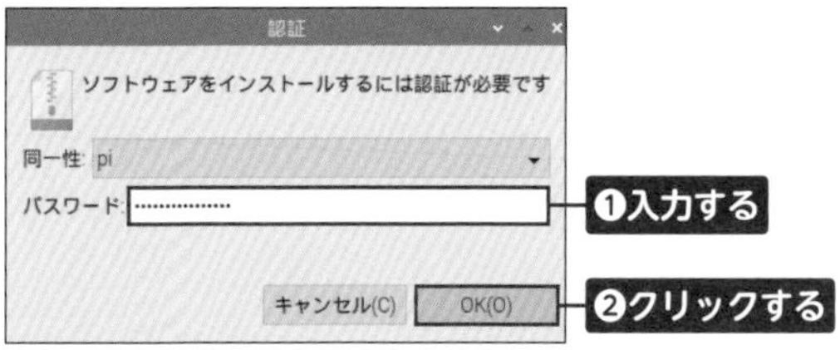

5 パッケージのダウンロードが始まり、終了するとインストールされます。インストールが終了すると、パッケージの一覧画面に戻ります。インストールしたパッケージ（ここでは「GNU Image Manipulation Program」）にチェックが付いたままになっていることを確認し、＜OK＞をクリックします。

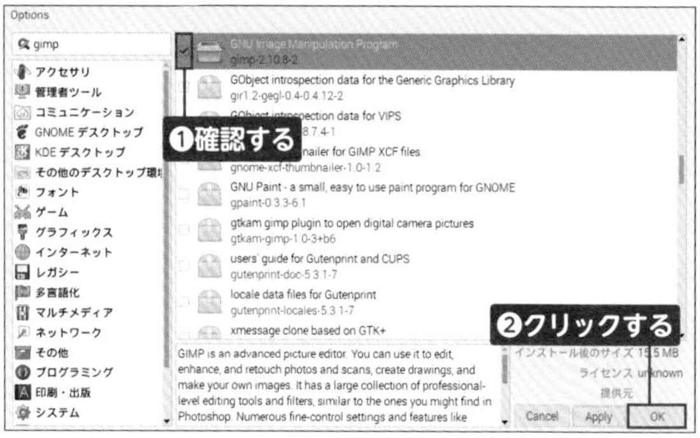

6 インストールしたアプリケーションは、多くの場合アプリケーションメニューから起動できます。GIMPの場合は、 → ＜グラフィックス＞ → ＜GIMP＞の順にクリックします。

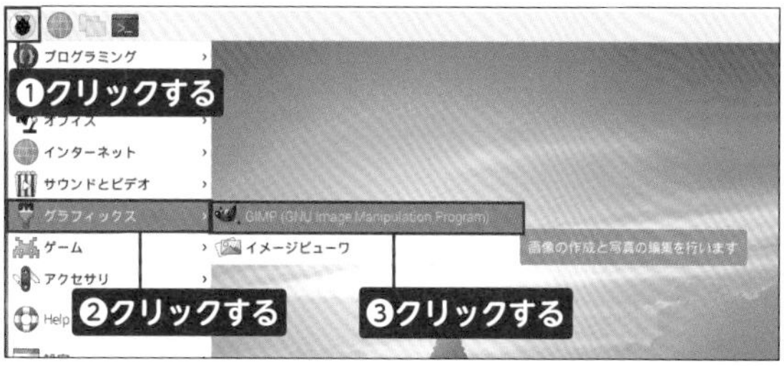

7 GIMPが起動します。起動を確認したら、一度終了させます。

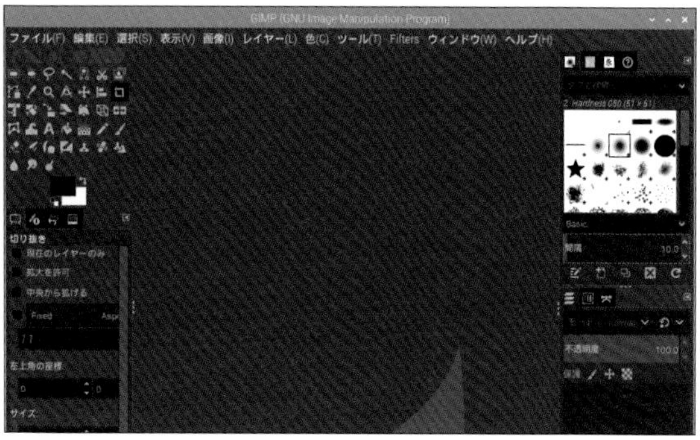

MEMO 日本語入力を行うには

Raspberry Pi OSで日本語入力をしたいと思ったら、Mozc(モズク) というアプリケーションをインストールします。MozcはGoogleの開発したオープンソースの日本語入力ツールで、IBusというしくみ上で動作します。Mozcを使うには、ibus-mozcというパッケージをインストールします。P.82手順**2**の画面で検索窓に「mozc」と入力し、候補の「Mozc engine for iBus - Client of the Mozc input method」にチェックを付けて＜Apply＞をクリックし、以降同様の手順でインストールします。Mozcを有効にするには、Raspberry Pi OSを再起動してください。タスクバーに現れる日本語入力のアイコンで、入力モードを切り替えられます。

③ アプリケーションをアンインストールしよう

　不要になったアプリケーションはアンインストールできます。microSDカードの空き容量に余裕がなくなってきたら、使わなくなったアプリケーションを削除して整理しましょう。アプリケーションのアンインストールは、インストールと同じ「Add / Remove Software」で行います。ここでは例として、P.82～83でインストールしたGIMPをアンインストールしてみましょう。

1 →＜設定＞→＜Add / Remove Software＞の順にクリックして「Add / Remove Software」を起動します。

2 インストール時と同様に、検索欄にキーワード（ここでは「gimp」）を入力して Enter キーを押します。

3 パッケージの一覧が表示されるので、アンインストールしたいパッケージ（ここでは「GNU Image Manipulation Program」）のチェックボックスをクリックしてチェックを外し、＜Apply＞をクリックします。

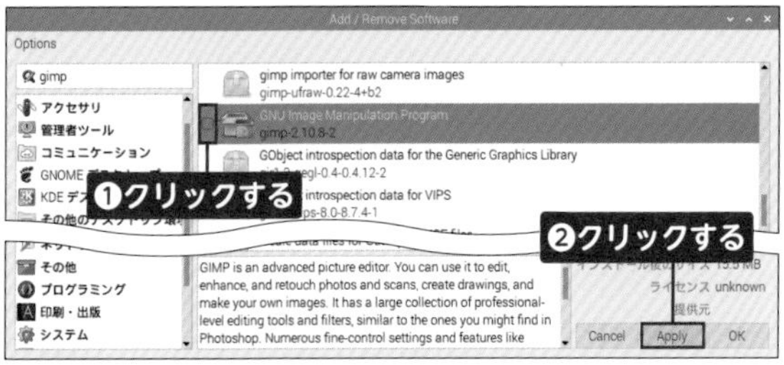

4 「追加の承認が必要です」画面が表示されます。ここには、目的のパッケージ以外に、削除しようとするパッケージと依存関係にあるパッケージも表示されます。あわせて削除してもよいかを確認し、＜続行＞をクリックします。なお、この例では削除するパッケージは1つだけです。

5 インストール時と同様に認証を求められるので、ユーザー（pi）のパスワードを入力して＜OK＞をクリックします。

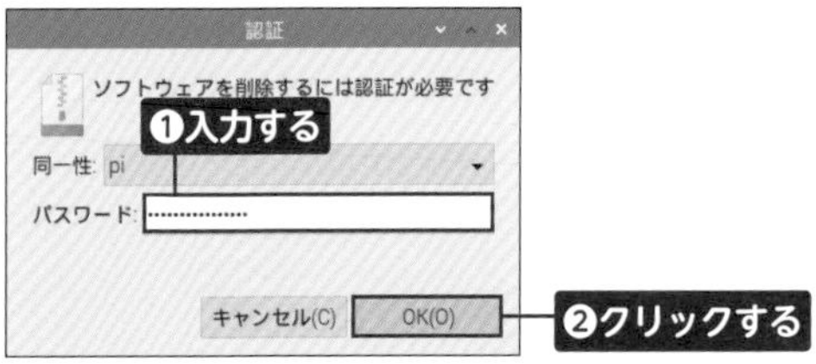

6 アンインストールが完了すると、パッケージの一覧画面に戻ります。アンインストールしたパッケージ（ここでは「GNU Image Manipulation Program」）にチェックが付いていないことを確認し、＜OK＞をクリックします。

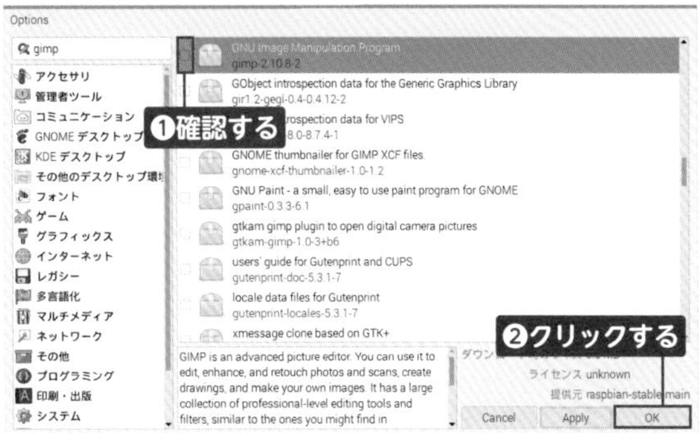

④ アプリケーションのショートカットをデスクトップに作成しよう

よく使うアプリケーションは、毎回アプリケーションメニューから起動すると面倒です。デスクトップにショートカットを作成して、そこからスピーディに起動できるようにしましょう。ここでは例として、GIMPのショートカットをデスクトップに作成します。

1 →＜グラフィックス＞の順にクリックし、＜GIMP＞を右クリックして、＜デスクトップに追加＞をクリックします。

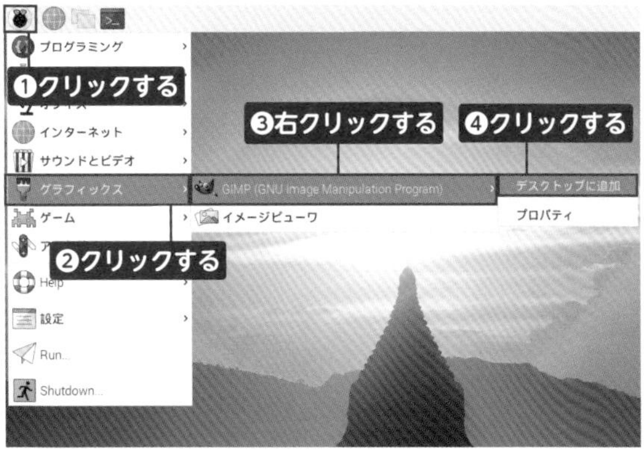

2 デスクトップにショートカットが作成され、ショートカットであることを示すマークが付きます。ショートカットをダブルクリックすると、GIMPが起動します。なお、ショートカットが不要になったら削除しましょう。

⑤ アプリケーション・ランチャーにショートカットを追加しよう

アプリケーションをすばやく起動するには、デスクトップ上にショートカットを作成する以外に、アプリケーション・ランチャーにショートカットを作成することもできます。ここでは例として、GIMPのショートカットをアプリケーション・ランチャーに登録してみましょう。

1 メニューバーのアプリケーション・ランチャーにあるいずれかのショートカット（ここでは＜Chromium ウェブ・ブラウザ＞）を右クリックして、＜アプリケーション・ランチャー Settings＞をクリックします。

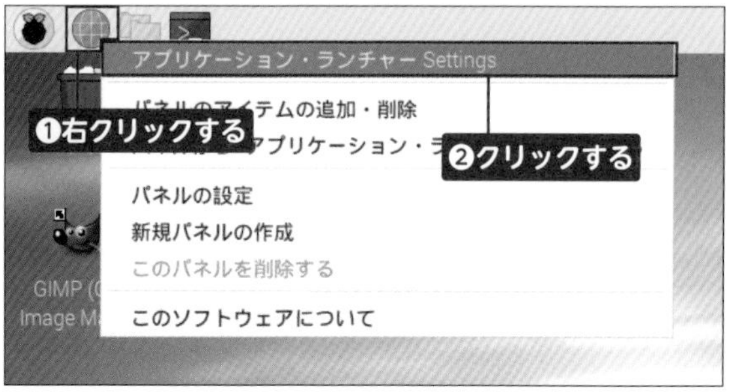

2「アプリケーション・ランチャー」画面が表示されます。右側の「インストールされているアプリケーション」の一覧から、目的のアプリケーション（ここでは＜GIMP＞）を探してクリックし、＜追加＞をクリックすると、左側の「ランチャ」の一覧にショートカットが追加されます。＜閉じる＞をクリックします。

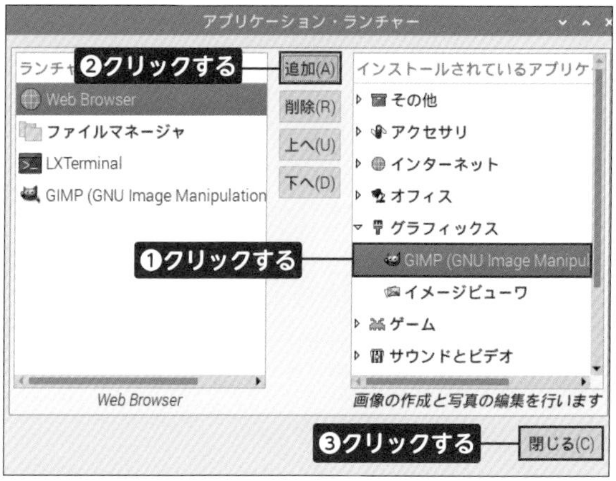

3 アプリケーション・ランチャーにショートカットが追加されます。

⑥ アプリケーション・ランチャーのショートカットを管理しよう

アプリケーション・ランチャーのショートカットは、位置を変更したり削除したりできます。ここでは例として、GIMPのショートカットを管理します。

❶P.86手順❷の「アプリケーション・ランチャー」画面を表示します。GIMPをもっとも左に配置するには、左側の「ランチャ」の一覧で＜GIMP＞をクリックし、＜上へ＞ボタンを3回クリックします。

❷GIMPのショートカットがいちばん左に移動します。

❸もとに戻したければ、「アプリケーション・ランチャー」画面の左側の「ランチャ」の一覧で＜GIMP＞をクリックし、＜下へ＞ボタンを3回クリックします。このように、＜上へ＞＜下へ＞をクリックして自由に位置を調整できます。終わったら＜閉じる＞をクリックします。

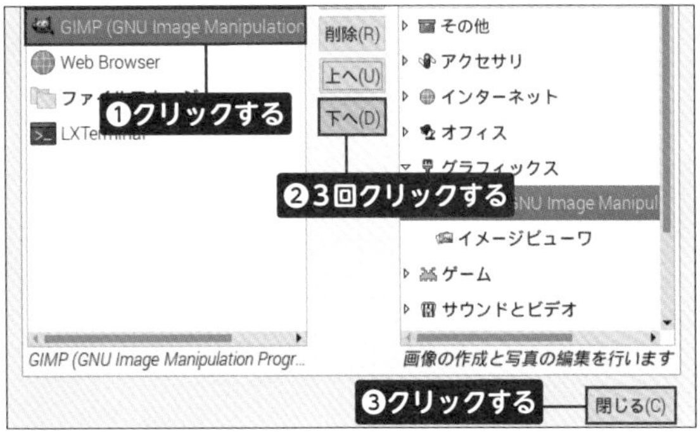

❹GIMPのショートカットがいちばん右に移動します。

MEMO **ショートカットの削除**

ショートカットを削除するには、手順❶の「アプリケーション・ランチャー」画面の左側の「ランチャ」の一覧でショートカットをクリックし、＜削除＞→＜閉じる＞の順にクリックします。

3-6 Raspberry Pi OSの設定を変更しよう

初期設定のままでも使いやすいRaspberry Pi OSですが、より使いやすくしたり、セキュリティを高めたりするには、設定を変更したほうがよいこともあります。使いやすいようにどんどんとカスタマイズしていきましょう。

① 文字などの表示サイズを変更しよう

ディスプレイの解像度やサイズなどによって、デスクトップが小さくなって見づらいというときには、文字などの表示サイズを変更してみましょう。文字のサイズやパネルの高さ、ウィンドウのタイトルバー、アイコンなどの大きさが一括で変更されます。

1 デスクトップ上で右クリックして、＜デスクトップの設定＞をクリックします。→＜設定＞→＜外観の設定＞の順にクリックすることもできます。

2「外観の設定」画面が表示されます。＜デフォルト＞をクリックします。

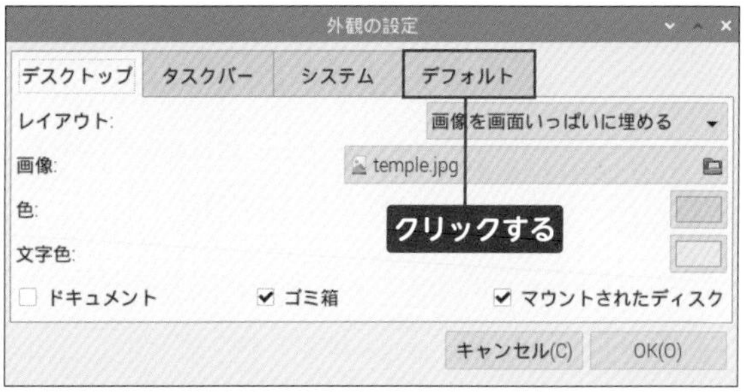

❸「大きな画面向け」「普通の画面向け」「小さな画面向け」のいずれかの＜デフォルト設定にする＞をクリックして、＜OK＞をクリックします。文字などが小さいなら、「大きな画面向け」に設定して大きな表示にしましょう。反対に、文字などが大きいなら、「小さな画面向け」に設定して小さい表示にしましょう。

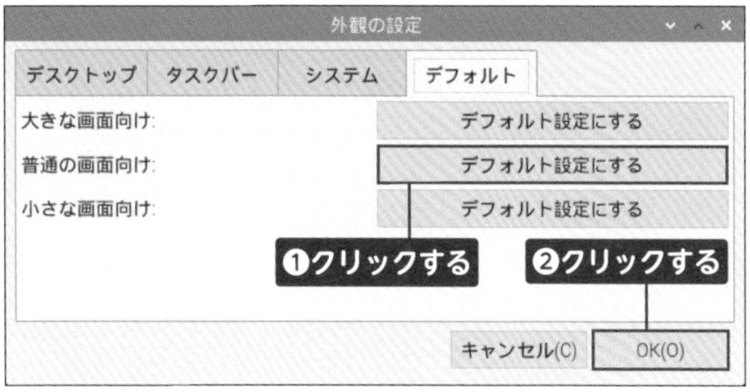

下の画面は、「大きな画面向け」に設定を変更した場合の比較です。全体的に、文字やアイコンなどのサイズが大きくなりました。なお、初期状態に戻すには、「普通の画面向け」に設定します。

■「普通の画面向け」から「大きな画面向け」への変更例

② パスワードを変更しよう

初期設定の際に設定したパスワードを変更してみましょう。パスワードは、英字数字記号などを用いた、ある程度の長さのある強度の高いものが推奨されます。もしも仮のパスワードで操作していた場合はここであらためて強力なものにします。

1 →＜設定＞→＜Raspberry Piの設定＞の順にクリックします。

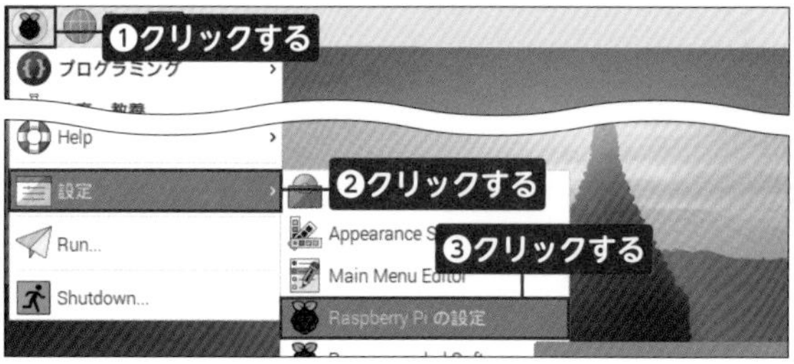

2 「Raspberry Piの設定」画面が表示されます。＜システム＞をクリックし、＜パスワードを変更＞をクリックします。

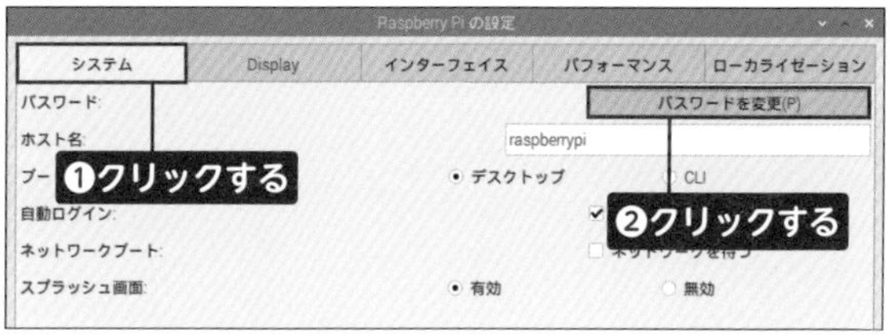

3 新しいパスワードを2回入力し、＜OK＞をクリックします。

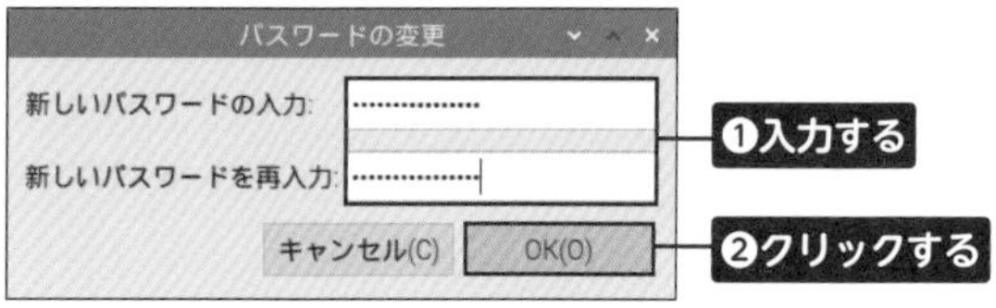

4 「パスワードの変更に成功しました。」と表示されれば変更完了です。＜OK＞をクリックします。

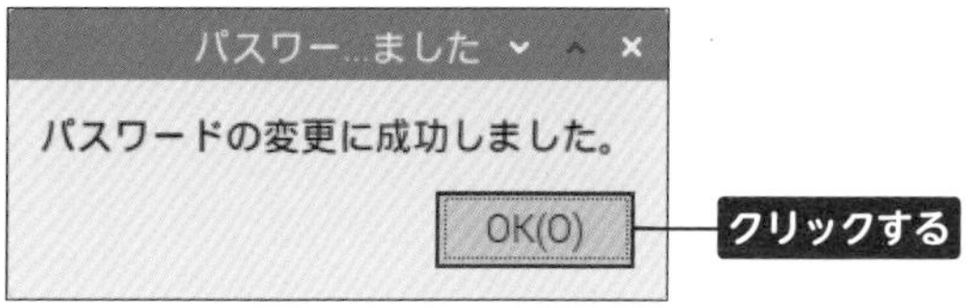

MEMO　安全なパスワードとは

Raspberry Pi OSでは、パスワードの強度を要求されることはありませんが、それでも安全なものを使用するに越したことはないでしょう。安全なパスワードにするには、①10文字以上、②英数字と記号をすべて使用する、③英大文字と小文字を混在させる、④固有名詞を含む単語全般を使わない、といった要素を意識して備えるようにしましょう。

③ ディスプレイの解像度を設定しよう

初期設定時にディスプレイの解像度は最適なものに設定されているはずですが、あえて表示を大きくしたいといった場合には、解像度を変更してみましょう。

1 →＜設定＞→＜Screen Configuration＞の順にクリックします。

2「Screen Layout Editor」が起動します。接続されているディスプレイが「HDMI-1」などと表示されます。Raspberry Pi 4 Model Bで2台のディスプレイを接続していれば、ここに2台分表示されます。

3＜Configure＞→＜Screens＞→ディスプレイ（ここでは＜HDMI-1＞）→＜解像度＞の順にクリックします。一覧表示される複数の解像度から目的のもの（ここでは＜1024x768＞）をクリックすると、解像度が変更されます。
ディスプレイから、画面の向きの変更などもできます。

4「Screen Layout Editor」の画面で、ディスプレイの解像度が低くなったのを確認できます。をクリックします。

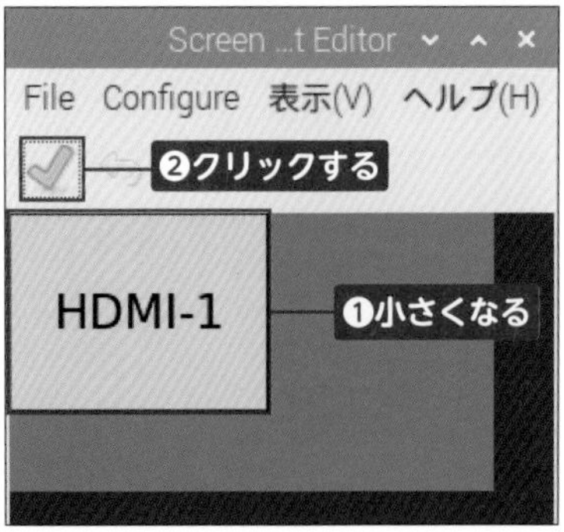

5＜OK＞をクリックすると変更が適用されます。なお、10秒間返答しないと、＜キャンセル＞がクリックされたものとしてもとに戻ります。

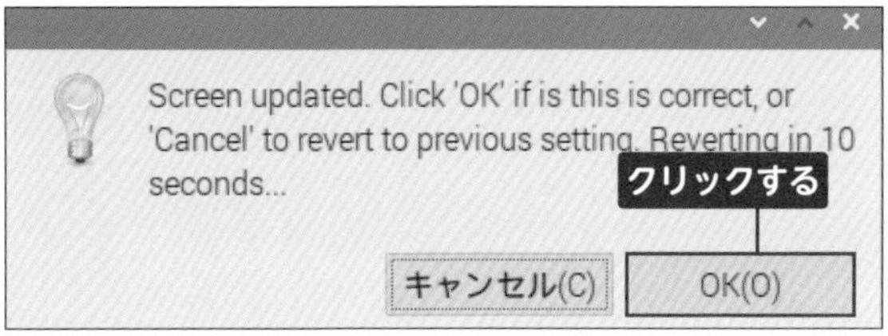

6解像度が変更され、文字などが大きく見えるようになりました。なお、「Screen Layout Editor」の＜Configure＞→＜元に戻す＞の順にクリックすると、変更をキャンセルしてもとの解像度に戻せます。基本的にはP.88の方法を試し、表示が気になるときは解像度も考えるような使い方をおすすめします。

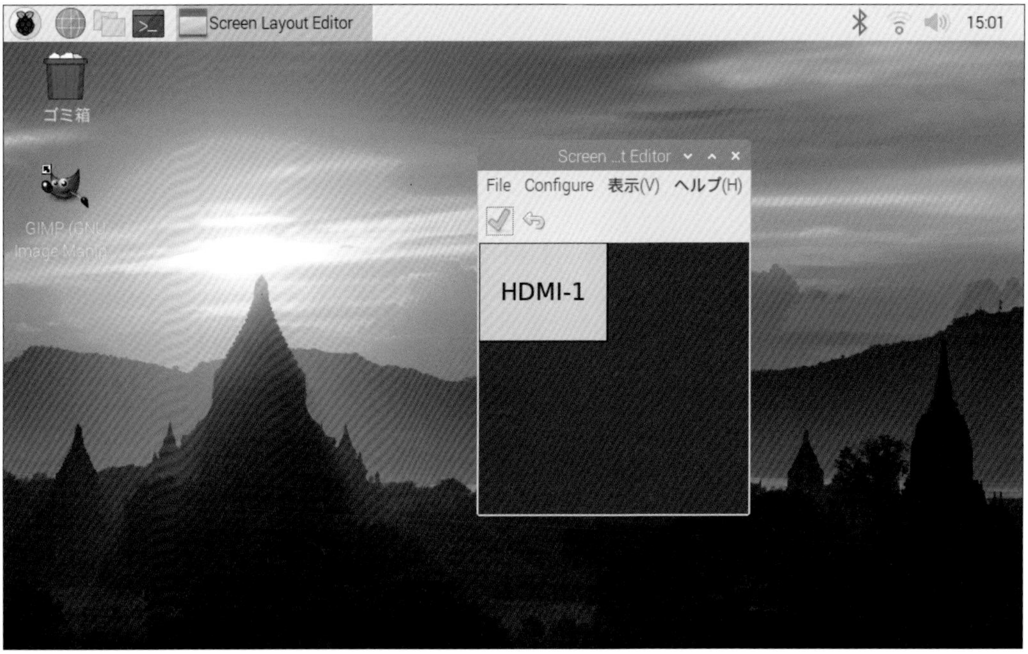

④ 壁紙を変更しよう

デフォルトで設定されている壁紙を変更してみましょう。

1 デスクトップ上で右クリックして、＜デスクトップの設定＞をクリックします。 →＜設定＞→＜外観の設定＞の順にクリックすることもできます。

2「外観の設定」画面が表示されます。＜デスクトップ＞をクリックし、「画像」の右にあるファイル名のボタンをクリックします。

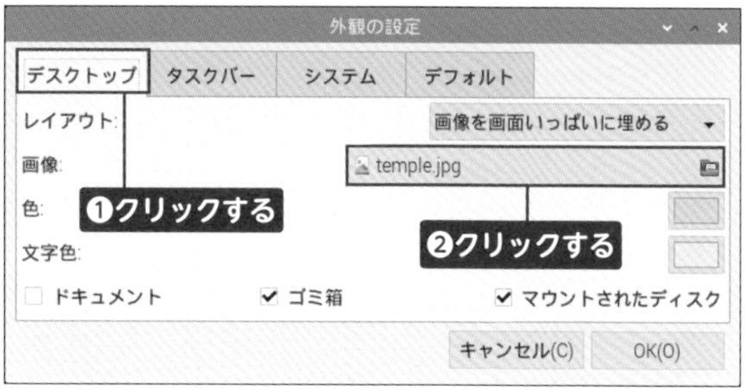

3 任意の画像（ここでは＜aurora.jpg＞）をクリックして選択し、＜開く＞→＜OK＞の順にクリックします。

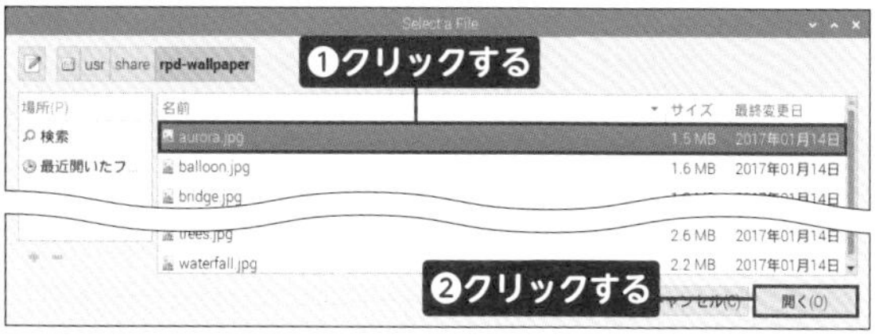

4 壁紙がオーロラに変わり、雰囲気が大きく変わりました。

5 メニューバーの設定を変更しよう

最後に、メニューバーの設定を変更してみましょう。P.68で解説したように、メニューバーはパネルとも呼ばれます。「パネルの設定」画面で設定を変更することで、メニューバーの位置をWindowsのように画面下部に移したり、メニューバーのデザインを変更したり、メニューバーが自動的に隠れるようにしたりできます。使い勝手が向上します。

1 メニューバーを右クリックして、<パネルの設定>をクリックします。

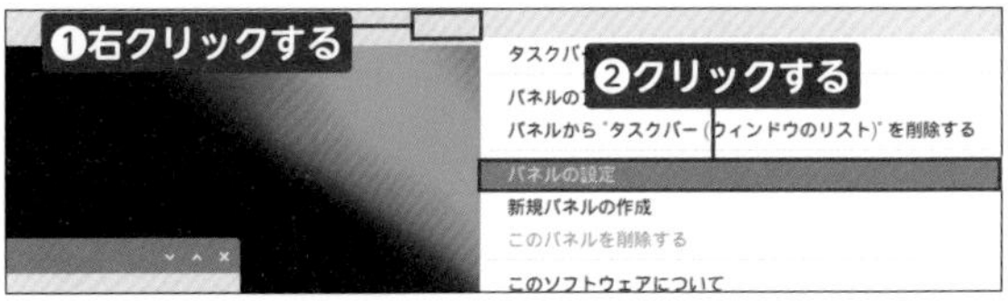

2 「パネルの設定」画面が開きます。「ジオメトリ」タブでは、位置とサイズを変更できます。初期設定では、「位置」の「端:」は「上」、「配置:」は「左」です。ここでは、「端:」の<下>をクリックします。設定が完了したら<閉じる>をクリックします。

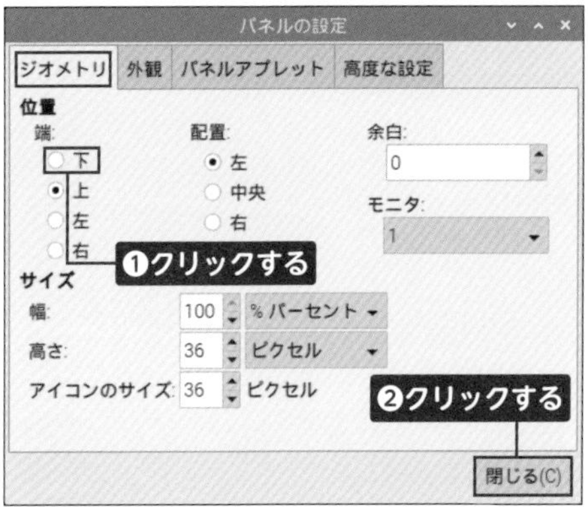

3 Windowsのように画面下部にメニューバーが移動します。

4 手順**2**の「パネルの設定」画面で、「端:」を「上」に、「配置」を「中央」に、「幅:」を80%に設定すると、画面上部の中央に、左右が空いた80%のサイズでメニューバーが表示されます。

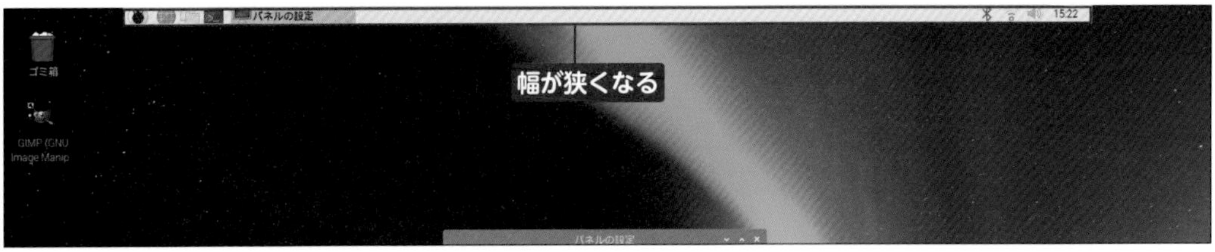

5「パネルの設定」画面の「外観」タブでは、メニューバーの背景やフォントを変更することができます。「パネルアプレット」タブでは、メニューバーに配置するアプレット（要素）を追加、変更、削除したりできます。メニューバーには、メニュー、アプリケーション・ランチャー、タスクバー、システムトレイの4つのアプレットが配置されています。＜追加＞をクリックすれば、「CPU使用量モニタ」などいろいろなアプレットが入れられます。

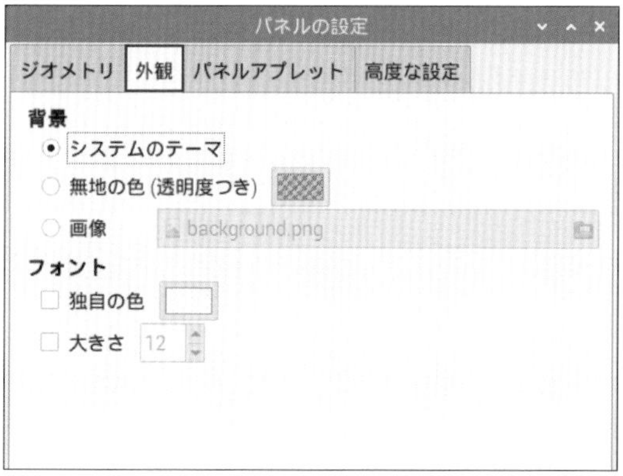

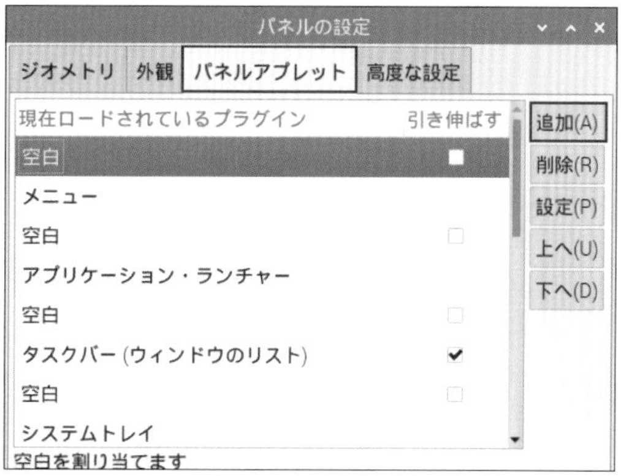

6「高度な設定」タブでは、メニューバーを隠すなどの設定を行えます。「場所を確保し、最大化したウィンドウに隠れないようにする」にチェックを付けると、アプリケーションの画面が最大化してもメニューバーは隠れませんが、チェックを外すと、アプリケーションが最大化したら隠れるようになります。「使わないときはパネルを最小化する」にチェックを付けると、メニューバーは普段から隠れた状態になります。

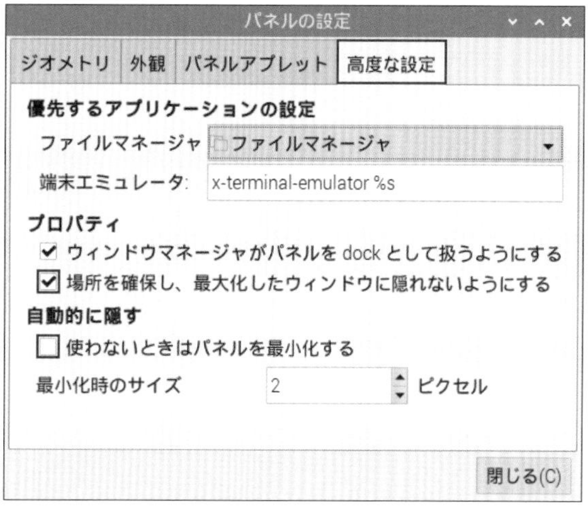

7手順**6**で「使わないときはパネルを最小化する」にチェックを付けた場合、本来の場所にわずかに表示されるメニューバーにマウスポインターを合わせると、通常のメニューバーが現れ、必要な操作を行うことができます。

3-7 Raspberry Piでゲームをプレイしよう

子どものコンピューター教育のためにRaspberry Piを使いたいという人も少なくないでしょう。そういった場合には、ゲームから入るのも1つの手です。ここでは人気ゲームのMinecraftを取り上げ、基本的な操作を確認していきます。

① Minecraft Piを起動しよう

Raspberry Pi OSには、Minecraftというゲームが最初から入っています（フルインストールの場合）。バーチャル世界をブロックで自由に組み立てられるもので、「マイクラ」の愛称で親しまれています。Raspberry Pi用に作られたMinecraftはMinecraft Piと名付けられており、ゲームとして遊べるほか、独特の機能が付いています。Scratch2MCPIというプログラムをインストールすると、Scratch（やさしいプログラミング言語）にMinecraft Piのための拡張機能が備わり、プログラムでキャラを移動させたり、ブロックを配置したりすることができます。

まずは、Minecraft Piの起動手順から確認しましょう。

1 →＜ゲーム＞→＜Minecraft Pi＞の順にクリックします。

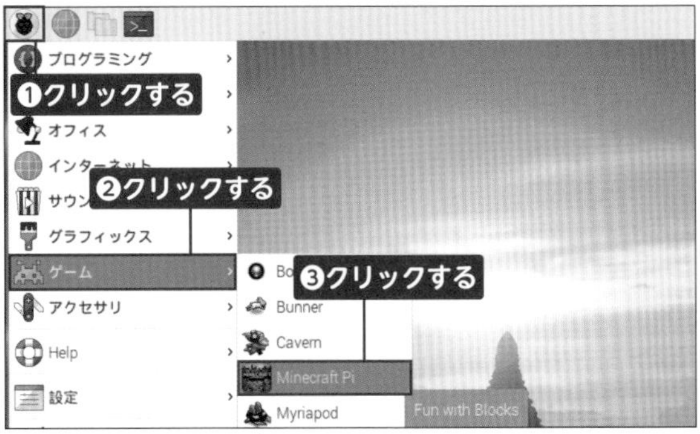

2 Minecraft Piが起動し、「MINECRAFT PI EDITION」と書かれた画面が表示されます。＜Start Game＞をクリックすると、ゲームが始まります。

3「Select world」と表示された画面でワールド（バーチャル世界）を選択しますが、最初は何もないため、＜Create new＞をクリックして新しいワールドを作ります。「Generating world」（世界を作っています）と表示されたあと、ワールド画面が表示されます。

② プレーヤーを動かそう

ワールド画面が表示されたら、プレーヤーを自在に動かしてみましょう。

1ワールド画面では、プレーヤーの視界が表示されます。画面右側に表示されているものが剣（武器）です。画面下部に並んでいるのはホットバーというショートカットで、アイテムを選択できます。

2マウスポインターを上下左右に動かしてプレーヤーの向きを変えると視界も変化します。ここでは、マウスポインターを左方向に動かしたら、陸が見えるようになりました。

3プレーヤーの移動は、主にWASDの各キーで行います。WSキーは前後の移動に、ADキーは左右の移動に使います。キーを確認しながら、プレーヤーを自由に動かしてみましょう。

③ ブロックを操作しよう

ブロックも自在に操作できます。ブロックを置いたり、壊したりしてみましょう。

1 置くブロックは、画面下部のホットバーからクリックして選択します。マウスホイールや[1]～[9]キーを使った選択も可能です。[E]キーを押すと一覧から選択できます。ここではレンガのブロックをクリックして選択しました。剣がブロックに変化します。

2 ブロックを配置するには、マウスを右クリックします。視界中央にブロックが置かれました。

3 次に、このブロックを壊してみましょう。ホットバーで剣をクリックして選択し、クリックして剣を振ります。

4 ブロックが破壊されて、跡形もなくなりました。なお、ここでもう一度クリックすると、地面が掘られます。このように掘る（mine）ことができるため、Minecraftと名付けられているのです。

5 ゲームを終了するには、[Esc]キーを押して、＜Quit to title＞をクリックします。

第4章

サーバーとして利用しよう

この章では、Raspberry Pi をサーバーとして活用するための内容を取り上げていきます。Web サーバーやファイルサーバーなどに実践的にチャレンジしてみましょう。サーバーを運用するためにはコマンドを使用することが欠かせません。コマンドの基礎とあわせて、覚えていきましょう。

4-1 Raspberry Piとサーバー

まずは、サーバーとはどのようなものかを解説します。Raspberry Piとサーバーの関係性や、サーバーを動かすために必要なものなども、あわせて確認しておきましょう。

1 サーバーとクライアント

最初に、サーバーについておさらいしましょう。3-2でデスクトップOSとサーバーOSの違いについて取り上げました。その際、サーバーOSは外部に向けてサービスを提供するために構成されたOSという解説をしましたが、このサーバーOSが動くコンピューターはサーバーと呼ばれます。サーバーは、いつでも外部からの要求に応じてサービスを提供する必要があるので、常に稼働している必要があることも特徴です。

これに対して、デスクトップOSが動作するコンピューターはクライアントと呼ばれる役割を担います。クライアントは、必要に応じてサーバーにサービスを要求します。たとえば、ファイルサーバーにあるファイルをコピーするといったサービスです。また、クライアントは個人が必要なときに使うものなので、常時動いている必要はありません。

このように、クライアントとサーバーの役割が明確に分けられている形態をクライアント・サーバーシステムと呼びます。

サーバーでは、外部からの接続のためにIPアドレスを固定で割り当てておくのが普通です。IPアドレスを固定にする方法については、P.60～62を参照してください。

■クライアント・サーバーシステム

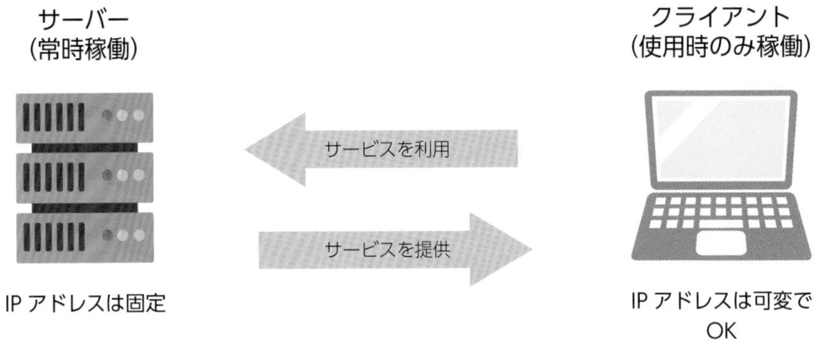

② Raspberry Piで動くLinuxはサーバー用途が得意

さらにサーバーOSについて掘り下げましょう。P.67MEMOではWindowsを例に出しましたが、サーバーOSとしてはLinuxのシェアが非常に高くなっています。Linuxが誕生してからすでに30年近く経過し、高信頼性が求められる分野でも幅広く用いられています。Linuxの安定性などの性能は非常に評価の高いもので、こうした要素が大切になるサーバー用途で重宝されてきたのです。LinuxはサーバーOSとしてはもちろん、スマートフォンのAndroid OSのベースとしても利用されています。デスクトップOSとしてもある程度の人気があります。オープンソースソフトウェア（設計図が一定のライセンスのもと公開されいるソフトウェア）で、幅広い用途で使われています。

ところで、Linuxとひとくくりに表現していますが、実はLinuxそのものはOSの一部にすぎず、実際には多数のソフトウェアをさまざまな方式で組み合わせて最終的に利用できる形にしています。これはディストリビューションと呼ばれており、Fedora、Red Hat Enterprise Linux（RHEL)、CentOS、Debian、Ubuntuなどがメジャーなものです。RHEL、CentOS、Debian、Ubuntuはサーバー用OSとして広く使われています。UbuntuやFedora、Debianはデスクトップ用OSとしても人気があります。

P.40で、Raspberry Pi OSはDebianをベースにしていると紹介しました。つまり、Raspberry Pi OSもLinuxなのです。Raspberry Pi OSもLinuxの持つ安定性の高さなどの優れた性能を受け継いでおり、サーバーOSとしての素養を十分に備えているといえるのです。

③ サーバーを動かすために必要なもの

Raspberry Pi OSはさまざまなソフトウェアを追加することでサーバーとしての機能を強化します。たとえば、ホームページのためのWebサーバーにはApache HTTP ServerやNginxなどのソフトウェアが必要であり、ファイルサーバーにするためにはSambaというソフトウェアが必要です。これらは、Raspberry Pi OSに最初から入っているわけではないので、必要があれば追加でインストールする必要があります。これにはパッケージマネージャーというソフトウェアを利用するのが一般的です。

P.65で少し触れたように、サーバー用のプログラムの設定などはGUIでは行えないケースが多く、CLIでの作業を必要とする場合が多くなってきます。CLIとは、ユーザーがコマンドを打ち込んでいくという、比較的習熟を必要とする環境で、難しく感じられることもあるでしょう。

Raspberry Pi OSをサーバーOSとして活用するのは難しいのかというと、決してそうではありません。一見難しそうではありますが、必要な手順を踏んでいけば、誰でも実現できるものです。本書では、手順を極力細かく具体的に解説していくので、安心して取り組んでください。

4-2 Raspberry Piのコマンドの基本操作

サーバーOSとして操作するうえでメインとなるCLIでは、コマンドを使っていくことでさまざまな設定や処理を行っていきます。ここでは、Raspberry Piにおけるコマンドの基本について学んでいきましょう。

① サーバー操作はCLIがメイン

CLIは「Command Line Interface」の略で、文字どおりコマンドライン（コマンド行）での操作を行うためのしくみです。では、なぜサーバーOSとして操作する場合はCLIがメインになるのでしょうか。その理由として、主に下記の2点が挙げられます。

● GUIはハードウェアへの負担が大きいため

まず、サーバーとして動作するコンピューターには、GUIが搭載されにくいということがあります。GUIは、グラフィカルに画面を構成するために専用のソフトウェアが必要で、ハードウェアへの負担が大きくなりがちです。ただでさえ負荷の大きくなるサーバーは、こうした負担のない、できるだけ軽い構成で運用されることが望ましいのです。

● セキュリティ上のリスクを減らすため

また、サーバーは広く世界に向けて公開するもののため、セキュリティホール（安全上の欠陥）があると深刻な問題になります。セキュリティホールを減らすには、できるだけ稼働させるプログラムを少なくしなければなりません。GUIを搭載すると稼働するプログラムが多くなりますから、その分セキュリティ上のリスクを抱えることになるのです。

このような事情から、サーバーではGUIを避けて、伝統的にCLIが用いられているのです。ただし、CLIはやはり難易度が高く、操作ミスなどでシステムをクラッシュさせかねないということから、最近ではWebブラウザをインターフェースに用いた操作が主流になりつつあります。

たとえば、商用LinuxとしてメジャーなRed Hat Enterprise Linuxと、その無償版（に近い立ち位置の）CentOSでは、Cockpitというブラウザを用いる管理インターフェースが提供されています。Cockpitをサーバーで稼働させておけば、管理者はWebブラウザでアクセスして、ユーザーの管理を行ったり、サービスの稼働や停止をコントロールしたりできます。

② CLI用のターミナルを立ち上げよう

CLIでRaspberry Pi OSを操作するには、LXTerminalというターミナル（端末）アプリケーションを使います。まず、このターミナルを立ち上げてみましょう。アプリケーション・ランチャーに初期状態で登録されているをクリックすると起動できます。→＜アクセサリ＞→＜LXTerminal＞の順にクリックすることでも起動できます。

■アプリケーション・ランチャーから起動する

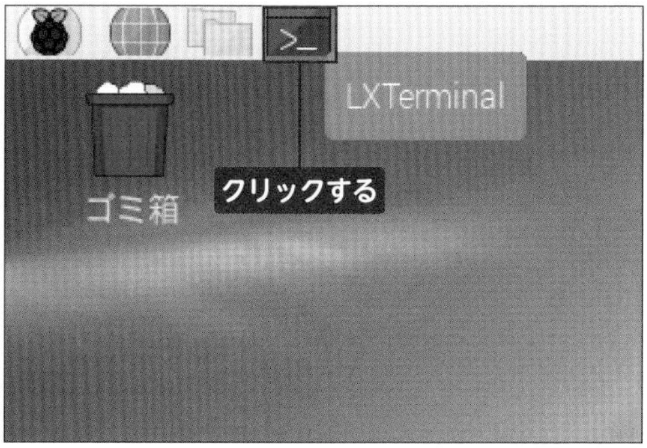

■アプリケーション・ランチャーから起動する

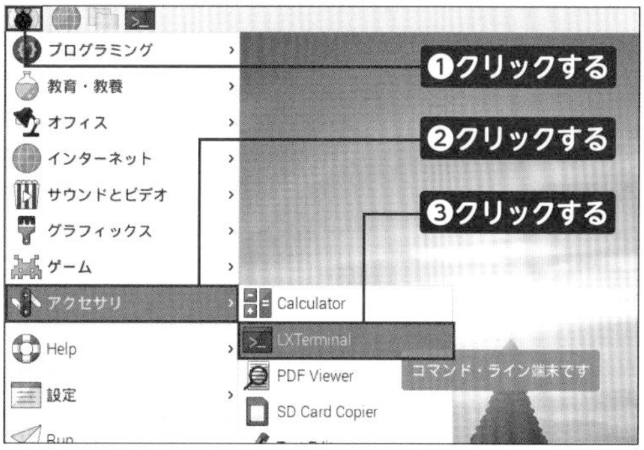

■ターミナル画面

MEMO　コンソールに切り替える

Raspberry Pi OSは初期状態ではGUIとなりますが、CLIのみを目的とした「コンソール」で起動することもできます。→＜設定＞→＜Raspberry Piの設定＞の順にクリックして「Raspberry Piの設定」画面を開き、「ブート」を「デスクトップ」から＜CLI＞に変更し、再起動すればCLIになります。またGUIにしたい場合にはCLIで「sudo raspi-config」とコマンドを実行し、CLIで設定を変更します。CLIに慣れないうちは使わないようにしましょう。

③ コマンドの基礎知識

これからいろいろなコマンドを取り上げていきますが、その前提となる知識を押さえておきましょう。ターミナルの画面には、文字が1行、色分けされて表示されています。この色分けには意味があり、大きく2つに分けられています。

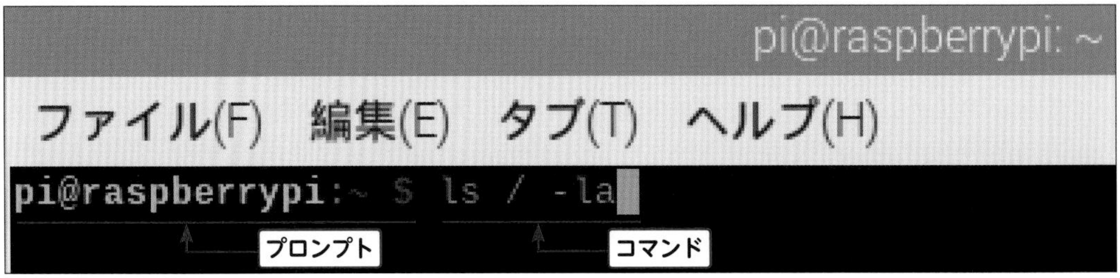

●プロンプト

「pi@raspberrypi:~ $」と緑色と紫色で表示されている部分は、プロンプト(prompt)と呼ばれます。「プロンプト」とは「促す」という意味で、その名のとおりコマンドの入力を促しています。プロンプトの出ている状態で、ユーザーはコマンドを入力していく、ということになります。プロンプトの出ていない状態では、コマンドを待ち受けてはいません。

緑色で表示されている「pi@raspberrypi」は、「ユーザー名＋@＋コンピューター名」です。ユーザー名は、Raspberry Pi OSにログインしているユーザーの名前で、標準では「pi」です。コンピューター名も、初期設定の際に特に変更していなければ「raspberrypi」です。これによって、誰がどのコンピューターで操作しているのかわかるようになっています。

紫色の「~ $」は、「現在のフォルダ＋権限レベル」です。現在のフォルダは、場所を特に指定しない場合に使用されるフォルダで、CLIではカレントフォルダ／カレントディレクトリとも呼ばれます。「フォルダ＝ディレクトリ」という認識でかまいません。上記の例の、現在のフォルダにあたる「~」(チルダ)は、ユーザーのホームフォルダ(「pi」フォルダ)を意味しています。権限レベルでは、ログインしているユーザーが、管理者ユーザー(#)か、一般ユーザー($)かを示しています。管理者ユーザーはrootとも呼ばれて、Raspberry Pi OSに対してあらゆる操作が可能なユーザーです。ただし権限が強すぎてRaspberry Pi OSの設定を壊してしまうこともあるため、普段は安全な一般ユーザー(この例の場合はpi)で操作するようになっています。

●コマンド

プロンプトの右側に白色で表示されているのがコマンドです。ターミナルに文字を入力すると、プロンプトの右にコマンドが入力されていきます。コマンドは大文字小文字で意味が変わります。本書に揃えて入力してください。この時点では、コマンドはまだ入力しただけで実行されていません。コマンドの実行には、通常 Enter キーを使用します。

このコマンドは「ls / -la」となっていますが、このうち「ls」がコマンド名、「-la」がオプション、「/」がパラメータ（コマンド引数）です。オプションとはコマンドの動作を指定したり変更したりするもので、パラメーターとはコマンドの処理対象などを示すものです。

コマンドを実行すると、コマンドを入力した行の下から、コマンドが出力したメッセージなどが表示されます。情報が画面に収まらなくなったら、自動的にスクロールされていきます。

コマンドを一度実行したら実行後にプロンプトが表示され、再度コマンドが実行できます。

●主なコマンド

よく使われるコマンドを、確認しておきます。具体的な使い方は、あとで解説していきます。Linuxで用いるのはUnixというOSに影響されたコマンド（Unixコマンド）です。

■主なコマンドの一覧

コマンド	機能	書式
echo	文字列の表示	echo 文字列
ls	ファイルとフォルダの一覧を表示	ls フォルダ
cd	カレントフォルダの変更	cd フォルダ
mkdir	フォルダの作成	mkdir フォルダ
rmdir	フォルダの削除	rmdir フォルダ
cat	ファイル内容の表示	cat ファイル名
cp	ファイルやフォルダのコピー	cp コピー元 コピー先
mv	ファイルやフォルダの移動	mv 移動元 移動先
rm	ファイルやフォルダの削除	rm ファイル名
grep	パターン検索	grep パターン ファイル名
more	1画面ごとに止めて表示	more ファイル
less	上下にスクロールしながら表示	less ファイル
sudo	管理者ユーザーとしてコマンド実行	sudo コマンド
man	マニュアルを表示	man コマンド

④ 表示と移動から覚えよう

実際にコマンドを動かしていきましょう。まずはメッセージの表示やカレントディレクトリの変更など、基本的なところから解説します。P.103のターミナルで操作します。

●メッセージの表示（echo）

echoコマンドは、パラメータで指定されたメッセージを表示するだけのシンプルなものです。echoとは「こだま」の意味で、入力したものをそのまま返すことから名付けられました。

「Hello!」という文字列をパラメータにしたechoの実行例です。echoとHello!の間には半角スペースが必要です。なお、⏎は Enter キーの押下を示しています。

■echoコマンドの実行例

```
pi@raspberrypi:~ $ echo Hello! ⏎
Hello!
```

実行結果　echoコマンド　パラメータ

このように、次の行に「Hello!」が表示されます。なお、echoコマンドは単独で使われることはあまりありません。シェルスクリプトという簡易なプログラム（Windowsでいうバッチファイル）で簡易なメッセージの表示に使われるなど何かと組み合わせることが多いものです。

●ファイルとフォルダの一覧表示（ls）

lsコマンドは、ファイルやフォルダの一覧を表示するもので、CLIでは基本中の基本といえるコマンドです。lsとは「list」の略で、「リストする」と覚えてください。

次の例は、カレントフォルダ内にあるファイルとフォルダの一覧を表示させるものです。

■lsコマンドの実行例①

```
pi@raspberrypi:~ $ ls ⏎
Bookshelf
Desktop
ダウンロード
テンプレート
ドキュメント
ビデオ
⋮
```

ファイルとフォルダの一覧

このように、見覚えのある内容が表示されます。カレントフォルダが「~」、つまりホームフォルダのため、ファイルマネージャーのフォルダツリーと同様に、ホームフォルダの内容が表示されるのです。

次の例は、lsコマンドに、オプションである「-la」を指定したものです。

■lsコマンドの実行例②

```
pi@raspberrypi:~ $ ls -la ⏎
合計 92
drwxr-xr-x 16 pi   pi   4096  6月  8 11:07 .
drwxr-xr-x  3 root root 4096  5月 27 16:10 ..
-rw-------  1 pi   pi     56  5月 27 16:58 .Xauthority
-rw-------  1 pi   pi     49  6月  8 10:47 .bash_history
-rw-r--r--  1 pi   pi    220  5月 27 16:10 .bash_logout
-rw-r--r--  1 pi   pi   3523  5月 27 16:10 .bashrc
drwxr-xr-x  7 pi   pi   4096  5月 27 16:48 .cache
drwx------  9 pi   pi   4096  6月  8 10:48 .config
drwx------  3 pi   pi   4096  5月 27 16:46 .gnupg
drwxr-xr-x  3 pi   pi   4096  5月 27 16:18 .local
drwx------  3 pi   pi   4096  6月  8 10:30 .pki
-rw-r--r--  1 pi   pi    807  5月 27 16:10 .profile
-rw-------  1 pi   pi   2308  5月 27 16:58 .xsession-errors
-rw-------  1 pi   pi   2308  5月 27 16:52 .xsession-errors.old
drwxr-xr-x  2 pi   pi   4096  5月 27 16:18 Bookshelf
drwxr-xr-x  2 pi   pi   4096  5月 27 16:46 Desktop
drwxr-xr-x  2 pi   pi   4096  5月 27 16:46 ダウンロード
 ⋮
```

オプション（「-la」を指す）

先ほどよりも複雑な情報が、ずらっと長く表示されます。実は「-la」とは2つのオプションが混じったもので、「-l」と「-a」に分けられます。「-l」は「long」を指し、ファイルの詳細な情報も同時に表示します。「-a」は「all」を指し、隠しファイル（ファイル名がドットで始まる、ファイルマネージャーなどでは表示されないファイル）を含むすべてのファイルやフォルダについて表示します。「-l -a」のように分割して書いても動作します。

MEMO　終了のexitコマンド

ターミナルを終了させたいときは、「exit」コマンドを入力して Enter キーを押します。

次は、lsのパラメータとして「..」（ドット2つ）を指定してみましょう。

■lsコマンドの実行例③

```
pi@raspberrypi:~ $ ls  .. ↵
pi
```

表示したいフォルダ

この場合、「pi」しか表示されません。「..」は「1つ上のフォルダ」を表すので、ホームフォルダ（「pi」フォルダ）の1つ上にあたる「home」フォルダの内容が表示されるのです。このように、フォルダをパラメータとして指定すると、その場所の一覧を表示してくれます。

●カレントフォルダの変更（cd）

cdコマンドは、カレントフォルダを変更する、lsに並んで基本的なコマンドです。cdは「change directory」、つまり「ディレクトリの変更」を意味しています。

次の例は、カレントフォルダを「Bookshelf」フォルダに変更するものです。なおコマンドでは、ファイル名などの大文字と小文字を区別することに注意してください。

■cdコマンドの実行例①

```
pi@raspberrypi:~ $ cd Bookshelf ↵
pi@raspberrypi:~/Bookshelf $
```

カレントフォルダにしたいフォルダ

このように、プロンプトのカレントフォルダの表示が変わります。なお上記のように、フォルダは「/」で区切られます。続けてlsコマンドも実行してみましょう。

■cdコマンドの実行例②

```
pi@raspberrypi:~/Bookshelf $ ls ↵
000_RPi_BeginnersGuide_DIGITAL.pdf
```

P.81で表示させたPDFファイルの存在を確認できます。なお、「Bookshelf」フォルダからもとに戻るには、cdコマンドのパラメータに「..」を指定します。

cdやlsのパラメータにフォルダを指定したとき、そのフォルダがなければ、エラーが表示されます。エラーが表示されてもこれらのコマンドではほとんど問題はありません。落ち着いて入力ミスなどがないかを確認して操作しなおしましょう。

ファイル内容の表示（cat・more・less）

catコマンドは、ファイルの内容を表示するコマンドです。catは「catnate」、「結合」から生まれたコマンドで、ファイルをまとめて表示するためのものです。次の例は、/etc/passwdファイル（ユーザーの一覧が入ったファイル）を表示するものです。

■catコマンドの実行例

```
pi@raspberrypi:~ $ cat /etc/passwd ⏎
root:x:0:0:root:/root:/bin/bash          ← 表示したいファイル
daemon:x:1:1:daemon:/usr/sbin:/usr/sbin/nologin
bin:x:2:2:bin:/bin:/usr/sbin/nologin
sys:x:3:3:sys:/dev:/usr/sbin/nologin
sync:x:4:65534:sync:/bin:/bin/sync
 ⋮
sshd:x:107:65534::/run/sshd:/usr/sbin/nologin
avahi:x:108:113:Avahi mDNS daemon,,,:/var/run/avahi-daemon:/usr/sbin/nologin
lightdm:x:109:114:Light Display Manager:/var/lib/lightdm:/bin/false
systemd-coredump:x:996:996:systemd Core Dumper:/:/usr/sbin/nologin
```

moreコマンドは、catコマンドと同じくファイルの内容を表示するものですが、1画面単位で停止してくれるため、/etc/passwdのように長いファイルを見る場合に便利です。

■moreコマンドの実行例

```
pi@raspberrypi:~ $ more /etc/passwd ⏎
 ⋮                                        ← 表示したいファイル
nobody:x:65534:65534:nobody:/nonexistent:/usr/sbin/nologin
systemd-timesync:x:100:102:systemd Time Synchronization,,,:/run/systemd:/
usr/sbi
n/nologin
systemd-network:x:101:103:systemd Network Management,,,:/run/systemd:/usr/
sbin/n
ologin
--More--(64%)
```

「--More--(64%)」などと出たら、Enterキーを押せば1行ずつ、Spaceキーを押せば1画面ずつ、先に進みます。なお、同じくファイルの内容を1画面単位で停止しなが表示するlessコマンドもあります。このコマンドは↑↓キーで自由にスクロールできます。すでに通り過ぎた内容でもさかのぼれるため、長いファイルを見る場合に便利です。

⑤ 現在のRaspberry Piの情報を取得しよう

Raspberry Pi OSの情報をいろいろと取り出してみましょう。

コンピューター名を調べる（hostname）

プロンプトにはコンピューター名が含まれていますが、これを単独で表示させることもできます。そのためには、hostnameコマンドを使います。hostnameは「host name」、つまり「ホストの名前」を意味しています。

■ hostnameコマンドの実行例

```
pi@raspberrypi:~ $ hostname ⏎
raspberrypi
```

コンピューター名

このように、「raspberrypi」と表示されます。この場合、「コンピューター名」=「ホスト名」と考えて問題ありません。

IPアドレスを調べる（ip addr show）

Raspberry Piがネットワークに接続されているなら、IPアドレスも調べられます。そのためには、ip addr showコマンドを使います。

■ ip addr showコマンドの実行例

```
pi@raspberrypi:~ $ ip addr show ⏎
1: lo: <LOOPBACK,UP,LOWER_UP> mtu 65536 qdisc noqueue state UNKNOWN group
default qlen 1000
    link/loopback 00:00:00:00:00:00 brd 00:00:00:00:00:00
    inet 127.0.0.1/8 scope host lo
       valid_lft forever preferred_lft forever
    inet6 ::1/128 scope host
       valid_lft forever preferred_lft forever
2: eth0: <NO-CARRIER,BROADCAST,MULTICAST,UP> mtu 1500 qdisc mq state DOWN
group default qlen 1000
    link/ether dc:a6:32:70:a6:27 brd ff:ff:ff:ff:ff:ff
3: wlan0: <BROADCAST,MULTICAST,UP,LOWER_UP> mtu 1500 qdisc pfifo_fast state
UP group default qlen 1000
    link/ether dc:a6:32:70:a6:2a brd ff:ff:ff:ff:ff:ff
```

```
    inet 192.168.108.45/24 brd 192.168.108.255 scope global dynamic
noprefixroute wlan0
       valid_lft 172075sec preferred_lft 150475sec
    inet6 fe80::88a3:bb52:65ba:28c9/64 scope link
       valid_lft forever preferred_lft forever
TX packets 20  bytes 1200 (1.1 KiB)
        TX errors 0  dropped 0 overruns 0  carrier 0  collisions 0
```

IPアドレス

　難しげな数値がたくさん表示されますが、注目すべき点がわかれば難しいことはありません。まず注目すべきは、左端にある「lo」「eth0」「wlan0」です。それぞれ、ローカルループバック、有線LAN、Wi-Fiを意味しています。Wi-Fiで接続されているなら、「wlan0」の表示されている部分の「inet」に着目します。そこに書いてある「192.168.108.45」などの数値が、IPアドレスです。ほかにもたくさんの情報が表示されますから、ネットワークの状態を診断するのにも役立ちます。

⑥ コマンドを組み合わせよう

　コマンドはそれぞれ単独で使っても便利なものですが、組み合わせるとより便利に使えます。

●標準入出力とリダイレクト

　これまで、コマンドの実行結果を「表示する」と書いてきましたが、実際には「出力する」という表現が正しいものです。その出力先は、標準出力と呼ばれます。標準出力は、特に指定しなければ画面です。そのため、lsコマンドの結果はそのまま画面に表示されるのです。

　また、標準出力は切り替えることができ、これをリダイレクトと呼びます。たとえば、ファイルにリダイレクトすることで、lsコマンドの結果をファイルに書き出すこともできます。標準出力のリダイレクトは、「>」を使います。

　次の例では本来画面に表示される内容を「out.txt」というファイルにリダイレクトします。

■標準出力のリダイレクトの実行例

```
pi@raspberrypi:~ $ ls >out.txt ⏎
```

リダイレクト

標準出力に対応するように、標準入力もあります。これまでは扱ってきませんでしたが、キーボードからの入力を受け付けるようなコマンドでは、標準入力から入力を受け付けます。

標準入力でもリダイレクトが可能で、この場合にはキーボードのかわりにファイルから入力することになります。標準入力のリダイレクトでは、「<」を使います。

■標準入力からのリダイレクトの実行例

```
pi@raspberrypi:~ $ cat </etc/passwd ⏎
root:x:0:0:root:/root:/bin/bash
daemon:x:1:1:daemon:/usr/sbin:/usr/sbin/nologin
bin:x:2:2:bin:/bin:/usr/sbin/nologin
⋮
```

リダイレクト

catコマンドは、ファイル名を省略すると標準入力から入力を受け付けます。これを/etc/passwdにリダイレクトしたので、ここではファイルの内容がそのまま表示されています。

●パイプ

標準入出力のしくみが役立つものには、パイプ「|」と呼ばれるものもあります。その例を示すために、ここではgrepコマンドを使いましょう。これは、標準入力から条件に合った行だけを標準出力に書き出してくれるという便利なものです。

次の例では、文字「p」を持つファイルおよびディレクトリを表示します。

■パイプの実行例①

```
pi@raspberrypi:~ $ ls | grep p ⏎
Desktop
```

パイプ

ここでは、「p」を含むものとして「Desktop」だけが表示されました。ターミナルの画面上では、「p」の文字だけがピンク色になり、目的のファイル名などを探しやすくなります。ポイントは、2つのコマンドを結び付けている「|」で、これがパイプです。パイプは、最初のコマンドの標準出力を、次のコマンドの標準入力に結び付けます。これによって、コマンドの実行結果を次々と渡して、grepコマンドのようにフィルタをかけたり、並べ替えに使うsortコマンドを活用したりできるのです。

ちなみにgrepコマンドにもたくさんのオプションがあり、たとえば「-v」を指定すると、検索条件に合致しないものだけを表示します。

■パイプの実行例②

```
pi@raspberrypi:~ $ ls | grep -v p ⏎
Bookshelf
ダウンロード
テンプレート
ドキュメント
 ⋮
```

-vを指定する

今度は「p」が含まれない、「Desktop」以外が表示されました。このように、パイプは非常に便利なため、ぜひ活用しましょう。

7 アプリケーションをインストール／更新しよう

アプリケーションのインストールをCLIで行う方法も覚えましょう。実は、アプリケーションのインストールは、パッケージ名がわかっていれば、GUIで行うよりずっとシンプルで便利です。CLIにおけるパッケージのインストールなどの操作は、aptコマンドで行います。aptは「advanced package tool」の略で、「進化したパッケージツール」を意味しており、APTというシステム名がそのままコマンド名になっています。aptコマンドの基本的な書式は以下のとおりです。

■aptコマンドの基本書式

```
apt 操作 パッケージ名
```

操作はサブコマンドともいいます。update（インデックス更新）、install（パッケージのインストール）、updgrade（パッケージの更新）、remove（パッケージの削除）、search（検索）などが入ります。パッケージ名は、アプリケーションごとに用意されたパッケージの名前です。

●インデックス更新

aptコマンドによる操作を行う前には、インデックス（aptコマンドが使うパッケージの一覧）の更新（アップデート）を行うことが推奨されています。リポジトリと呼ばれるパッケージのデータベースが変更されたり、Raspberry Pi OS自身が参照するリポジトリが変わったりすることがあるので、インデックスを最新にする必要があるわけです。次は、updateサブコマンドでインデックスをアップデートする例です。

■インデックスのアップデート

```
pi@raspberrypi:~ $ sudo apt update ⏎
取得:1 http://archive.raspberrypi.org/debian buster InRelease [25.1 kB]
取得:2 http://archive.raspberrypi.org/debian buster/main armhf Packages [329
kB]
︙
パッケージリストを読み込んでいます... 完了
依存関係ツリーを作成しています
状態情報を読み取っています... 完了
アップグレードできるパッケージが 174 個あります。表示するには 'apt list --upgradable'
を実行してください。
```

必ずsudoを付けて実行する

updateサブコマンド

このように、見慣れないsudoコマンドを使います。sudoは「super user do」の略で、一般ユーザーを一時的に管理者ユーザーに格上げしてくれるコマンドです。実は、aptコマンドはシステムに変更を加えるものであり、管理者ユーザーでないと実行できません。このため、sudoコマンドで一時的にシステムを変更できる管理者ユーザーになります。sudoに続く部分は、これまで取り上げてきたコマンドと同じです。なお、sudoコマンドの実行には条件があります。最初に作ったpiユーザーはこれを満たすようになっています。

●インストール

続いて、3-5でインストールしたGIMPをCLIでインストールしてみましょう。installサブコマンドを使います。GIMPのパッケージ名は「gimp」です。

■GIMPのインストール

```
pi@raspberrypi:~ $ sudo apt install gimp ⏎
パッケージリストを読み込んでいます... 完了
依存関係ツリーを作成しています
状態情報を読み取っています... 完了
提案パッケージ:
  gimp-help-en | gimp-help gimp-data-extras gimp-python
以下のパッケージが新たにインストールされます:
  gimp
アップグレード: 0 個、新規インストール: 1 個、削除: 0 個、保留: 0 個。
5,570 kB 中 0 B のアーカイブを取得する必要があります。
この操作後に追加で 15.5 MB のディスク容量が消費されます。
以前に未選択のパッケージ gimp を選択しています。
```

installサブコマンド

```
(データベースを読み込んでいます ... 現在 157830 個のファイルとディレクトリがインストール
されています。)
.../gimp_2.10.8-2_armhf.deb を展開する準備をしています ...
gimp (2.10.8-2) を展開しています...
gimp (2.10.8-2) を設定しています ...
⋮
```

このように、情報が逐一報告されながらインストールされます。gimpパッケージのほかに必要なパッケージもあれば、それも自動的にインストールされます。CLIでインストールしても、GUIで動くアプリケーションであれば、アプリケーションメニューに登録されるなど、GUIで行ったのと同じように処理されます。

●更新（アップグレード）

すでにインストールされているアプリケーションに更新版がリリースされていれば、それに置き換えることがセキュリティ上も推奨されます。定期的に更新を行った方がよいでしょう。更新は、インストールされているすべてのパッケージに対して行う方法と、個別のアプリケーション（パッケージ）に対して行う方法の２つがあります。特に理由がない限り、すべてのパッケージを定期的にアップグレードしたほうがよいでしょう。

下記のように、upgradeサブコマンドですべてのパッケージをアップグレードします。

■すべてのパッケージのアップグレード

```
pi@raspberrypi:~ $ sudo apt upgrade ⏎
```

upgradeサブコマンド

状況によっては多くのパッケージがアップグレードされるので、時間がかかります。特にアップグレードしたいパッケージがある場合には、下記のようにパッケージを個別に指定してアップグレードすとよいでしょう。

■GIMPのみのアップグレード

```
pi@raspberrypi:~ $ sudo apt upgrade gimp ⏎
```

●検索（search）

パッケージの情報を調べるには、searchサブコマンドを使います。例として、「gimp」を調べてみましょう。このように、「gimp」をパッケージ名や説明などに持つパッケージすべてがリスト表示されます。

■パッケージの検索

```
pi@raspberrypi:~ $ sudo apt search gimp ⏎
ソート中... 完了
全文検索... 完了
⋮
gimp/stable,now 2.10.8-2 armhf [インストール済み]
  GNU Image Manipulation Program
⋮
```

searchサブコマンド

●情報（info）

すでにインストールされているパッケージの情報を調べるには、infoサブコマンドを使います。GIMPのパッケージ「gimp」を調べてみましょう。

■パッケージの情報表示

```
pi@raspberrypi:~ $ sudo apt info gimp ⏎
Package: gimp
Version: 2.10.8-2
Priority: optional
Section: graphics
Maintainer: Debian GNOME Maintainers <pkg-gnome-maintainers@lists.alioth.
debian.org>
Installed-Size: 15.5 MB
⋮
```

infoサブコマンド

このように、バージョンやサイズなどの情報を見ることができます。

このほか、すでにインストールされているパッケージを削除するためのremoveサブコマンドなどもあります。コマンドのマニュアルを表示するmanコマンドで、「man apt」と入力して調べてみるとよいでしょう。manコマンドはマニュアル表示のコマンドで↑↓キーで内容表示、Qキーで終了の操作をします。

4-3 WebサーバーでWebサイトを表示しよう

ここからは、CLIを使って実際にサーバーを構築していきましょう。まずは、もっともポピュラーと思われるWebサーバーです。かんたんなWebサイトを作ってWebブラウザから表示させてみましょう。

① Webブラウザでアクセスできるサーバーを作ろう

Webサーバーとは、Webブラウザからアクセスしてホームページや EC サイトなどを見られるようにするためのサーバーです。インターネットを使っていて、もっともアクセスする機会の多いのがこのWebサーバーではないでしょうか。このWebサーバーは、意外にかんたんに作ることができるため、ぜひチャレンジしてみましょう。

●Webサーバーのしくみ

Webサーバーは、WebブラウザなどのWebクライアントからコンテンツのリクエストを受けて、サーバー内にあるコンテンツをレスポンスとして返すサーバーです。Webブラウザーは、サーバーから受け取ったコンテンツをもとに、ホームページなどのWebページを表示します。

HTMLファイルや画像ファイルなど静的なコンテンツを返す場合は動作としては単純ですが、ECサイトのように動的なコンテンツを返す場合などは、やや複雑な動作となります。

■Webサーバー

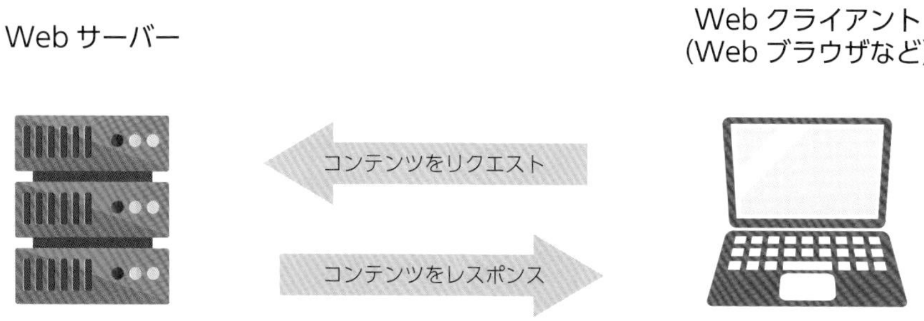

Webサーバーアプリケーションの種類

Webサーバーとして動作するには、専用のアプリケーションが必要になります。Webサーバーのアプリケーションとして有名なのがApache（Apache HTTP Server、アパッチ）です。Apacheの歴史は古く、1980年代までさかのぼります。ホームページのためのしくみであるHTTPが登場して、そのサーバーとしてNCSA HTTPdが開発されましたが、その資産を生かした後継ソフトウェアとして開発されたのがこのApacheです。一時期は、Webサーバーのシェアの多くを占めたApacheでしたが、その後登場したさまざまなWebサーバーアプリケーションもシェアを伸ばしています。ただし、Apacheについての情報の蓄積は膨大で、もっとも取り組みやすいWebサーバーといえます。

ここ数年で急激にシェアを伸ばし、調査会社によってはApacheを凌いでいる、Nginx（エンジンエックス）も有名です。ロシアのプログラマーが開発したNginxは、軽量・コンパクト・高安定を売りに、高い負荷への対応を要求されるWebサーバーに特に採用されました。

なお、ApacheやNginxにはWindows版もありますが、Windows用としてもっとも使われているのはMicrosoftがリリースしているIIS（Internet Information Services、アイアイエス）です。IISは、MicrosoftのWebアプリケーション環境であるASP.NETを動かせるなどWindowsに親和性を持たせているため、WindowsをWebサーバーにしたい、ASP.NETを使いたい、というユーザーに支持されています。

本書では、上記のいずれでもない方法でWebサーバーを作成します。プログラミング言語Pythonのモジュールに Webサーバーの機能を実現させるものがあり、新たにアプリケーションをインストールすることもなく使えるため、まずはこれを使って手軽にWebサーバーを実現させます。Pythonのモジュールは本格的な利用には向きませんが、体験や検証には便利です。

② サーバーへの接続に必要な情報を集めよう

サーバーへ接続するとひと口にいっても、その方法はサーバーの種類によってさまざまです。Webサーバーの場合は、URLに基づいて行います。URLとは「Unified Resource Locator」の略で、リソース（この場合はHTMLファイルや画像ファイルなどを指す）の場所を統合的（Unified）に表すものです。以下のような形式をしています。

■URLの基本書式

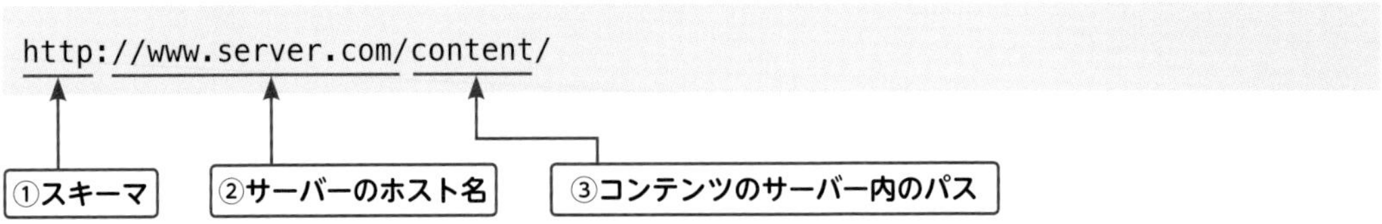

●スキーマ

まず、①スキーマとは、Webサーバーへのアクセスの方法です。一般的なのはhttpかhttpsで、それぞれHTTP、HTTP over SSL (HTTPS) を意味します。HTTPは「Hyper Text Transfer Protocol」の略で、HTMLファイルなどのコンテンツをWebサーバーとWebクライアントでやり取りする手順を定めたものです。HTTP over SSLは、SSLという暗号化の手段をHTTPに加えたもので、ECサイトなど安全な通信が必要な場面で使用されます。スキーマの後は「:」(コロン) で終わることになっています。

4

●ホスト名

次に、②サーバーのホスト名は、サーバーの名前であり、「//」(ダブルスラッシュ2つ) で始めます。必ずしも名前でなければならないわけではなく、IPアドレスでも問題ありません。ただし一般的には、覚えやすい名前が用いられます。特例として、自分自身を表すときには「localhost」という名称が使えます。

Webサーバーにアクセスする際には、最終的にはIPアドレスを使います。このとき、ホスト名をIPアドレスに変換する役割を持ったサーバーが、DNSサーバーです。

なおホスト名には、「www.server.com:8000」などのように、「:」(コロン) を続けてポート番号を指定することがあります。ポート番号とは、サーバーが提供するサービスを区別するための番号で、Webサーバーでは80 (HTTP) と443 (HTTPS) が用いられます。ポート番号の指定がない場合には、スキーマからWebブラウザが勝手に判断してポート番号を指定します。

●パス

最後の、③コンテンツのサーバ内のパスが、コンテンツのありかです。Webサーバーは、これをもとに自分の中からコンテンツを探し出し、Webクライアントに返します。

URLの役割をまとめると、スキーマの方法で、ホスト名 (＋ポート番号) のサーバーに、パスのコンテンツをリクエストする、というものです。

MEMO　Webサーバーのシェア

Webサーバーのシェアは、Q-Successという会社が常に調査して発表しています。これによると、2020年5月の時点で、首位はApache (38.2%)、次点がNginx (32.1%)、そのあとにCloudflare Server、Microsoft-IISが続きます。この調査では依然として首位はApacheですが、Netcraftという会社の調査では、2019年4月の時点でNginxが首位になっています。いずれにしろ拮抗している状態で、今後どのような展開になるか楽しみです。

③ サーバーを起動しよう

Webサーバーの起動はかんたんです。まずターミナルを起動します。起動したら、以下のように「python3」コマンドを入力して実行してください。

■Webサーバーの起動

```
pi@raspberrypi:~ $ python3 -m http.server ⏎
```

「python3」は、第5章で詳しく取り上げますが、プログラミング言語のPython（バージョン3）を動かすコマンドです。「-m http.server」は、「http.server」というモジュール（プログラムの部品をまとめたファイル）を読み込む、という意味のオプションです。コマンドの実行がうまくいくと、以下のように表示されてアクセスを待っている状態になります。

■アクセス待ち

```
pi@raspberrypi:~ $ python3 -m http.server ⏎
Serving HTTP on 0.0.0.0 port 8000 (http://0.0.0.0:8000/) ...
```

ここで、Raspberry PiでWebブラウザを起動して接続してみましょう。続いて、アドレスバーに、「http://localhost:8000/」と入力して Enter キーを押してください。まだHTMLファイルを準備していませんが、ホームフォルダの一覧画面が表示されることを確認します。

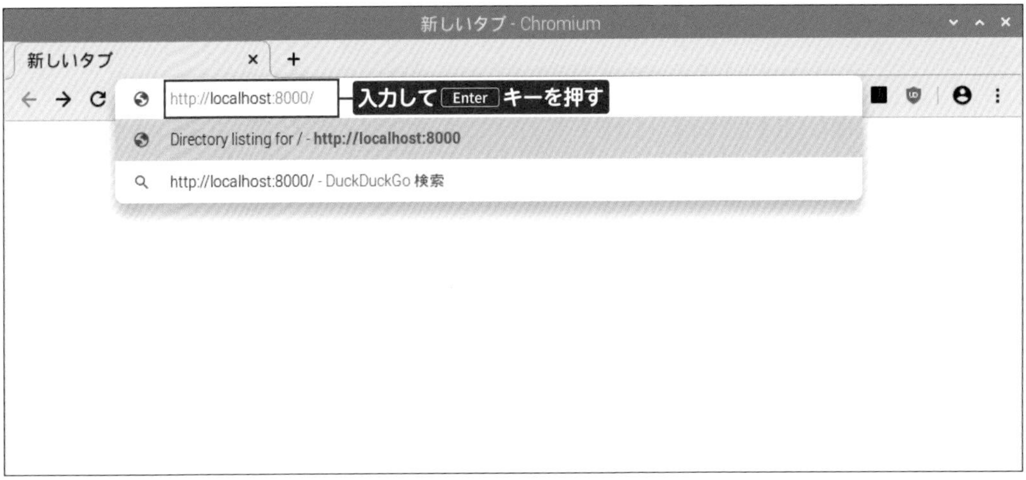

「Directory listing for /」とタイトルの付いたWebページが表示されます。以下のように、http.serverはデフォルトでは、Webサーバーを起動したときのカレントフォルダの内容が表示されます。

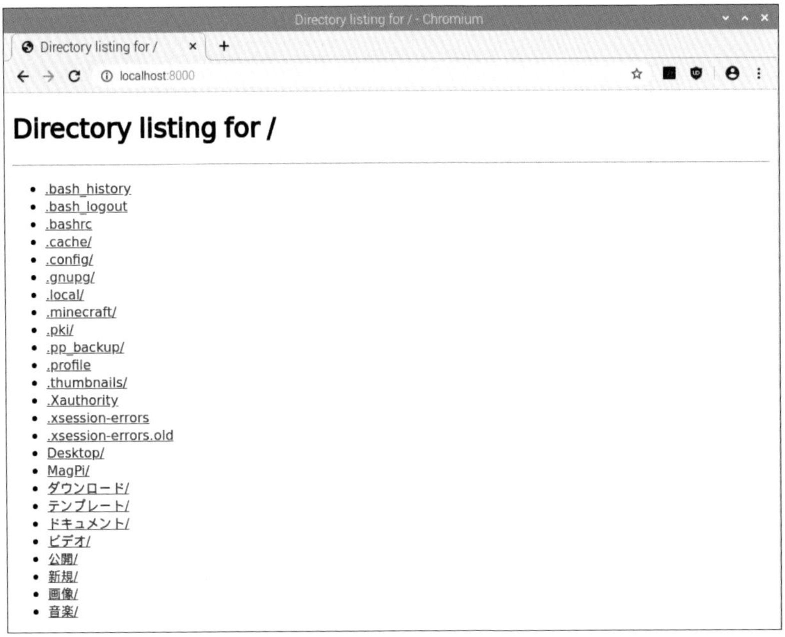

ここでターミナルに戻ると、いくつかのメッセージが表示されていることがわかります。これはアクセスログと呼ばれるもので、いつ、どこから、何がリクエストされたかという記録です。

■アクセスログの表示（ターミナル）

```
pi@raspberrypi:~ $ python3 -m http.server ⏎
Serving HTTP on 0.0.0.0 port 8000 (http://0.0.0.0:8000/) ...
127.0.0.1 - - [31/May/2020 12:31:44] "GET / HTTP/1.1" 200 -
127.0.0.1 - - [31/May/2020 12:31:44] code 404, message File not found
127.0.0.1 - - [31/May/2020 12:31:44] "GET /favicon.ico HTTP/1.1" 404 -
127.0.0.1 - - [31/May/2020 12:32:58] "GET / HTTP/1.1" 200 -
127.0.0.1 - - [31/May/2020 12:32:58] code 404, message File not found
127.0.0.1 - - [31/May/2020 12:32:58] "GET /favicon.ico HTTP/1.1" 404 -
127.0.0.1 - - [31/May/2020 12:34:21] "GET / HTTP/1.1" 200 -
```

「GET」で始まるものがファイルのリクエストで、「code」で始まるものがその結果です。

これで、Webサーバーは動作していることが確認できました。続いて、Webサイト（ホームページ）を作って表示させてみましょう。一度ターミナルに戻って、Ctrl + C キーを押し、Webサーバーを止めておきます。

④ 表示するWebサイトを用意しよう

まずはWebサイトから用意しましょう。今回は、HTMLファイルが１つあるだけのシンプルなものです。さっそくファイルを作っていきましょう。

●ドキュメントルートを作る

ドキュメントルートと呼ばれる、Webサイトとして公開するファイルが置かれるフォルダを作りましょう。http.serverを起動したときのカレントフォルダがドキュメントルートとなるため、フォルダをあらかじめ作成し、そこにHTMLファイルを置くことにします。ここでは、できるだけCLIでトライしてみることにします。コマンドに慣れてくると、こちらのほうがやりやすく思えてくるでしょう。一連の操作をターミナルで行ってください。

まずは、ドキュメントルートになるフォルダを作成します。ここでは名前を「Web」としました。

■ドキュメントルートの作成

```
pi@raspberrypi:~ $ mkdir Web ⏎
```

（Web → 作成するフォルダ名）

この新しく出てきたmkdirコマンドは、「MaKe DIRectory」の略で、「ディレクトリを作成する」という意味です。

作成した「Web」フォルダに移動します。移動にはcdコマンドを使います。

■ドキュメントルートへの移動

```
pi@raspberrypi:~ $ cd Web ⏎
pi@raspberrypi:~/Web $
```

●index.htmlを作る

ここに、「index.html」というHTMLファイルを作成します。ファイルの作成方法はいろいろありますが、ここではnano（ナノ）というCLIで使えるテキストエディタを使って作成します。nanoの使い方は第5章で詳しく解説します。

■nanoの起動

```
pi@raspberrypi:~/Web $ nano index.html ⏎
```

nanoが起動すると、ターミナルの画面はこのようになります。

■nanoを開いた画面

これで、文字を入力する準備ができました。以下の内容をそのまま入力してください。

■Webサーバーで表示するHTMLファイル

ファイル「index.html」

```
<html>
<head></head>
<body>
<p>Welcome to Raspberry Pi!<p>
</body>
</html>
```

難しそうなら、中央の「Welcome to Raspberry Pi!」だけでもよいでしょう。一応内容は表示されます。

入力したら、Ctrl＋Xキーを押します。保存するか確認されるのでYキーを押し、さらにファイル名を確認してEnterキーを押して保存します。

●Webサーバーを起動する

これで、index.htmlファイルを作ることができました。それでは、Webサーバーを再び起動しましょう。プロンプトでカレントフォルダが「Web」であることを確認し、P.120を参考に、コマンドでhttp.serverを起動してください。

■Webサーバーの起動

```
pi@raspberrypi:~/Web $ python3 -m http.server ⏎
```

Webブラウザのアドレスバーに、再び「http://localhost:8000/」とURLを入力して Enter キーを押しましょう。今度はフォルダの一覧ではなく、先ほど入力した「Welcome to Raspberry Pi!」が表示されます。非常にシンプルではありますが、これでWebサイトの完成です。

■Webサイトの表示

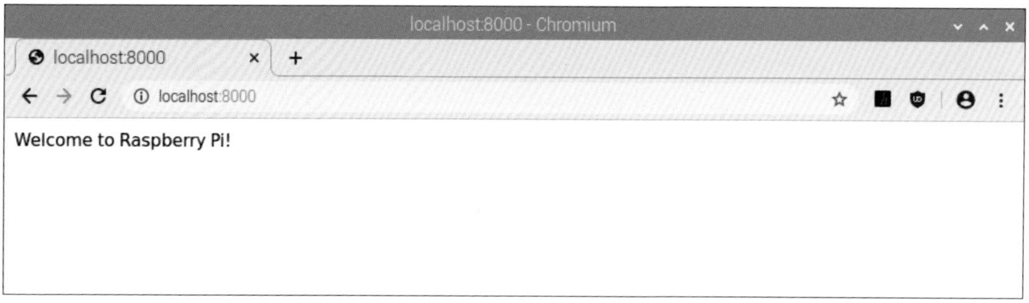

別のWindowsパソコンのMicrosoft EdgeからRaspberry PiのIPアドレスとポート(:8000)を指定してアクセスしても、同様に表示できることを確認できます。

■Microsoft Edgeでの表示

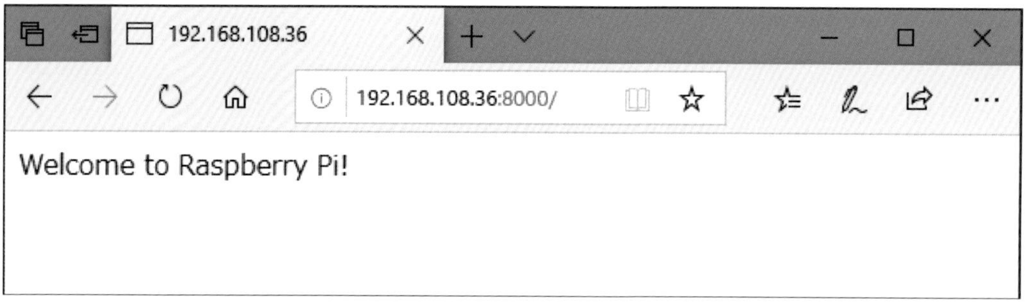

ポート番号を指定してみる

http.serverは、特にオプションを付けないと、8000番というポート番号で待機します。これを一般的なWebサーバーのように80番で待機させたい場合には、最後に「80」を付けてWebサーバーを起動します。

■ポート番号を指定したWebサーバーの起動

```
pi@raspberrypi:~/Web $ python3 -m http.server 80 ⏎
Serving HTTP on 0.0.0.0 port 80 (http://0.0.0.0:80/) ...
```

ポート番号を指定

このようにすると、今度はWebブラウザに入力するURLも「http://localhost/」と、ポート番号が不要になります。80番はHTTPの標準のポートであるため、指定する必要がないのです。

index.htmlの意味

ここでは、index.htmlを作成して表示させてみましたが、URLにはどこにもindex.htmlの指定がありません。それなのになぜindex.htmlが表示されるのかと、不思議に思う人もいることでしょう。実はこれは、http.serverに限ったことではありません。ほとんどのWebサーバーアプリケーションでは、フォルダが指定された場合、つまり、パスの最後が「/」になっている場合には、そのフォルダにindex.htmlやindex.htmといったファイルがないか探す仕様になっています。それらを探して見つかれば、そのファイルが指定されたとしてレスポンスを返すので、自動的に表示されるのです。つまり、「http://localhost/index.html」と指定した場合と同じ状態になるのです。このような性質のある、index.htmlやindex.htmといったファイルを、インデックスファイルといいます。

MEMO **HTML**

ここでは、index.htmlというHTMLファイルを作成し、WebサーバーからWebブラウザに送ってみました。HTMLは「Hyper Text Markup Language」の略で、Webページのための記述言語です。<html>のように< >で囲まれた部分は「タグ」といい、Webブラウザに指示を与えるためのものです。この<html>は、「これからHTMLが始まる」ということを意味しています。同様に<body>は、「これから本体が始まる」という意味です。タグには、見出しを指定するものや、表を作るものなど、さまざまなものがあります。なお、多くのタグは範囲を指定するようになっており、<html>であれば、終わりの部分で</html>のように「/」（スラッシュ）が入ったもので閉じます。

4-4 ファイルサーバーとして利用しよう

Webサーバーに続いて、ファイルサーバーを作りましょう。ファイルサーバーは、Windowsやmacから利用できる、ファイル共有のしくみです。ファイル共有の場所としてRaspberry Piを活用しましょう。

① ファイルを保存するためのサーバーを作ろう

ファイルサーバーは、しばしばNASとも呼ばれるものです。NASとは「Network Attached Storage」の略で、「ネットワークに接続されたストレージ」といった意味です。つまり、ファイル保存用のHDDやSSDなどのストレージがネットワークで活用できるものです。この点はファイルサーバーもNASも同じですが、NASは専用に開発・製造された機器を指すことが多く、ファイルサーバーのほうが拡張性や柔軟性に優れています。

Raspberry Piをファイルサーバー化すると、それはNASになったといえます。ただし、Raspberry Piに装着されているmicroSDカードの容量はさほど大きなものではないため、できれば外部ストレージ（外付けHDDなど）を接続して、そこをファイル置き場所にしたほうがよいでしょう。

ファイルサーバーは、ファイル共有のための通信プロトコルであるSMB（WebサーバーのHTTPのようなもの）で実現されます。SMBは、WindowsはもとよりmacOSやLinux もサポートしており、Windowsのためのファイルサーバーを作れば、自動的にmacOSやLinuxなどのファイルサーバーにもなります。

■ファイルサーバー

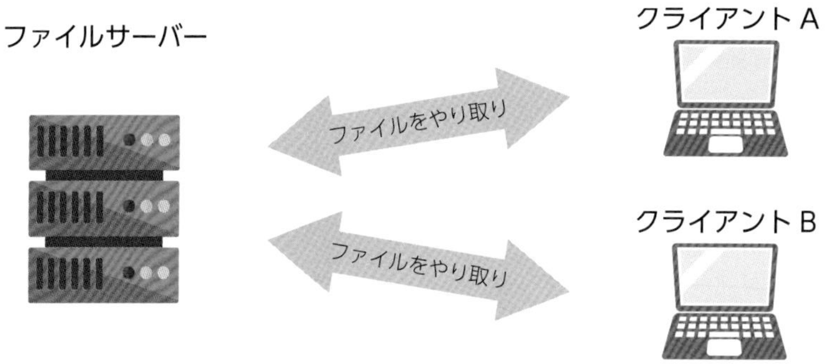

② Sambaをインストールしよう

ファイルサーバーの機能は、Samba（サンバ）というアプリケーションで実現できます。Sambaは初期状態ではインストールされていませんので、まずインストールすることから始めましょう。

インストールは、aptコマンドを使って下記のように行います。

■Sambaのインストール

```
pi@raspberrypi:~ $ sudo apt install samba ⏎
パッケージリストを読み込んでいます... 完了
依存関係ツリーを作成しています
状態情報を読み取っています... 完了
以下の追加パッケージがインストールされます:
  attr ibverbs-providers libboost-regex1.67.0 libcephfs2 libgfapi0 libgfrpc0
  libgfxdr0 libglusterfs0 libibverbs1 librados2 python-dnspython python-gpg
  python-ldb python-samba python-tdb samba-common samba-common-bin
  samba-dsdb-modules samba-vfs-modules tdb-tools
提案パッケージ:
  bind9 bind9utils ctdb ldb-tools ntp | chrony smbldap-tools ufw winbind
  heimdal-clients
以下のパッケージが新たにインストールされます:
  attr ibverbs-providers libboost-regex1.67.0 libcephfs2 libgfapi0 libgfrpc0
  libgfxdr0 libglusterfs0 libibverbs1 librados2 python-dnspython python-gpg
  python-ldb python-samba python-tdb samba samba-common samba-common-bin
  samba-dsdb-modules samba-vfs-modules tdb-tools
アップグレード: 0 個、新規インストール: 21 個、削除: 0 個、保留: 0 個。
18.2 MB のアーカイブを取得する必要があります。
この操作後に追加で 62.7 MB のディスク容量が消費されます。
続行しますか? [Y/n] y ⏎
：
18.2 MB を 19秒 で取得しました (977 kB/s)
パッケージを事前設定しています ...
：
samba (2:4.9.5+dfsg-5+deb10u1+rpi1) を設定しています ...
グループ `sambashare' (グループ ID 116) を追加しています...
完了。
：
```

Sambaのパッケージ名を指定

Yキーで応答するとCUIで質問される

途中でYキーを押すとGUIに近い画面で以下のように質問されますが、＜いいえ＞を選んだままでEnterキーを押してください。この画面では矢印キーやEnterキーで操作します。

■GUIのような質問画面

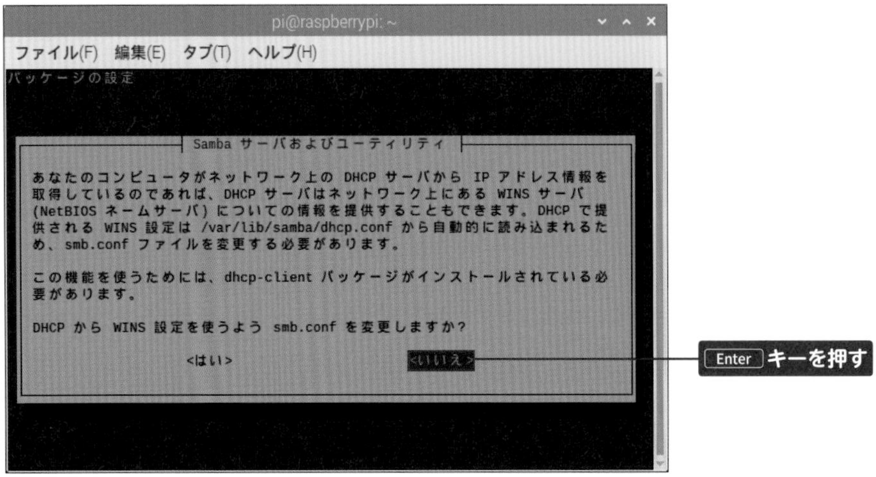

この時点でSambaは起動し、「RASPBERRYPI」という名前（正確には初期設定で付けたコンピューター名）でWindowsやmacOSから見えるようになっています。しかし、ファイルの置き場所である共有フォルダを作成していませんので、このままでは使えません。続いて、そうした設定を行っていきましょう。

③ Sambaの設定をしよう

Sambaをインストールしたら、最低限必要な設定を行いましょう。Raspberry Piにファイルの置き場所である共有フォルダを作り、そこを公開するようにSambaを設定します。

●共有フォルダの作成

共有フォルダは、わかりやすいようにホームフォルダに作ります。Webサーバーを作ったときと同様にmkdirコマンドを使い、「Share」というフォルダを作っておきましょう。

■共有フォルダの作成

```
pi@raspberrypi:~ $ mkdir Share ⏎
```

作成する共有フォルダ名

●Sambaの設定

Sambaの設定は、/etc/samba/smb.confというファイルを書き換えることで行います。書き換える前に、まずファイルのバックアップを取っておきましょう。バックアップがあれば、万一書き換えに失敗しても、もとに戻せるので安心です。

バックアップは以下のように実行します。なお、/etc/samba/smb.confは管理者ユーザーでないと書き換えられないため、sudoコマンドを一貫して使うことに注意してください。

■設定ファイルのバックアップの作成

```
pi@raspberrypi:~ $ sudo cp /etc/samba/smb.conf /etc/samba/smb.conf.org ⏎
```

cpコマンド　コピー元　コピー先

ここで、新しくcpコマンドが出てきました。cpとは「CoPy」を意味し、ファイルをコピーするコマンドです。上記のように、コピー元とコピー先をつなげて指定します。

バックアップができたら、さっそくファイルを書き換えていきましょう。書き換えは、テキストエディタを起動して行います。ここでも、4-3のWebサーバーと同様に、nanoを起動して使います。

■nanoの起動

```
pi@raspberrypi:~ $ sudo nano /etc/samba/smb.conf ⏎
```

ファイルが無事読み込まれると、このような画面になります。

■nanoの画面

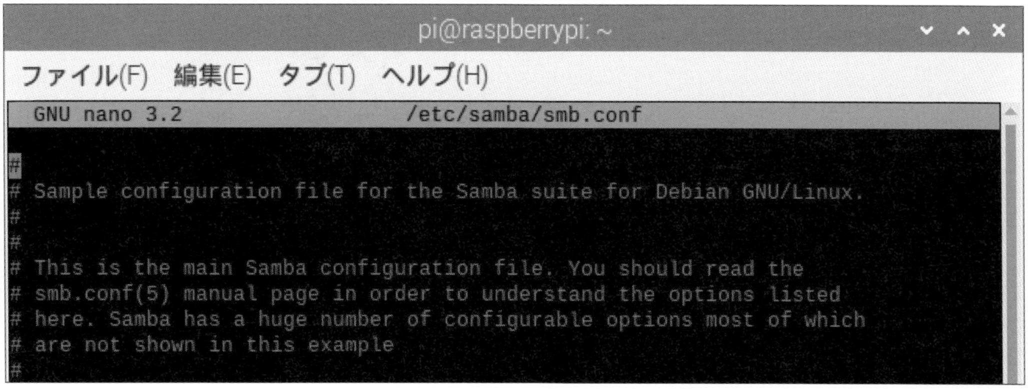

難しそうな英文が並びますが、↓キーで末尾までスクロールし、下記を追記します。

■/etc/samba/smb.confの入力位置の確認

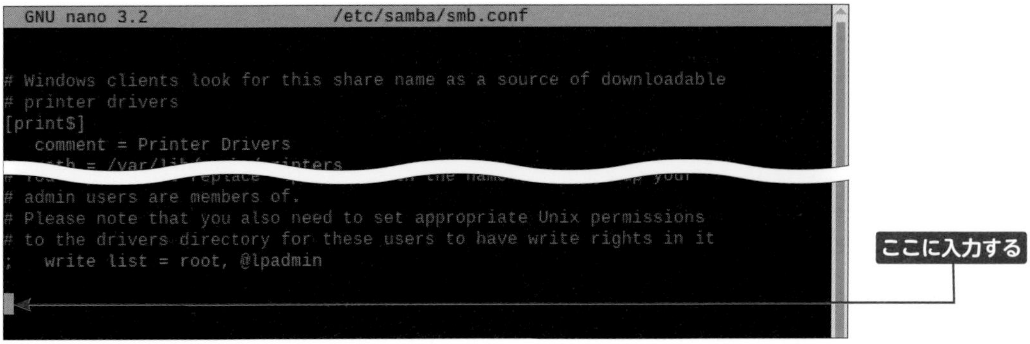

■/etc/samba/smb.confに追記する内容

ファイル「/etc/samba/smb.conf（一部）」

```
[share]
comment = Share
path = /home/pi/Share
public = yes
browsable = yes
read only = no
force user = pi
```

■/etc/samba/smb.confの追記内容の確認

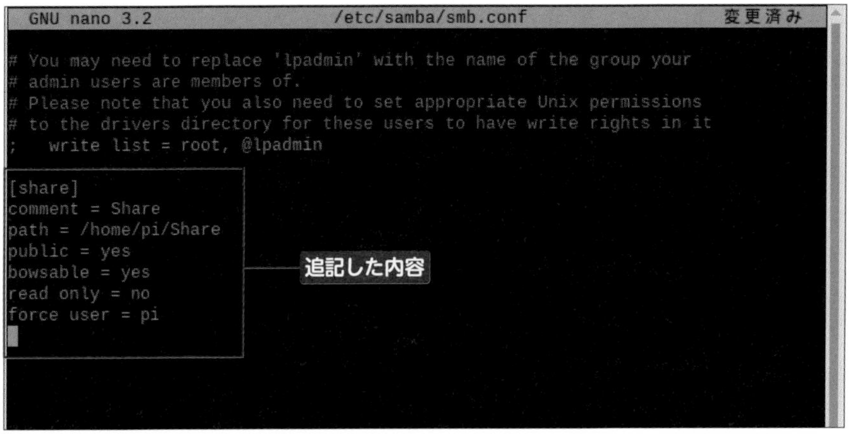

Ctrl + X キーを押すと保存するか質問されるので、Y キーを押し、さらにファイル名を確認して Enter キーを押して保存します。

●設定内容の確認

ここで、testparm コマンドを実行すると、追加した設定が正しいか確認できるため、ぜひ実行しておきましょう。

■testparmコマンドによる確認

```
pi@raspberrypi:~ $ sudo testparm ⏎
rlimit_max: increasing rlimit_max (1024) to minimum Windows limit (16384)
Registered MSG_REQ_POOL_USAGE
Registered MSG_REQ_DMALLOC_MARK and LOG_CHANGED
Load smb config files from /etc/samba/smb.conf
rlimit_max: increasing rlimit_max (1024) to minimum Windows limit (16384)
Processing section "[homes]"
Processing section "[printers]"
Processing section "[print$]"
Processing section "[share]"
Loaded services file OK.
Server role: ROLE_STANDALONE
Press enter to see a dump of your service definitions
```

問題がないという表示

ここで Enter キーを押すと設定内容が表示される

このように、「Loaded services file OK.」と表示されていれば問題なしです。最後に Enter キーを押すと、コメントなどを除いた正味の設定内容が表示されます。

●Sambaの再起動

ここまで問題なければ、設定変更を反映させるために、以下のコマンドでSambaを再起動します。なお、ここでの「smbd」とは、Sambaのプログラム名です。

■Sambaの再起動

```
pi@raspberrypi:~ $ sudo systemctl restart smbd ⏎
```

とくにメッセージなどが出なければ、再起動は成功です。まずは、Raspberry Piで共有を確認してみましょう。

●Raspberry Piで共有を確認

Raspberry Piでファイルマネージャーを起動して、以下の手順でフォルダが共有されていることを確認しましょう。

1＜移動＞→＜ネットワーク＞の順にクリックし、＜RASPBERRYPI＞をダブルクリックします。

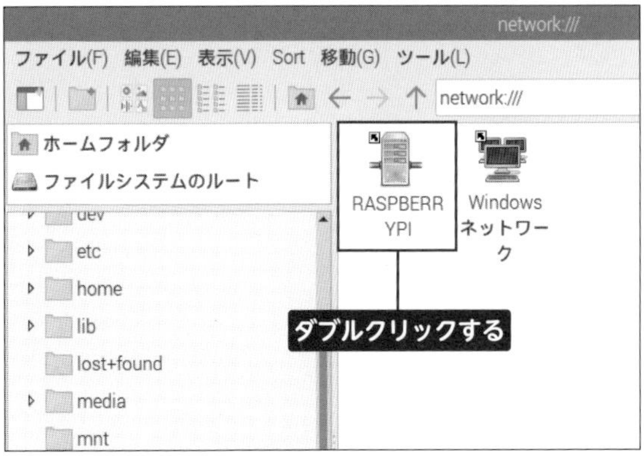

2作成した「share」フォルダが確認できます。＜share＞をダブルクリックします。

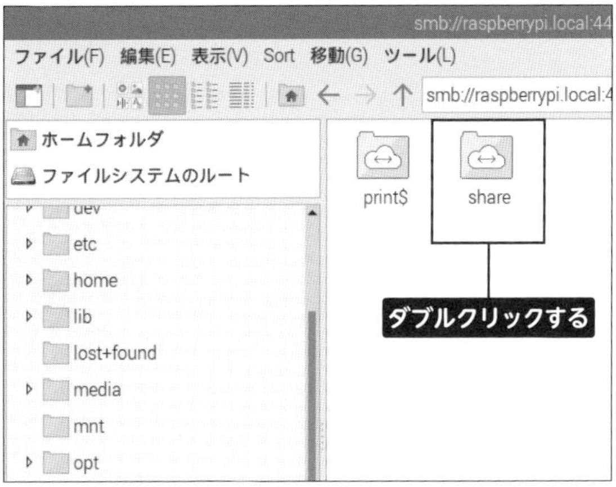

3ウィンドウが表示されたら、＜ユーザを指定する＞をクリックしてチェックを付け、「ユーザ名」に「pi」、「パスワード」にpiのパスワードを入力して、＜接続する＞をクリックします。なお、「ドメイン」は「WORKGROUP」のままで構いません。

4 共有フォルダ「share」が表示され、「raspberrypi.local上のshare」「smb://raspberrypi.local/share」と確認できます。デスクトップにも、「raspberrypi.local上のshare」というアイコンが現れます。Raspberry Piからは、ここにファイルを置いていくことで共有できます。

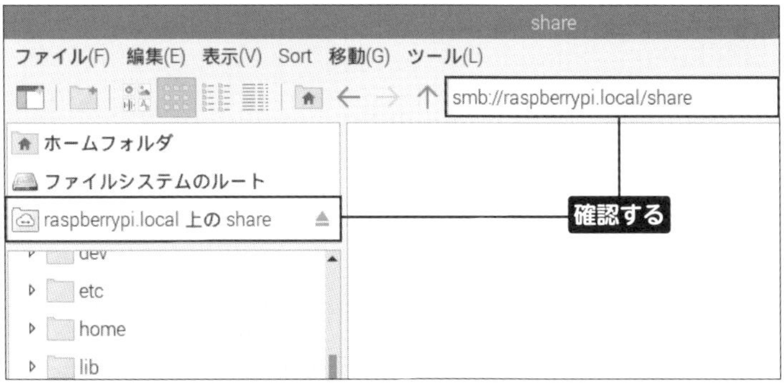

④ 手元のパソコンからSambaを覗いてみよう

Raspberry Piで、共有にアクセスできることを確認しました。IPアドレスを控えて (P.60〜61参照) Windowsでも覗いてみましょう。

1 共有を開始した時点では、Windowsから見えないこともあります。⊞ + R キーを押して、「ファイル名を指定して実行」画面を開き、Raspberry PiのIPアドレスを「¥¥192.168.108.38」のように入力し、＜OK＞をクリックします。

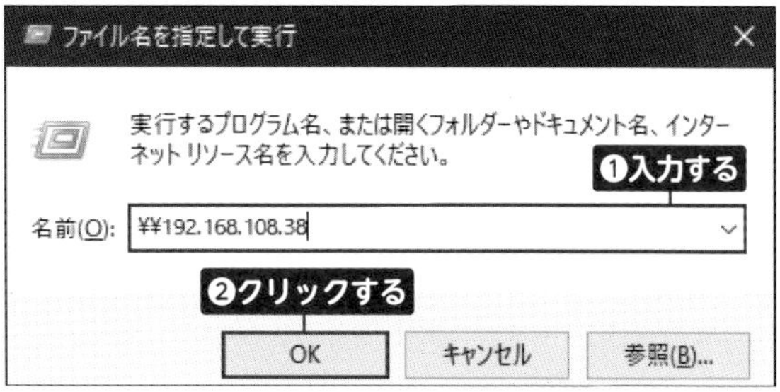

2 エクスプローラーが開きます。アドレスバーに「192.168.108.38」などと表示されていて、「share」フォルダが右のような共有アイコンになっていることを確認します。

この共有フォルダからファイルをダウンロードすることはもちろん、このフォルダにWindowsからファイルをアップロードすることもできます。

5 外部ストレージを接続しよう

ここで取り上げたファイルサーバーもそうですが、あとで取り上げるメディアサーバーやバックアップサーバーとしてRaspberry Piを活用するとなると、外部ストレージの接続が必須です。ここでは、外部ストレージを接続して使えるようにする手順を紹介します。

●フォーマット済みの外部ストレージの利用

まず、外部ストレージを用意します。HDDでもUSBメモリーでも何でも構いませんが、USBポートに接続できるもの、容量が十分に大きいものにしましょう。なお、Raspberry Pi 4 Model BはUSB 3.0ポートを備えているため、USB 3.0対応の外部ストレージだと高速な読み書きができ、ファイルサーバーとしての性能も向上します。また、Raspberry PiのUSBポートの給電能力を考慮して、HDDなら電源付きのもの(ACアダプターで給電できるもの)にしましょう。これをまず、Raspberry PiのUSBポートに接続します。

Raspberry Piに外部ストレージを接続した時点でフォーマットを認識できれば、「リムーバブルメディアの挿入」画面が表示されます。＜ファイルマネージャで開く＞→＜OK＞の順にクリックすれば、その内容がすぐに確認できるはずです。この時点でRaspberry Pi OSにマウントされているため、Sambaの共有の設定に追加すれば、ファイルサーバーのためのストレージとして活用できます。

P.129～131を参考に、以下のように共有の設定に追加してみましょう。

■外部ストレージの認識

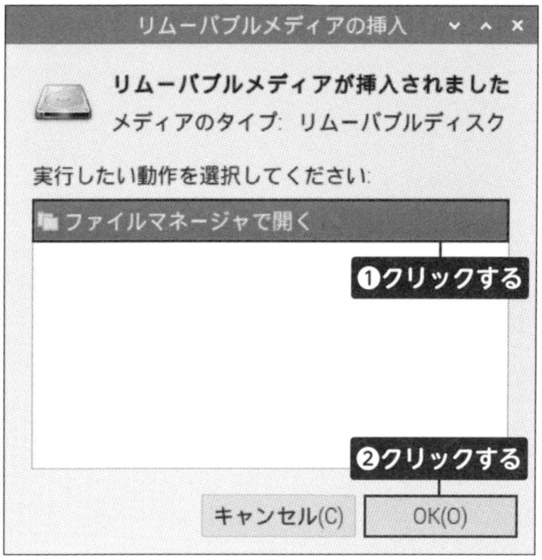

■/etc/samba/smb.confに追記する内容

ファイル「 /etc/samba/smb.conf (一部) 」

```
[storage]
comment = Storage
path = /media/pi/Trancend
public = yes
browsable = yes
read only = no
force user = pi
```

挿入したメディアで変わる

ポイントは、pathで指定するストレージのパス名です。自動的にマウントされた外部ストレージは、/media/piにボリューム名（ここでは「Transcend」）のフォルダが作られてマウントされるため、それを「ls /media/pi」やファイルマネージャーで確認して指定してください。

●Raspberry Pi OS用にフォーマットした外部ストレージの利用

これまでRaspberry Piで使っていなかった外部ストレージを認識できた場合、FAT32などのWindowsで多用されているフォーマットの場合が多いようです。同じWindowsでも、NTFSでフォーマットされている外部ストレージの場合、Raspberry Pi OSでは認識できません。NTFSでフォーマットされている場合や、FAT32でもRaspberry Pi OSに適したフォーマットに変更したいという場合には、2-2で行ったmicroSDカードのフォーマットと同様に、フォーマット作業が必要になります。フォーマット作業は取り消せません。慎重に操作しましょう。

ここでは、外部ストレージをフォーマットしてみましょう。フォーマットはターミナルで行う必要があります。もし、マウントしている外部ストレージがあったら、以下のようにファイルマネージャーで「ボリュームをマウント解除する」を実行しておいてください。マウントしたままではフォーマットできません。

■マウントの解除（ファイルマネージャー）

フォーマットする前に、fdiskコマンドで、以下のようにディスク（ストレージ）デバイスの一覧を取得しましょう。fdiskコマンドは、Linuxではもっとも基本的なディスク管理コマンドです。

■デバイスの一覧の取得

```
pi@raspberrypi:~ $ sudo fdisk -l ⏎
Disk /dev/ram0: 4 MiB, 4194304 bytes, 8192 sectors
Units: sectors of 1 * 512 = 512 bytes
 ⋮
```

```
Disk /dev/mmcblk0: 28.3 GiB, 30416044032 bytes, 59406336 sectors
Units: sectors of 1 * 512 = 512 bytes
Sector size (logical/physical): 512 bytes / 512 bytes
I/O size (minimum/optimal): 512 bytes / 512 bytes
Disklabel type: dos
Disk identifier: 0x00034064

Device         Boot   Start      End  Sectors  Size Id Type
 ⋮
/dev/mmcblk0p7      5586944 59406335 53819392 25.7G 83 Linux

Disk /dev/sdb: 112.7 GiB, 120945901568 bytes, 236222464 sectors
Disk model: Transcend 128GB
Units: sectors of 1 * 512 = 512 bytes
Sector size (logical/physical): 512 bytes / 512 bytes
I/O size (minimum/optimal): 512 bytes / 512 bytes
Disklabel type: dos
Disk identifier: 0x00000000

Device     Boot Start       End   Sectors   Size Id Type
/dev/sdb1         448 236222463 236222016 112.7G  c W95 FAT32 (LBA)
```

注目すべきディスク名

「Disk」に続く部分がディスク名です。「/dev/ram0」や「 /dev/mmcblk0」などは、Raspberry Pi OSが作った一時的な領域やmicroSDカードであり、関係ありません。注目すべきは、この例のように、たいてい最後にある「/dev/sdb」といったディスクです。「Disk model:」の欄に、外部ストレージの名称（ここでは「Transcend」）が出ていれば、さらにはっきりするでしょう。なお、その下にある「Device～」という欄の「/dev/sdb1」がデバイス名です。のちほど必要になるため、覚えておきましょう。

ディスク「/dev/sdb」を編集するには、以下のようにfdiskコマンドを使用します。

■/dev/sdbの編集

```
pi@raspberrypi:~ $ sudo fdisk /dev/sdb ⏎
Welcome to fdisk (util-linux 2.33.1).
Changes will remain in memory only, until you decide to write them.
Be careful before using the write command.

Command (m for help):
```

下に「Command (m for help):」というプロンプトが出ます。ここでディスクへのさまざまな操作を指示できます。なお、コマンドで指定する数値などは接続した外部ストレージで変わってくるため、ここからは一例として読んでください。

まず、pコマンドを実行してパーティションテーブルの状態を表示(print)させてみます。パーティションテーブルとは、ディスクをどのように分割して使うかという表で、分割してできる部分をパーティションといいます。

4

■pコマンドによるディスクの状態の表示

```
Command (m for help): p ⏎
Disk /dev/sdb: 112.7 GiB, 120945901568 bytes, 236222464 sectors
Disk model: Transcend 128GB
 ⋮
Disklabel type: dos
Disk identifier: 0x00000000

Device     Boot Start       End   Sectors   Size Id Type
/dev/sdb1         448 236222463 236222016 112.7G  c W95 FAT32 (LBA)

Command (m for help):
```

最後の「Type」欄を見ると、「W95 FAT32」とWindows用のFAT32になっていることがわかります。これを、Linux用に変更します。そのためには、以下のようにtコマンドを使用し、Linuxを表す「83」を指定します。

■tコマンドでパーティションをLinux用に変更

```
Command (m for help): t ⏎
Selected partition 1 ⏎
Hex code (type L to list all codes): 83 ⏎
Changed type of partition 'W95 FAT32 (LBA)' to 'Linux'.
                                            83はLinuxを表す
Command (m for help): p ⏎
Disk /dev/sdb: 112.7 GiB, 120945901568 bytes, 236222464 sectors
 ⋮
Device     Boot Start       End   Sectors   Size Id Type
/dev/sdb1         448 236222463 236222016 112.7G 83 Linux

Command (m for help):
```

これでパーティションのタイプがLinuxになりました。編集結果をwコマンドでディスクに書き込みます。

■wコマンドで編集結果をディスクに書き込み

```
Command (m for help): w ⏎
The partition table has been altered.
Calling ioctl() to re-read partition table.
Syncing disks.
```

次に、Linux用になったパーティションを、以下のようにmkfsコマンドでフォーマットします。フォーマットの形式はmicroSDカードと同じ「ext4」とし、デバイス名はP.136で確認した「/dev/sdb1」とします。途中で確認されるので、問題がなければYキーを押します。

■フォーマット

```
pi@raspberrypi:~ $ sudo mkfs -t ext4 /dev/sdb1 ⏎
mke2fs 1.44.5 (15-Dec-2018)
/dev/sdb1 contains a vfat file system labelled 'Transcend'
Proceed anyway? (y,N) y ⏎
Creating filesystem with 29527752 4k blocks and 7389184 inodes
Filesystem UUID: 412c33d5-1a68-471d-a49e-1baadd3e2f99
 ⋮
Allocating group tables: done
Writing inode tables: done
Creating journal (131072 blocks): done
Writing superblocks and filesystem accounting information: done
```

デバイス名

フォーマットの形式

これでフォーマットできました。最後に、以下のようにe2labelコマンドでパーティションにラベルを付けます。このラベルは、ボリュームがマウントされる際にファイルマネージャーなどで認識されるもののため、わかりやすいものにしましょう。ここでは「Storage」です。

■ラベルの設定

```
pi@raspberrypi:~ $ sudo e2label /dev/sdb1 Storage ⏎
pi@raspberrypi:~ $ sudo e2label /dev/sdb1 ⏎
Storage
```

ラベル

●共有に追加する

フォーマットした外部ストレージを、Sambaの共有の設定に追加します。P.134〜135を参考に、以下のように共有の設定に追加してみましょう。

■/etc/samba/smb.confに追記する内容

ファイル「 /etc/samba/smb.conf （一部）」

```
[storage]
comment = Storage
path = /media/pi/Storage
public = yes
browsable = yes
read only = no
force user = pi
```

外部ストレージのラベル

P.131を参考にSambaを再起動し、P.133を参考にWindowsのエクスプローラーでSambaを開くと、外部ストレージが追加されているのが確認できます。エクスプローラーを開いたままの場合は、F5キーを押して最新の状態に更新すると表示されます。

■外部ストレージの追加の確認

MEMO　なぜSambaという名前なのか

ここで使用したファイルサーバーのアプリケーションは、なぜSambaという名前なのでしょうか。一説によると、Windowsのファイル共有のしくみがSMB（Server Message Block）と呼ばれていることにちなんで、Sambaの開発者たちがそう名付けたのだとか。ちなみにSambaはオーストラリア人が開発を始めたもので、南米音楽のサンバとは関係がないようです。

4-5 手元のパソコンからサーバーにアクセスしよう

これまでの作業では基本的に、Raspberry Piに接続されたディスプレイやキーボードでCLIの操作を行ってきました。今度は、こうした操作を別のパソコンからリモートで行う方法を学びましょう。

① 手元のパソコンからサーバーにアクセスできるSSH

別のパソコンからCLIで操作するしくみは、SSH (Secure SHell) と呼ばれます。「安全なシェル」という意味ですが、LinuxやUNIXの世界では、CLIはシェルというプログラムが管理しており、安全なシェルがSSHというわけです。

SSHでは、ログインの手続きに高度なものを選べたり、通信内容が暗号化されたりするなどして、安全な通信を行うことができます。SSHが一般化するまで使われてきたTELNETというしくみでは、ログインはIDとパスワードのみで、暗号化はサポートされないという、安全性が考慮されていないものでした。SSHではこれらの欠点が解消されており、安全に利用することができます。

なお、SSHによって接続される側をSSHサーバー、接続する側をSSHクライアントと呼びます。Raspberry Pi OSは、SSHサーバーの機能を持っているため、すぐにSSHによるCLIの利用を開始することができます。

なお、SSHでの接続にはSSHサーバー (今回はRaspberry Pi) のIPアドレスの情報が必要です。固定IPアドレスの設定やP.110で解説したifconfigコマンドなどで、あらかじめIPアドレスの情報を取得しておいてください。

■SSHサーバー

② SSHを設定して動かそう

まずは、Raspberry Pi OSでSSHの機能を有効にします。→＜設定＞→＜Raspberry Piの設定＞の順にクリックし、「Raspberry Piの設定」画面を開きます。＜インターフェイス＞をクリックし、「SSH」の＜有効＞をクリックして、＜OK＞をクリックします。これで、SSHサーバーの機能が有効になります。

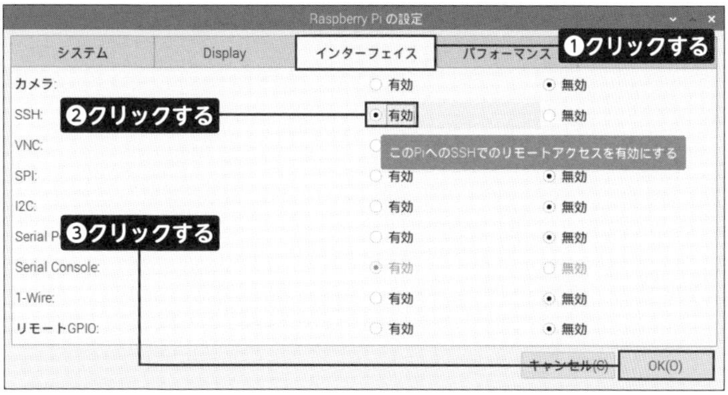

なお、SSHを有効にする際は、ユーザー「pi」のパスワードを変更することが強く推奨されています。初期パスワードの「raspberry」は誰でも知っているからです。

次に、SSHクライアントの機能を用意しましょう。Windowsでは、Tera Term（テラターム）やPuTTY（パティ）というアプリケーションが無料で入手できます。ここでは、日本人の開発したSSHクライアントアプリケーションであるTera Termをインストールして、Raspberry Piに接続してみましょう。

●Tera Termのインストール

SSHクライアントとなるパソコンで、Tera Termを以下からダウンロードし、インストールを行いましょう。

Tera Term：
https://ja.osdn.net/projects/ttssh2/

1 ダウンロード欄にある「最新リリース」のリンク（ここでは＜Tera Term 4.105＞）をクリックし、次のページでEXEファイル（ここでは＜teraterm-4.105.exe＞）をクリックしてダウンロードします。新しいバージョンがあれば、そちらダウンロードしてください。

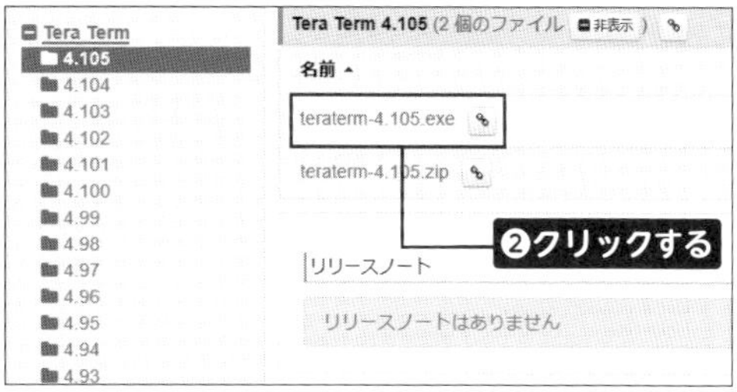

❷自動的にダウンロードが始まります。ダウンロードが完了したら、EXEファイルをダブルクリックして実行します。

❸「ユーザーアカウント制御」画面が表示されたら、＜はい＞をクリックします。

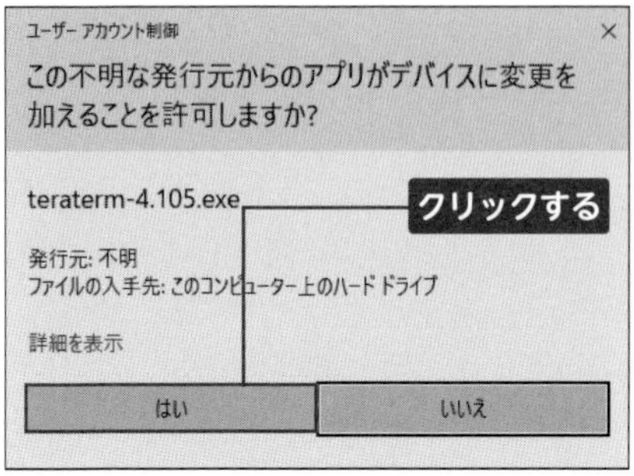

❹インストール中に使用する言語を選びます。「日本語」がすでに選ばれていますから、基本的にはそのまま＜OK＞をクリックします。

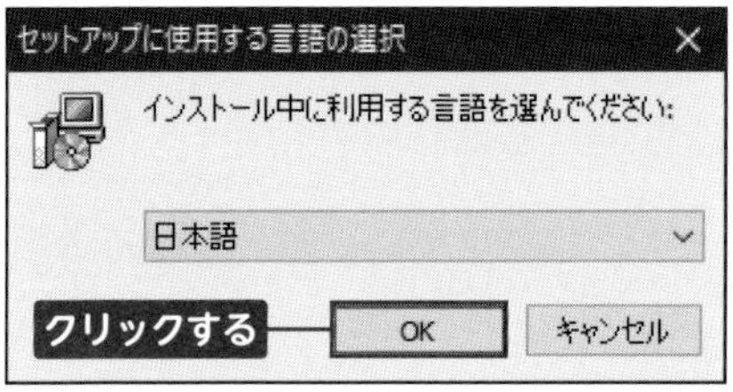

❺使用許諾契約書を確認し、＜同意する＞をクリックして、＜次へ＞をクリックします。

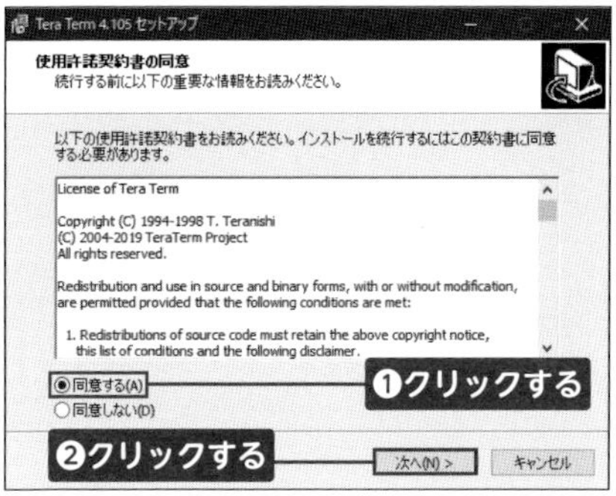

❻インストール先を選択します。基本的には変更せず、＜次へ＞をクリックします。

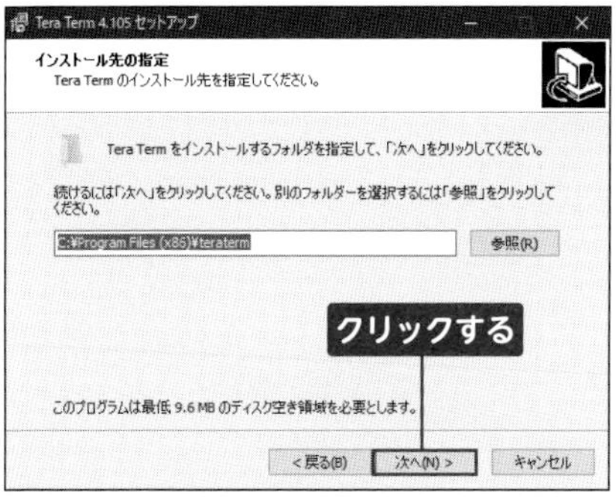

❼インストールするコンポーネントを選択します。SSHクライアントとして接続するだけなら特に追加は必要ありません。そのまま＜次へ＞をクリックします。

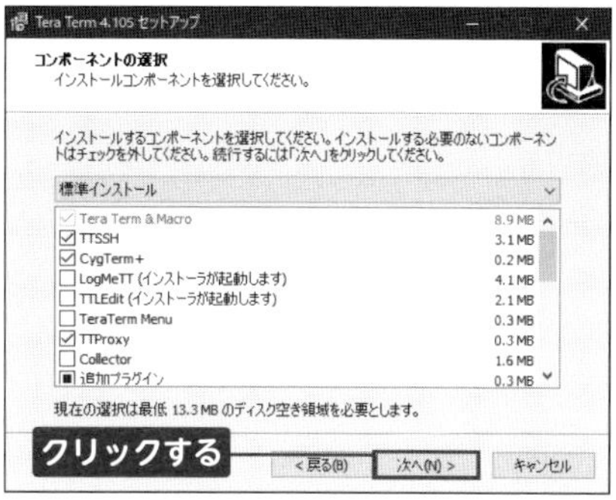

❽アプリケーションで使用する言語を選択します。基本的には「日本語」のままにします。＜次へ＞をクリックします。

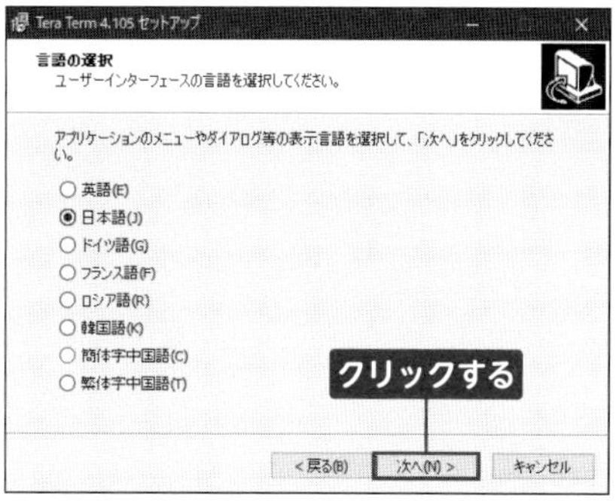

❾スタートメニューに登録されるプログラムグループを設定します。基本的にはそのまま＜次へ＞をクリックします。

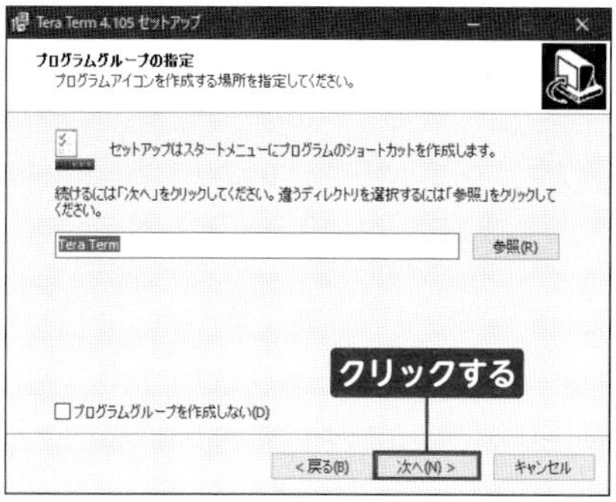

❿追加タスク（アイコンの登録など）を選択します。基本的にはそのまま＜次へ＞をクリックします。

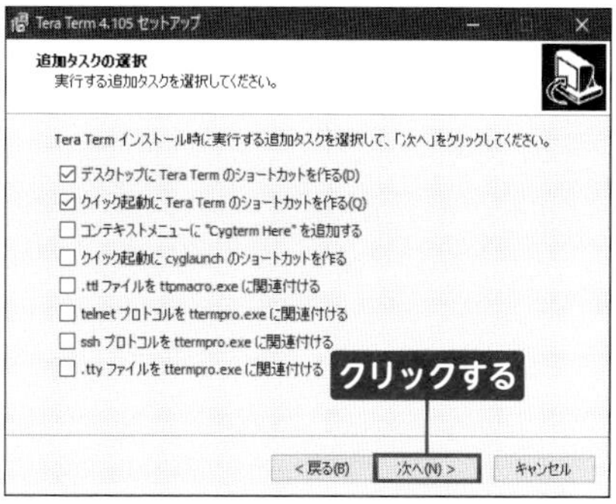

⓫＜インストール＞をクリックします。インストールが始まります。

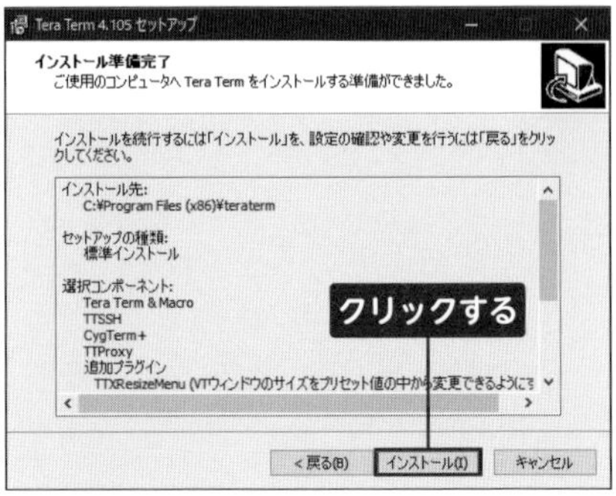

⓬インストールが完了したら、＜完了＞をクリックします。

●Tera Termの設定

続いて、Tera Termを起動して設定を行い、Raspberry Piと接続しましょう。

❶ → ＜Tera Term＞ → ＜Tera Term＞の順にクリックして起動します。

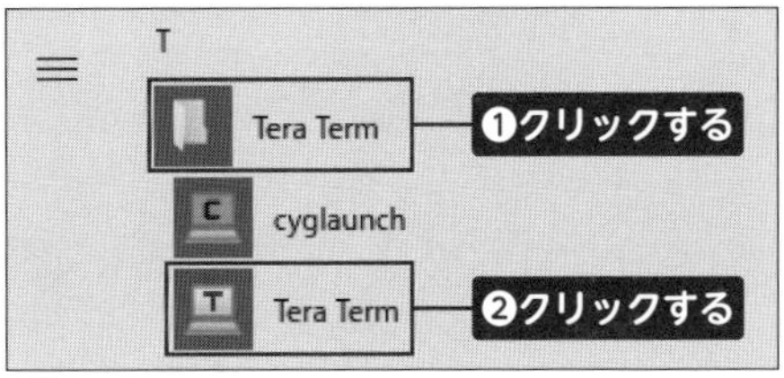

❷「Tera Term新しい接続」画面が表示されたら、必要な情報を入力します。ここでは、「ホスト」に、Raspberry PiのIPアドレスを入力して、＜OK＞をクリックします。

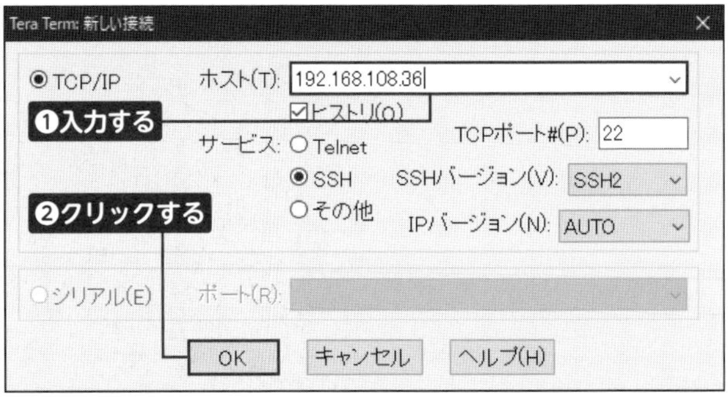

3「セキュリティ警告」画面が表示されます。これは、接続しようとしているSSHサーバーが初めてだが問題ないかの確認です。問題ない場合は、＜続行＞をクリックします。「このホストをknown hostsリストに追加する」にチェックを付けたままにしておけば、次回以降は表示されなくなります。なお、この画面は一定時間経過すると消えてしまいます。その場合には、Tera Termのウィンドウで、＜ファイル＞→＜新しい接続…＞の順にクリックしてください。

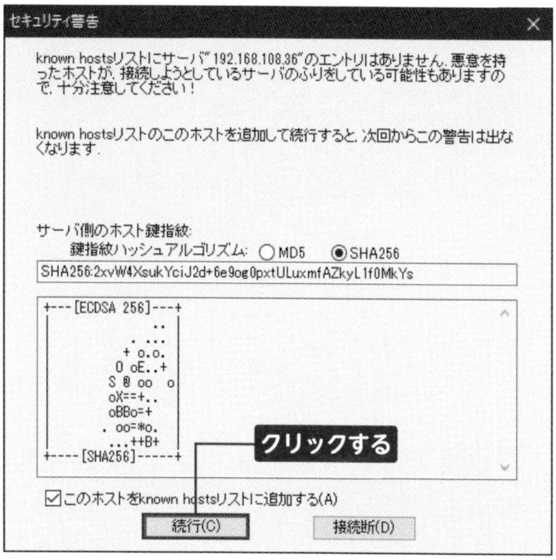

4「SSH認証」画面が表示されます。「ユーザ名」にRaspberry Pi OSのユーザーである「pi」を、「パスフレーズ」にパスワードを入力して、＜OK＞をクリックします。なお、このウィンドウも、一定時間経過すると消えてしまいます。また、SSHを有効にするときは、パスワードを変更しておくことをおすすめします。

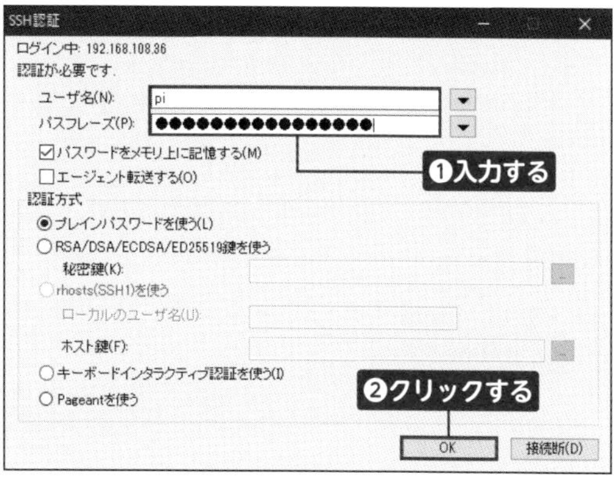

5接続が成功すれば、このような画面になります。プロンプトも表示されていて、Raspberry Pi OSのターミナルと同じであることがわかるでしょう。このまま、これまで取り上げてきたコマンドを動かすことができるため、いろいろと試してみましょう。なお、SSHの使用を停止するには、SSHクライアント側でexitコマンドを実行します。「logout」と表示されて、Tera Termのウィンドウが閉じます。

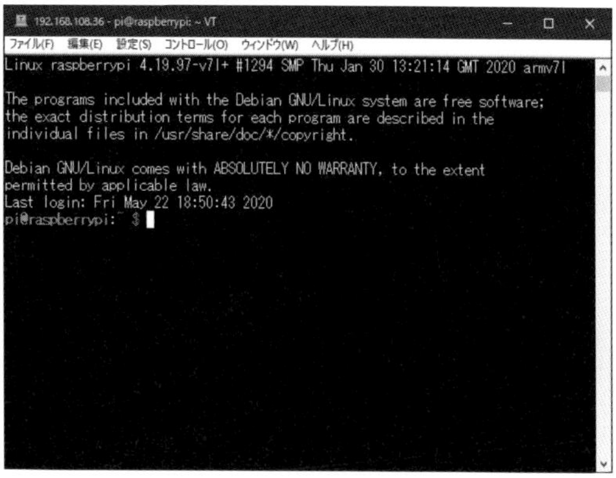

4-6 さらに高度なサーバー

これまでに、Webサーバーとファイルサーバーなどについて取り上げてきましたが、役に立つサーバーはほかにもいろいろあります。ここでは、そのような役に立つ、少し高度なサーバーについて紹介します。

① 写真や動画を楽しむメディアサーバー

メディアサーバーは、写真や動画の配信に特化したサーバーです。DLNA (Digital Living Network Alliance) というしくみで動作します。DLNAとは、機器やメーカーを問わず、テレビやレコーダーといったAV家電をはじめ、パソコンやスマートフォン、タブレット端末などで、LANを用いて写真・動画・音楽などをやりとりできるようにするためのガイドラインです。このガイドラインに従った機器では、以下のようなことが可能になります。

・HDDレコーダーに録画された動画をテレビやスマートフォンで視聴する
・スマートフォンに撮りためた写真をテレビで観る
・NASに保存された写真や動画をテレビで視聴する

■メディアサーバーとDLNA

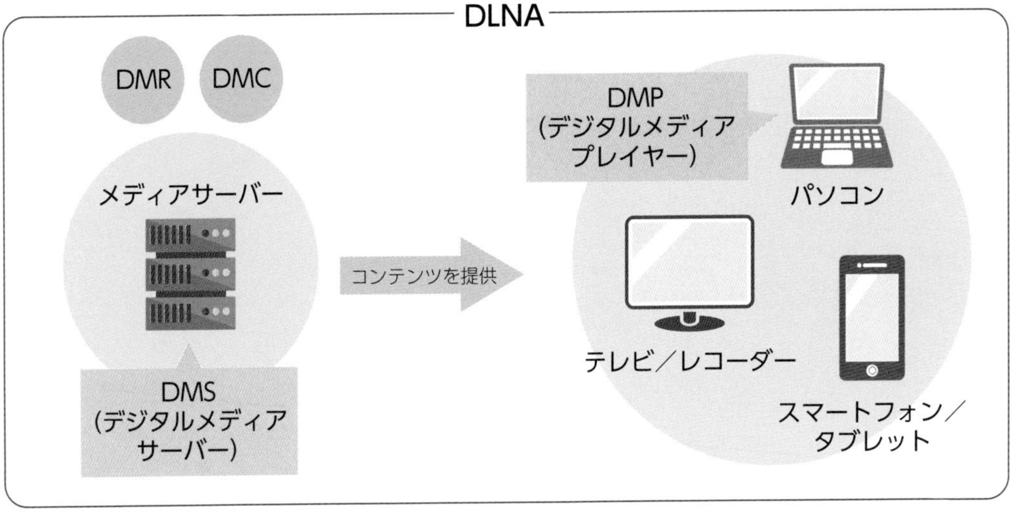

DLNAの機能としては、DMS (Digital Media Server)、DMP (Digital Media Player)、DMC (Digital Media Controller)、DMR (Digital Media Renderer) の4つがありますが、DMSがメディアサーバーの機能にあたります。

Raspberry Piをメディアサーバーにするためのいくつかのアプリケーションがあり、必要に応じてインストールします。Raspberry Pi本体のmicroSDカードでは容量が心もとないため、4-4で取り上げた外部ストレージに写真や動画を入れて活用しましょう。

② 自動バックアップサーバー

自動バックアップサーバーは、WindowsやmacOSのファイルを定期的にバックアップするサーバーです。macOSでは、Time Capsuleが有名です。設定さえ済ませておけば、定期的に、新しいファイルや変更のあったファイルをバックアップし、削除されたファイルもバックアップから削除するなどして、自動的にパソコンの最新の状態を保持してくれます。万が一のときには、バックアップサーバーから復元することができるため、導入しておくと安心です。

Raspberry Piも、アプリケーションをインストールすることで、この自動バックアップサーバーにすることができます。ただし、パソコンのファイルをコピーすることになるため、十分な容量を持った外部ストレージを接続しておく必要があります。

Raspberry Piをバックアップサーバーにするアプリケーションの1つに、UrBackupがあります。UrBackupはWindowsやLinux用にリリースされているバックアップサーバーアプリケーションで、バックアップする側に専用のクライアントアプリケーションをインストールしておくことで、自動的なバックアップが可能です。さらに、リストアCDイメージもリリースされているため、それを用いてバックアップから復元することも可能です。

■UrBackup

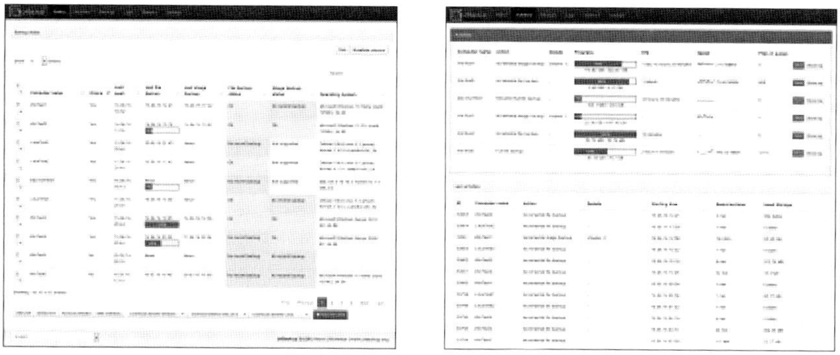

③ スマートホームデバイス化

日本ではまだ盛り上がりに欠けますが、海外ではデジタルデバイスを使って家電をコントロールする、スマートホームデバイスの活用が盛んです。たとえば、iPhoneに向かって「エアコンをつけて」と話しかけ、エアコンの電源をオンにする、という具合です。AppleはHomeKitという規格でスマートホームの推進を行っており、iPhoneなどに搭載されているAIアシスタントのSiriによる家電コントロールが行えるようになっているのです。Raspberry Piはスマートホームに使いやすいアプリケーションや周辺機器が充実しています。それでも、自身で設定、開発しなければいけない範囲が多いため、かんたんではありません。既存の商品を使うよりも難易度はぐっと上がりますが、興味のある人は挑戦してみるとおもしろいでしょう。

Raspberry Piでは、赤外線リモコンを接続することで、スマートホームデバイスに近いことができます。まだまだ日本の家電は赤外線リモコンが主流であるため、赤外線の通信装置さえ用意すれば、Raspberry Piでも家電のコントロールが可能というわけです。

Wi-Fi経由(Web APIなどの機能)でRaspberry Piと連携できる赤外線リモコン商品がいくつかあります(Nature RemoやIRKitなど)。これらの商品はスマートフォンやタブレットからWi-Fiで接続すると、iOSやAndroid用にリリースされている公式アプリで、赤外線リモコンを再現して家電のコントロールを行えます。Raspberry Piでは専用アプリのかわりにWeb APIをプログラムなどで処理して、原理的には同じことが可能なのです。

実際に使うには、機器のIPアドレスを調べたり、赤外線信号のパターンを学習させたり、Web APIの仕様を確認したり、プログラムを書いたりする、やや複雑な作業が必要です。しかし、Raspberry Piを用いればスマートフォンやタブレットでは実現できない高い自由度が期待できます。センサー類をつないで、たとえば日が当たったらエアコンをオンにしたり、時刻でテレビをオン/オフにしたり、さまざまな用途に使えます。プログラミングを扱う第5章、電子工作を扱う第6章を参考に、アイデアを膨らませるのもよいでしょう。

■Wi-Fi経由の赤外線リモコンを用いたスマートホームのイメージ

第5章

プログラミングを楽しもう

この章では、プログラミングをテーマに掘り下げていきます。プログラミング言語のPythonを使って、プログラミングの基本からしっかりと学習していきましょう。そのうえで、インターネットから情報を取得するプログラムや、サーバーのプログラムなど、実践的なものにも挑戦していきます。

5-1 Raspberry Piとプログラミング

初めに、プログラミングに関する現状や、そのメリットなどについて確認していきます。そのうえで、プログラミングとRaspberry Piの関係性について押さえていきましょう。

① プログラミングは今注目のスキル

昨今、プログラミングが注目されています。特に、2020年度から義務教育課程でプログラミングが必修になったため、小学生や就学前の子どもなどにプログラミングを教えようという熱が高まっています。また、プログラミングは理論的思考を養うことに適しているため、ビジネスマンなどの間にも、プログラミングを学ぼうという気運が高まっています。

プログラミングとは何か

ところで、そもそもプログラミングとはどのようなものなのでしょうか。プログラミングを一言で表現すれば、「コンピューターに処理させたいことを書いた命令書を作る」ことです。この命令書をプログラムと呼び、プログラムを書くために使われるものが、プログラミング言語です。人間は、コンピューターに命令したいことをプログラミング言語で記述し、コンピューターはプログラミング言語の内容に従って、忠実に処理を実行します。

プログラミングのメリットとは

プログラミングを学習する気運が高まっているのは上記のとおりですが、プログラミングを学習すると、どのようなメリットがあるのでしょうか。主要なものを以下にまとめてみましょう。

・コンピューターの処理を自動化できる：
　業務や普段の活動を、コンピューターで自動化・効率化できます。
・コンピューターで今までできなかったことを実現する：
　アプリやWebサービスの公開など、プログラミングで世の中に新しいものを生み出せます。
・スキルの強化：
　プログラミングを学習することで、転職など、キャリアに役立つかもしれません。

こうした目に見えやすいものに加えて、論理的思考力の強化というメリットも挙げられます。

コンピューターにさせたいことを整理して、プログラミングによって実現していく過程で、問題を整理して実現方法を構築するという、ビジネスマンとして重要なスキルも養われます。このような点から、プログラミングが注目されているのです。

② Raspberry Piはプログラミングに最適

第4章までに、Raspberry Piのさまざまな活用方法について解説してきました。Raspberry Piはプログラミングの学習にも最適です。たとえば、Windowsではプログラミングに取り組もうとしたら、何かしらのプログラミング言語をインストールしなければなりません。しかしRaspberry Piでは、主要なプログラミング言語は最初からインストールされており、すぐに取り組むことができます。さらにプログラミング言語の追加もとても容易で、学習しやすくなっています。

プログラムを書くために使用するテキストエディタも初期状態で入っています。しかも、プログラミング言語によっては、統合開発環境(IDE)と呼ばれる効率的なプログラミングのためのアプリケーションも用意されています。すべて無償で使うことができるため、これを使わない手はありません。

以下に、Raspberry Pi OSが備えるプログラミング言語やツールをまとめています。ここで確認しておきましょう。

■「プログラミング」のメニュー

■Raspberry Pi OSが備えるプログラミング言語やツールなど

プログラミング言語	Python、C、C++、Java、PHP、Ruby、Perl、Lua、Scratch、Mathematica など
ツール	Mousepad、nano、Vim など
IDE	BlueJ Java IDE、Greenfoot Java IDE、Geany、Thonny Python IDE、Wolfram Workbench など

③ プログラミングに必要なものを知ろう

Raspberry Piがプログラミングに適していることが確認できました。では、具体的に何を用いてプログラミングを行っていくのでしょうか。ここでは、プログラミングに必要な、それらの要素について紹介していきます。

● インタプリタ・コンパイラ

実は、プログラミング言語で書かれたプログラムのままでは、コンピューターは理解できません。プログラミング言語をコンピューターが理解できる機械語に変換する必要があり、その変換を担うのがインタプリタ、コンパイラといったアプリケーションです。インタプリタは実行時、コンパイラは事前にプログラムを変換します。

PythonならPythonインタプリタ、C言語ならCコンパイラなどがあります。これらがインストールされていないと、プログラムを作っても動かせません。Raspberry Piでプログラミングに取り組みたいと思ったら、プログラミング言語のインタプリタ・コンパイラがインストールされているかを確認しましょう。すでに解説したとおり、Raspberry Pi OSには主要なプログラミング言語のインタプリタ・コンパイラがすでにインストールされ、追加も容易です。特殊なプログラミング言語を選択しないかぎり、問題になることは少ないでしょう。

● ターミナル

プログラムを実行させるための環境としてもっとも基本的なのがターミナルです。第4章でターミナル(LXTerminal)を一貫して使用しましたが、5-2で取り上げるPythonでも、ターミナル上でプログラムを実行していきます。→＜アクセサリ＞→＜LXTerminal＞の順にクリックするか、アプリケーション・ランチャーでをクリックして起動します。

● テキストエディタ

プログラムを書いて保存しておくために、テキストエディタが必要です。テキストエディタを用いてプログラムを記述、編集して保存しておくことで、いつでもプログラムを利用することができます。

Raspberry Pi OSには、テキストエディタとしてMousepadが用意されています。Mousepadは、→＜アクセサリ＞→＜テキストエディタ＞の順にクリックして起動できるGUIのテキストエディタです。GUIのテキストエディタのメリットとしては、ファイルタイプによるコードのカラーリングが挙げられるでしょう。カラーリングを施すことで、プログラミング言語のキーワード、文字列、定数などを色分けしてわかりやすく表示できます。

Mousepadでは、メニューバーで＜文書＞→＜ファイルタイプ＞の順にクリックすると、さまざまなファイルタイプを選択できます。Pythonなら、＜Python 3＞（または＜Python＞）をクリックします。なお、Pythonの種類が分けられているのは、バージョンで微妙に文法が異なるためです。

また、Mousepadのメニューバーで＜表示＞→＜カラースキーム＞の順にクリックし、たとえば＜コバルト＞をクリックすると、背景が濃い色になり、色使いもメリハリが効いて、カラーリングによる識別のしやすさが向上します。自分の好みに合うものを選べばよいでしょう。

なお、テキストエディタには、第4章でも紹介した、ターミナルから使えるnanoもあります。nanoには、Mousepadのようなカラーリングの機能はありませんが、ターミナル上で一貫して作業できるため、慣れてくればこちらのほうが快適に思えることも多いでしょう。

■Mousepadにおけるコードのカラーリング

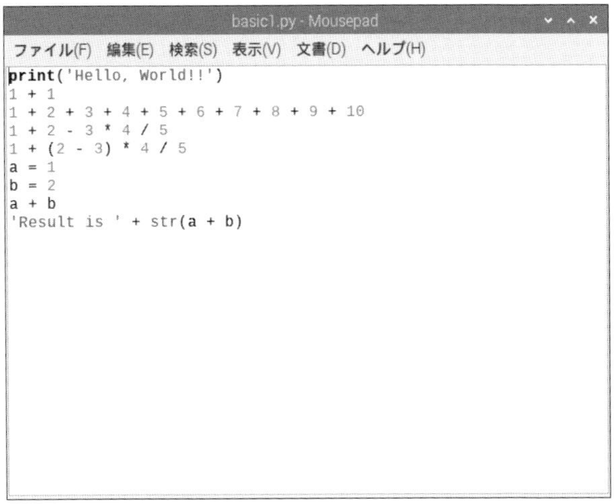

●統合開発環境（IDE）

ターミナルとテキストエディタを合わせたようなアプリケーションが、統合開発環境です。統合開発環境は、IDE（Integrated Development Environment）ともいい、ソースプログラムのエディタや、バグを修正するデバッガなどといった開発環境が総合的に盛り込まれたアプリケーションです。PythonにもIDEが用意されており、Raspberry Pi OSではGeany、Thonny Python IDEというアプリケーションがインストールされています。Java言語のためのIDEであるBlueJ Java IDEもインストールされています。

IDEを使うメリットは多数ありますが、まずはテキストエディタでプログラムを書き、ターミナル上で実行することをおすすめします。IDEを使う場合には、IDEの決まりごとや機能などを理解しておかねばならず、初心者には学習の負担が大きいからです。基本を理解して余裕が出てきたら、IDEにも取り組んでみるのがよいでしょう。

5-2 Pythonを動かそう

ここから、代表的なプログラミング言語Pythonを選んで、プログラミングしていきます。プログラミングにはさまざまな決まりごとがあります。実際に動かしながら、それらのポイントを押さえていきましょう。

① プログラミング言語Python

Python(パイソン)は、グイド・ヴァン・ロッサム氏が1991年に開発したプログラミング言語です。その名称は、TV番組「空飛ぶモンティ・パイソン」からきているといわれています。比較的かんたんに読みやすいコードが書けるため、入門者にも取り組みやすいプログラミング言語として急速に普及し、今では人気度でトップを争うほどにまでもてはやされています。

また、PythonはAI(人工知能)やデータ解析の用途で使えるライブラリが充実していることから、学術・研究の分野でも非常に人気の高いプログラミング言語です。2020年度から情報処理技術者試験におけるプログラミング言語の1つとして採用されたことからも、その将来性が見て取れます。

ここから、Pythonのプログラミングを実際に体験し、その使いやすさや実用性の高さを感じてみてください。

■PythonのWebサイト(https://www.python.org/)

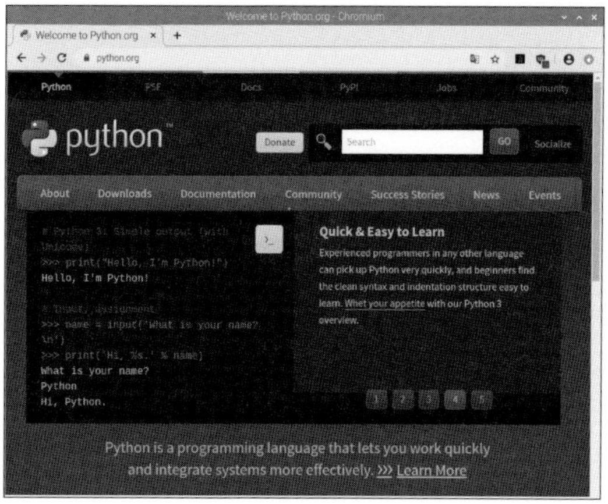

② はじめてのプログラムに挑戦しよう

本格的なPythonのプログラムは、①ソースプログラムを書く、②pythonコマンド(pythonコマンドがインタプリタです)で実行する、という手順で動かします。まずは単純なプログラムを簡易的に動かしてみましょう。こうした実行方法をREPL(Read-Evaluate-Print-Loop)と呼び、読み取り、評価、表示をくり返すことを意味します。

この場合は、プログラムの断片をユーザーが入力し、Pythonインタプリタがそれを評価し、結果を表示するという一連の流れをくり返すことを意味します。

ターミナルを起動して、python3コマンドを入力すると、Python 3のREPLが起動し、以下のようになります。なお、この章ではプロンプトは「$」だけに省略しています。

■python3コマンドの実行

```
$ python3 ⏎
Python 3.7.3 (default, Dec 20 2019, 18:57:59)
[GCC 8.3.0] on linux
Type "help", "copyright", "credits" or "license" for more information.
>>> ここに入力
```

「>>>」がプロンプトです。Pythonインタプリタ (P.152参照) として機能します。このプロンプトに続いてプログラムを入力し、Enterキーを押すと、簡易的に実行できます。以下のように「print('Hello, World!!')」と入力して、Enterキーを押してみてください。

■「Hello, World!!」の表示

```
>>> print('Hello, World!!') ⏎
Hello, World!!
>>>
```

「Hello, World!!」と表示されて、再びプロンプトとなりました。「print('Hello, World!!')」というプログラムをよく見れば何となく理解できると思いますが、「print()」は何かを表示する命令であり、「Hello, World!!」がその表示内容で、(')によって指定されているという構造です。表示内容を変えて、いろいろなメッセージを表示させてみましょう。なお、Pythonインタプリタを終了するには、Ctrl＋Dキーを押すか、プロンプトに「exit()」と入力してください。

MEMO　Pythonのバージョン

Raspberry Pi OSには、Python 2とPython 3という2つのバージョンがインストールされています。両者は文法などが少し異なるため、互換性のために両方入れてあるのです。ちなみにpythonコマンドを実行すると、Python 2が実行されます。本書はPython 3を使うので、pythonコマンドでなくpython3コマンドを明示的に使っています。ちなみにPython 2を明示的に使うにはpython2コマンドを使用します。

③ プログラムで計算してみよう

次に、コンピューターらしく、数字を計算させてみましょう。

●四則演算

まずは、以下のように計算の基本である足し算から実行してみましょう。

■1+1の計算

```
>>> 1 + 1 ⏎
2
>>>
```

「1+1」が式で、「2」が答えとして出力されました。このように、「+」は足し算を計算するために使う記号です。このような計算のための記号は、プログラミング言語では演算子といいます。なお、先ほどのHello, World!!の例ではprint()を使いましたが、print()がなくても表示できます。つまり、かんたんな電卓のように使えるというわけです。以下のように、足し算だけでなく、引き算、掛け算、割り算といった四則演算全般が可能です。半角入力で利用するよう注意しましょう。

■四則演算

```
>>> 1 + 2 - 3 * 4 / 5 ⏎
0.6000000000000001
>>>
```

「+」と「-」は見てのとおりですが、Pythonや多くのプログラミング言語では、「×」（掛け算）は「*」、「÷」（割り算）は「/」という演算子を使うことに注意しましょう。演算子の優先順位も、算数と同じです。掛け算と割り算が優先され、左から右に計算されます。つまり上記の例では、「3*4」がまず計算されて「12」になり、次に「12/5」が計算されて「2.4」になります。そして先頭から「1+2-2.4」が計算されて「0.6」になります。

なお、半端な数が出ているのは計算誤差によるもので、小数点のある計算を行うと発生することがあります。プログラムの数値の扱いは、普段皆さんが親しんでいる算数や数学のそれとは若干違うところがあります。詳しい内容は、「浮動小数点数」などのキーワードで調べてみてください。

●優先順位を付けた計算

次は、カッコ( )によって計算の優先順位を付けてみます。

■カッコを付けた計算

```
>>> 1 + (2 - 3) * 4 / 5 ⏎
0.19999999999999996
>>>
```

5

上記のように、計算結果が変わります。カッコが付いた箇所は最優先で計算されるというのも、算数と同じです。まず「2-3」が計算されて「-1」になり、次に「-1*4」が計算されて「-4」になり、次に「-4/5」が計算されて「-0.8」になり、最後に先頭の「1+」と合わさって「0.2」になります。ただし、やはりここでも計算誤差が出ています。

●変数を使って代入する

このように、演算子と数値とカッコの組み合わせでどのような計算でもできますが、電卓（関数電卓）のようなメモリー機能を使うことはできないのでしょうか。実は、Pythonはもちろん、あらゆるプログラミング言語には変数というしくみがあり、一時的に計算結果を入れておいて、いつでも参照することができるのです。以下のように、変数を使った計算をしてみましょう。

■変数を使った計算

```
>>> a = 1 ⏎
>>> b = 2 ⏎
>>> a + b ⏎
3
>>>
```

今回は、3行にわたって連続して入力しました。1行目に出てくる「a」と2行目の「b」が変数です。ここでは、「=」演算子を使って変数aに1を入れています。これを代入といいます。2行目も同様に変数bに2を代入しています。そして3行目で、変数aと変数bを使って、それらに代入されている数の足し算をしているのです。

変数は、いくつでも作ることができます。ただし、名前の付け方にはルールがあることに気を付けてください。数字で始めることはできませんし、基本的に記号を入れることもできません。ただし、英数字は自由に組み合わせられ、記号の_（アンダーバー）だけは使うことができます。

④ 文字列を操作してみよう

表示という点では文字列の取り扱いが重要です。冒頭の「Hello, World!!」のような文字列の扱い方について、もっと掘り下げてみましょう。

●文字列の表示

文字列とは、文字を連ねて列としたもので、プログラミングでは数値と並んでよく使われるデータです。P.155ではprint()を使って「Hello, World!!」を表示させましたが、ここではprint()なしで表示させてみましょう。

■「Hello, World!!」の文字列だけによる表示

```
>>> 'Hello, World!!' ⏎
'Hello, World!!'
>>>
```

このように、シングルクォート「'」で囲んだだけで表示されます。ただし、print()を使ったときと違って、前後のシングルクォートも含めて表示されます。このように文字列は、シングルクォートかダブルクォート「"」で囲んで扱います。以下の例のように、単純な文字列なら、どちらで囲っても同じです。

■「Hello, World!!」をダブルクォートで囲んだ表示

```
>>> "Hello, World!!" ⏎
'Hello, World!!'
>>>
```

このように、シングルクォートで囲っても、ダブルクォートで囲っても、結果はシングルクォートで囲ったものとされ、Pythonの内部では同じように扱われているのがわかります。

●シングルクォートとダブルクォートの使い分け

シングルクォートで囲っても、ダブルクォートで囲っても、同じように扱われると書きました。では、どうしてシングルクォートとダブルクォートの2つがあるのでしょうか。主に、文字列にシングルクォートかダブルクォートそのものを含む場合に、それぞれの使い分けが意味を持ちます。

■2種類のクォートで囲んだ表示

```
>>> 'Hello, 'Mr. Python'!!' ⏎
 File "<stdin>", line 1
    'Hello, 'Mr. Python'!!'
              ^
SyntaxError: invalid syntax
>>>
```


このように、文字列にクォートが含まれる場合、同じクォートで囲むと文法エラー(SyntaxError)になります。異なるクォートで囲むことで、こうしたエラーが回避できるのです。

●文字列での演算子の使用

次に、「Hello, 」と「World!!」を別の文字列として扱いながら表示してみましょう。

■「Hello, 」と「World!!」の結合

```
>>> 'Hello, ' + 'World!!' ⏎
'Hello, World!!'
>>>
```

「+」演算子は、数値では足し算を行うものでしたが、文字列ではこのように前後を連結する役割に変わります。なお文字列には、引き算や掛け算、割り算に相当する演算子はありません。

●文字列と数値の結合

文字列と数値はデータの型(種類)が異なるため、そのままでは「+」を使っても結合できません。そこで、以下のように数値を文字列に変換するstr()を使います。

■文字列と数値の結合

```
>>> a = 1 ⏎
>>> b = 2 ⏎
>>> 'Result is ' + str(a + b) ⏎
'Result is 3'
>>>
```

反対に、文字列を数値にするint()もあり、文字列'123'を数値にするときなどに使えます。

5 プログラムをファイルに保存してみよう

これまでに、REPLでいろいろな計算をさせてみました。REPLのよいところは、プログラムを入力したその場で結果が確認できることです。しかし、Raspberry Pi OSを再起動したり、Pythonインタプリタを起動し直したら、また最初から入力していかないと同じ結果は得られません。今回の例のような単純なものならよいのですが、複雑なものや何行もあるものはいちいち入力していられないでしょう。

そのため、プログラムをファイルに書いて保存しておき、それを実行させるという手順が一般的です。このファイルはソースファイルといい、Pythonインタプリタにソースファイルを読み込ませることで、書かれているプログラムを実行させます。

これまでに入力して実行させた内容を、ファイルにそのまま転記して、再度実行してみましょう。ファイルへの転記には、すでに取り上げたMousepadを使います。nanoでも問題ありません。テキストエディタを起動して、以下の内容をそのまま入力して保存しましょう。ファイル名は「basic1.py」とします。保存先は、今回はデスクトップ（~/Desktop）にしましょう。このように、Pythonのソースファイルには拡張子として「.py」を付けることになっています。

■basic1.pyに記述する内容

ファイル「basic1.py」

```
print('Hello, World!!')
1 + 1
1 + 2 + 3 + 4 + 5 + 6 + 7 + 8 + 9 + 10
1 + 2 - 3 * 4 / 5
1 + (2 - 3) * 4 / 5
a = 1
b = 2
a + b
'Result is ' + str(a + b)
```

このソースファイルが保存できたら、Pythonインタプリタで実行します。「cd ~/Desktop」コマンドで移動し、python3コマンドのパラメータに、ソースファイル名を与えます。

■basic1.pyの実行

```
$ python3 basic1.py ⏎
Hello, World!!
$
```

このように、結果が1行しか表示されません。なぜなのかというと、REPLでは省略可能だったprint()は、ソースファイルでは省略できないからなのです。つまり、print()という指示のある「Hello, World!!」だけは表示されて、そのほかは計算されただけで表示はされないのです。

では、以下のようにソースファイルにprint()を入れてみましょう。ファイル名は「basic2.py」に変更し、同じくデスクトップに保存しましょう。なお、変数aとbに代入する行では、print()は不要のため入れていません。

■basic2.pyに記述する内容

ファイル「basic2.py」

```
print('Hello, World!!')
print(1 + 1)
print(1 + 2 + 3 + 4 + 5 + 6 + 7 + 8 + 9 + 10)
print(1 + 2 - 3 * 4 / 5)
print(1 + (2 - 3)* 4 / 5)
a = 1
b = 2
print(a + b)
print('Result is ' + str(a + b))
```

保存できたら、あらためてPythonインタプリタで実行しましょう。

■basic2.pyの実行

```
$ python3 basic2.py ⏎
Hello, World!!
2
55
0.6000000000000001
0.19999999999999996
3
Result is 3
$
```

今度は、それぞれの計算結果が表示されます。このように、プログラムをソースファイルとして保存しておけば、いつでも呼び出して実行できます。また、ちょっとした手直しをして別のファイルで残しておけば、いろいろな実験にも役立ちます。ソースファイルをぜひ使いこなして、Pythonを自由自在に活用してください。

⑥ 条件分岐とくり返し

よりプログラミングらしい処理といえば、「条件分岐」と「くり返し」です。

●条件分岐

条件分岐とは、ある条件を判定し、成立したときの処理と、不成立だったときの処理を分けるしくみです。たとえば、天気予報が雨だったら歩いていき、雨でなければ自転車で行く、といったイメージです。条件分岐は以下のようなif文で表現します。文中の␣はスペースを示します。

■if文

```
if 条件:
␣␣␣␣実行する文1
␣␣␣␣実行する文2
      ⋮
␣␣␣␣実行する文N
```

条件が成立したら、文1、文2、……文Nが実行されます。文の先頭に余白（半角スペース4つ）がありますが、これはif文の有効範囲を決める余白で、必ず入れます。この余白でできた部分をブロックといい、条件が成立したらブロックの中の文が実行されるのです。

以下は条件分岐の例です。「if1.py」というファイル名で作成してください。

■if1.pyに記述する内容

ファイル「if1.py」

```
a = 1
if a == 1:
␣␣␣␣print('Variable a is number 1.')
```

aに1を代入

aが1なら

条件は、「a == 1」のように書きます。「==」は代入に使う「=」ではなく、比較のための演算子です。作成したら、if1.pyを実行します。

■if1.pyの実行

```
$ python3 if1.py ⏎
Variable a is number 1.
```

```
$
```

変数aに1を代入して、「aが1なら」という条件を指定しているため、常にブロックの内容が実行されます。では、以下のように少し書き換えて「if2.py」というファイル名で保存しましょう。

■if2.pyに記述する内容

ファイル「if2.py」

```
a = 0
if a == 1:
␣␣␣␣print('Variable a is number 1.')
```

1を0に変更

if2.pyを実行してみると、今度は何も表示されません。

■if2.pyの実行

```
$ python3 if2.py ⏎
$
```

変数aに0が代入され、「aが1なら」という条件が成立しなくなったため、ブロックの内容が実行されないのです。では、このように条件が成立しなかったときに何かを表示するにはどうしたらよいでしょうか。以下のように書き直して、「ifelse.py」というファイル名で保存しましょう。elseの次の行も、行頭を半角スペース4つでインデントします。

■ifelse.pyに記述する内容

ファイル「ifelse.py」

```
a = 0
if a == 1:
␣␣␣␣print('Variable a is number 1.')
else:
␣␣␣␣print('Variable a is not number 1.')
```

aが1なら

さもなくば

ifelse.pyを実行してみましょう。

■ifelse.pyの実行

```
$ python3 ifelse.py ⏎
Variable a is not number 1.
$
```

今度は、「さもなくば」を意味する「else:」に続くブロックが実行されました。このように、if文の条件が不成立だった場合に実行したいブロックは、else文に続けて書きます。

なおif文は、複雑な条件に合わせてどんどん分岐させていけます。このような場合には、ifとelseの間に、ifとelseを合わせた「elif:」というelif文をはさんで使います。ifの条件が不成立だったらelifの条件に進み、elifの条件が不成立だったらelseに進むという流れです。

●くり返し

くり返しは、条件分岐と並んでよく使われるプログラミング処理です。ループとも呼ばれるもので、ある条件が成立している間、処理をくり返します。たとえば、お客さんが100人になるまで、料理を提供する、といったイメージです。くり返しは以下のようなwhile文で表現します。

■while文

```
while 条件:
␣␣␣␣実行する文1
␣␣␣␣実行する文2
      ⋮
␣␣␣␣実行する文N
```

条件が成立している間、文1、文2、……文Nが実行されます。ブロックについてはif文と同じです。以下はくり返しの例です。「while.py」というファイル名で作成してください。

■while.pyに記述する内容

ファイル「while.py」

```
a = 1
while a < 10:
␣␣␣␣print(str(a) + ' turn')
␣␣␣␣a += 1
```

- a = 1 ← aに初期値として1を代入
- while a < 10: ← a < 10である間
- print(str(a) + ' turn') ← a turnと表示
- a += 1 ← aを1増やす

条件の書き方はif文と同じです。「a < 1」となっていますが、「<」は比較（小なり）のための演算子です。また、「+=」は変数に数を加える演算子です。作成したら、while.pyを実行します。

■while.pyの実行

```
$ python3 while.py ⏎
1 turn
2 turn
⋮
9 turn
$
```

変数aに1が代入されて、それが10になるまでくり返し表示されています。これは、どのようなプログラミング言語でも同じように書ける記法ですが、Pythonではもっと簡潔な記法が用意されています。それがfor文です。for文を以下の「for.py」で試してみましょう。

■for.pyに記述する内容

ファイル「for.py」

```
for a in range(10):
␣␣␣␣print(a, end=' turn ')
␣␣␣␣print()
```

10回くり返す（aには0から入る）
aの次に「 turn」と表示
最後に改行

for文は、条件ではなくくり返しの方法を指示するのが一般的です。作成したら、for.pyを実行します。

■for.pyの実行

```
$ python3 for.py ⏎
0 turn 1 turn 2 turn 3 turn 4 turn 5 turn 6 turn 7 turn 8 turn 9 turn
$
```

range()で、くり返しの回数指定を行っているのです。このようにfor文は、回数指定を行う場合などに便利です。ほかにも、リストと呼ばれるまとまったデータの全要素に対して処理をくり返す場合などに、ひんぱんに利用されます。

⑦ 日付情報を表示してみよう

まとめとして、少しだけ実用的なプログラムを書いてみましょう。

●import文によるモジュールの使用

現在の日付と時刻を取得して、表示させてみます。プログラムは以下の「printnow1.py」のようになります。

■printnow1.pyに記述する内容

ファイル「printnow1.py」

```
01 import datetime
02
03 d = datetime.datetime.now()
04 print(d)
```

01行目：datetimeモジュールを使う
03行目：現在の日時を取得する
04行目：表示

重要なのは1行目のimport文です。import文は、モジュールの使用を宣言します。モジュールとは、プログラムの部品をまとめたファイルのことで、名前を指定することでプログラムで利用できるものです。モジュールを使用するには、impor文でモジュール名(ここでは「datetime」)を指定します。

●datetimeモジュールの使用

このプログラムでは、datetimeというモジュールを利用しています。datetimeモジュールは、その名前からも想像できるように、日付と時間についての機能を提供します。上記のプログラムの3行目では、datetimeモジュールのdatetimeというクラス(モジュールの一部)のnow()というメソッド(クラスの一部)を呼び、それをdという変数に代入しています。モジュールとクラスが同じ名前ですが、別物であることに注意しましょう。そして4行目で、変数dを表示させます。これを実行すると、以下のようになります。

■printnow1.pyの実行

```
$ python3 printnow1.py ⏎
2020-05-31 14:05:12.936060
$
```

●クラスとオブジェクト指向プログラミング

クラス(class)とはプログラムの設計の最小単位となる概念で、このクラスを基準としてプログラムを設計することをオブジェクト指向といいます。Pythonをはじめとした人気のプログラミング言語は、ほぼすべてがオブジェクト指向に基づいてプログラミングされます。

先ほど、datetimeモジュールのdatetimeクラスを使いました。datetimeモジュールには、ほかにdateクラス、timeクラス、timedeltaクラスなどがあり、それぞれ日付関連、時刻関連、時間差関連の機能を扱っています。このように、同種の機能をまとめて名前を付けたものがクラスです。datetimeクラスでは、日付と時刻の両方を取り扱います。

メソッド(method)は、クラスの提供する細かな機能です。たとえばnow()というメソッドは、現在の日時を取得して返す機能を持っています。メソッドを使うことで、日付や時刻についてのさまざまな操作や情報の取得が可能になります。

また、クラスをプログラム内で使うため、より具体的なオブジェクト(object)にするのが普通です。datetimeオブジェクトなら、日付と時刻を保持できる変数となり、プロパティ(property)という機能で、年だけや時間だけ、というように情報を取得したりできます。

●日付や時刻の細かい表示

以下のプログラム「printnow2.py」は、現在の日時を個別に区切って表示するものです。

■ printnow2.pyに記述する内容

ファイル「printnow2.py」

```
import datetime

d = datetime.datetime.now()
print(d.year, end='/')
print(d.month, end='/')
print(d.day, end=' ')
print(d.hour, end=':')
print(d.minute, end=':')
print(d.second)
```

現在日時のdatetimeオブジェクト（3行目）
年の表示(endでは続く文字を指定)（4行目）
月の表示（5行目）
日の表示（6行目）
時の表示（7行目）
分の表示（8行目）
秒の表示（9行目）

■printnow2.pyの実行

```
$ python3 printnow2.py ⏎
2020/6/3 9:35:51
$
```

5-3 インターネットから情報を取得しよう

インターネットから情報を取得し、それを見やすく表示させてみるプログラムを作りましょう。これを通して、新しいツールを使ったライブラリのインストール方法を学び、Pythonの可能性を広げましょう。

① ライブラリとpip3コマンド

4-3でWebサーバーなどを作ったり、5-2で日付情報を扱ったりしてきましたが、これらは標準で用意されている機能によるもので、-mオプションやimport文で指定すれば使える機能でした。Pythonはほかにもデータベースやファイル入出力の機能を備えており、こうした機能の豊富さゆえに、「バッテリー同梱」(Battery Included) という異名を持つほどです。

では、標準で用意されていない機能を使いたい場合にはどうするのでしょうか。自分で作ればよいと思う人もいるかもしれません。しかし、プログラミングの世界には「車輪を再発明しない」という戒めがあります。既存のものがあれば新たに作るのではなくそれを利用すべき、ということです。つまり、誰かが作ったものがあれば、それを使いましょう。

何か欲しい機能があれば、まずは外部 (サードパーティー) から探しましょう。Pythonでは、PyPI (Python Package Index) という場所で、多くのライブラリ (機能をまとめたもの、モジュールに近い概念) が管理されています。目的に合うものが見つかれば、ライブラリをそこからインストールして利用します。これに用いられるのが、pip (ピップ) というツールです。pip自体も、Pythonで書かれています。Python 3.4以降には標準で含まれており、本書で使用しているRaspberry Pi OSのものも同様です。

これからpipを使ってライブラリをインストールし、Pythonの能力をアップさせましょう。なお、本書ではPython 3を使っているため、pipもバージョン3用のpip3を使用します。

■PyPIとpip

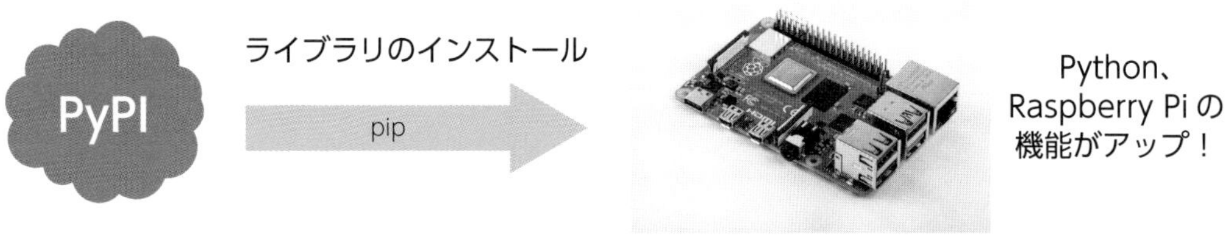

② インターネット上の情報を取得しよう

インターネットにかんたんにつながるRaspberry Piを使用しているため、ぜひインターネット上の情報を活用してみましょう。ここでは、RSSフィードというものを扱ってみます。

●RSSフィード

RSSとは「RDF Site Summary」の略で、Webサイトの概略や更新情報をまとめるためのデータ形式のことであり、そのデータをRSSフィードといいます。RSSフィードを定期的にチェックすることで、そのWebサイトの最新情報を取得して役立てることができます。

RSSフィードを入手するには、URLを指定してWebサーバーからコンテンツを入手する、という機能が必要です。Pythonでゼロからプログラミングすることもできますが、先述したように、こういう場合は既存のライブラリを利用したほうが圧倒的に便利です。

●requestsライブラリのインストール

今回使うのは、requestsというライブラリです。4-3でかんたんに触れたHTTPというプロトコルを用いた通信を行います。requestsをインストールするには、以下のようにpip3 installコマンドを使います。

■requestsライブラリのインストール

```
$ pip3 install requests ⏎
```

ライブラリ名を指定

しかし実は、Raspberry Pi OSのPython 3には、requestsライブラリは標準で含まれています。そのため上記のインストールコマンドを実行すると、以下のように表示されます。

■requestsライブラリがインストール済みのときの表示

```
Looking in indexes: https://pypi.org/simple, https://www.piwheels.org/simple
Requirement already satisfied: requests in /usr/lib/python3/dist-packages
(2.21.0)
```

要求はすでに満たされている

ライブラリがインストールされているか調べるには、以下のようにpip3 listコマンドを実行します。同時に使われているgrepコマンドとパイプについては、P.112を参照してください。

■requestsライブラリがインストール済みかの確認

```
$ pip3 list | grep requests ⏎
requests           2.21.0
requests-oauthlib 1.0.0
```

すでにインストールされている

この例では、pip3 listコマンドの実行で、バージョン2.21.0のrequestsライブラリがインストールされていることがわかります。

●Pythonプログラムの置き場所を作る

このrequestsライブラリを用いて、実際にインターネット上の情報を取得するプログラムを作ってみましょう。まずはその前に、プログラムの置き場所を作りましょう。ここでは、ホームフォルダに「rss」というフォルダを作るものとします。

■「rss」フォルダの作成

```
$ cd ~ ⏎
$ mkdir rss ⏎
$ cd rss ⏎
```

ホームフォルダへ移動（~ はホームフォルダ）

「rss」フォルダの作成

●プログラムの作成①

まず、「getrss1.py」というプログラムを作っていきます。以下の内容をテキストエディタで入力して保存してください。

■getrss1.pyに記述する内容

ファイル「getrss1.py」

```
import requests

url = 'https://gihyo.jp/feed/rss2';
res = requests.get(url)
print(res)
```

ライブラリを使うときに必須

RSSフィードのあるURLを代入

get()メソッドを実行

結果を表示

変数urlに代入されているのは、技術評論社のWebサイトのRSSフィードのあるURLです。requests.get()は、サーバーからWebサイトの情報を取得するもので、変数urlを読み込み対象としています。保存できたら、実行してみましょう。

■getrss1.pyを実行する

```
$ python3 getrss1.py ⏎
<Response [200]>
$
```

200はOKのステータス

「200」の意味するところは、「成功」です。成功したのはよいですが、肝心のRSSフィードはどこにいったのでしょうか。実はそれを見るためには、getrss1.pyに少し手を加えなければなりません。そこで、少し書き換えた「getrss2.py」というプログラムを作りましょう。

●プログラムの作成②

ベースとなるプログラムを改変して新しいプログラムを作る場合は、cpコマンドでコピーして編集したほうが効率的です。

■getrss1.pyをgetrss2.pyにコピー

```
$ cp getrss1.py getrss2.py ⏎
```

では、コピーしたgetrss2.pyを改変していきます。以下の内容となるように、テキストエディタで編集して、保存してください。

■getrss2.pyに記述する内容

ファイル「getrss2.py」

```
import requests

url = 'https://gihyo.jp/feed/rss2';
res = requests.get(url)
print(res.text)
```

res.textに修正する

改変箇所は最後の1行だけです。保存できたら、実行してみましょう。

■getrss2.pyの実行

```
$ python3 getrss2.py ⏎
<?xml version="1.0" encoding="UTF-8" ?>
```

```
<rss version="2.0">
<channel>
<title>gihyo.jp：総合</title>
 <link>https://gihyo.jp/</link>
 <description>gihyo.jp（総合）の更新情報をお届けします</description>
 ︙
 <item>
  <title>2020年5月15日号 Ubuntu 20.04 LTS 日本語 Remixのリリース，“Ubuntu Pro for Azure”，『Ubuntu Core用』カーネルフレーバー qq Ubuntu Weekly Topics</title>
  <link>https://gihyo.jp/admin/clip/01/ubuntu-topics/202005/15</link>
  <description>Ubuntu Japanese Teamは，5月9日にUbuntu 20.04 LTS 日本語 Remixをリリースしました。また，Ubuntu Proに新しい対応プラットフォーム“Ubuntu Pro for Azure”が追加されています。</description>
  <pubDate>Fri, 15 May 2020 09:42:00 +0900</pubDate>
  <category domain="https://gihyo.jp/admin/clip/01/ubuntu-topics">Ubuntu Weekly Topics</category>
  <guid>https://gihyo.jp/admin/clip/01/ubuntu-topics/202005/15</guid>
  <author>吉田史</author>
 </item>
</channel>
</rss>

$
```

今度は、ずらずらと長いコンテンツが表示されて、あっという間に画面がスクロールされていってしまいます。getrss1.pyとgetrss2.pyの違いは、print()の引数に与えた「res」と「res.text」のみです。前者では、リクエストの結果を表示します。後者の場合は、リクエストの結果得られた内容（XML形式、下記MEMO参照）を表示します。RSSフィードでは、このように後者を使います。

MEMO **RDF**

RSSフィードのRSSは「RDF Site Summary」の略でしたが、そのRDFは何の略かというと、「Resource Description Framework」です。これは、1999年にWebの標準化団体であるW3Cが勧告して国際的に定められた、Webにおける標準的なメタデータ（データの意味について記述したデータ）の記述に関する仕様です。XMLを記述言語としており、メタデータの構造と記法を規定しています。

③ 取得した情報を見やすく表示しよう

RSSフィードは得られましたが、ずらずらと長く表示されるうえ、HTMLのようでHTMLでもなく、眺めてみてもよくわかりません。そこでここでは、これまでに取得したRSSフィードの情報を見やすく表示してみましょう。

●feedparserライブラリのインストール

RSSフィードの情報を見やすく表示するには、feedparserというライブラリを使います。Feed（フィード）をParse（分析）してくれるライブラリというわけです。このライブラリは標準ではインストールされていないため、ここで以下のようにインストールしましょう。

5

■feedparserライブラリのインストール

```
$ pip3 install feedparser ⏎
Looking in indexes: https://pypi.org/simple, https://www.piwheels.org/simple
Collecting feedparser
  Downloading https://www.piwheels.org/simple/feedparser/feedparser-5.2.1-
py3-none-any.whl (44kB)
    100% |????????????????????????????????| 51kB 96kB/s
Installing collected packages: feedparser
Successfully installed feedparser-5.2.1
$
```

このように、最後に「Successfully…」と表示されれば、インストールは成功です。実際にfeedparserライブラリがインストールされたかどうかの確認は、先ほど使ったpip3 listコマンドで以下のように行います。

■feedparserライブラリがインストールされているかの確認

```
$ pip3 list | grep feed ⏎
feedparser         5.2.1
$
```

ここでは、バージョン5.2.1のfeedparserライブラリがインストールされていることが確認できました。それでは、feedparserライブラリを使ったプログラムに書き換えていきましょう。

●プログラムの作成①

P.171を参考に、getrss2.pyをgetrss3.pyにcpコマンドでコピーします。そのうえで、getrss3.pyをテキストエディタで以下のように編集して保存します。

■getrss3.pyに記述する内容

ファイル「getrss3.py」

```
import feedparser

url = 'https://gihyo.jp/feed/rss2';
res = feedparser.parse(url)
print(res.status)
```

- import feedparser ← feedparserに変更する
- res = feedparser.parse(url) ← feedparser.parseに変更する
- print(res.status) ← res.statusに変更する

import文などが変わりましたが、構造はほとんど同じです。このように、feedparserライブラリは、requestsライブラリで行っていたことをほぼ代替できます。保存できたら、実行してみましょう。

■getrss3.pyの実行

```
$ python3 getrss3.py ⏎
200
$
```

requestsライブラリを使ったときと同様に「200」と表示されれば、まずは成功です。

●プログラムの作成②

requestsライブラリのときと同様に、得られた内容を表示するためにはプログラムの書き換えが必要です。getrss3.pyをgetrss4.pyにcpコマンドでコピーして、getrss4.pyをテキストエディタで以下のように編集して保存します。

■getrss4.pyに記述する内容

ファイル「getrss4.py」

```
import feedparser

url = 'https://gihyo.jp/feed/rss2';
```

```
res = feedparser.parse(url)
print('Title: ' + res.feed.title)  ← 以降をすべて変更
print('Count: ' + str(len(res.entries)))
for item in res.entries:  ← エントリーの数だけループ
    print()  ← 改行
    print('Item title: ' + item.title)  ← 各エントリーの詳細を表示
    print('Item URL: ' + item.link)
    print('Item summary: ' + item.summary)
    print('Item date: ' + item.updated)
```

結果を受け取るまではrequestsライブラリのときと同じですが、結果からさらに細かな情報を引き出し、個別に表示しています。記事のエントリーがあるだけ詳細をくり返し表示しています。保存できたら、実行してみましょう。

■getrss4.pyの実行

```
$ python3 getrss4.py ⏎
Title: gihyo.jp：総合
Count: 20

Item title: 第58回　OSS-DB入門セミナー開催，MySQL 25周年，PostgreSQL 13ベータ版 登場 qq OSSデータベース取り取り時報
Item URL: https://gihyo.jp/dev/serial/01/oss-db-various-news/0058
Item summary: この連載では，OSSコンソーシアムデータベース部会のメンバーが，さま ざまなオープンソースデータベースの毎月の出来事をお伝えしています。
Item date: Mon, 01 Jun 2020 09:15:00 +0900
⋮
Item title: 2020年5月15日号　Ubuntu 20.04 LTS 日本語 Remixのリリース，“Ubuntu Pro for Azure”，『Ubuntu Core用』カーネルフレーバー qq Ubuntu Weekly Topics
Item URL: https://gihyo.jp/admin/clip/01/ubuntu-topics/202005/15
Item summary: Ubuntu Japanese Teamは，5月9日にUbuntu 20.04 LTS 日本語 Remixをリリースしました。また，Ubuntu Proに新しい対応プラットフォーム“Ubuntu Pro for Azure”が追加されています。
Item date: Fri, 15 May 2020 09:42:00 +0900
$
```

ずらずらと表示されるのは変わりませんが、見出しが付いて見やすくなりました。「Title:」は、このRSSのタイトル（gihyo.jp：総合）です。「Count:」は、RSSエントリーの個数（20）です。「Item…」は、各エントリーの詳細で、全部で20個表示されるはずです。

5-4 サーバーをプログラミングしよう

フレームワークを使って、少し高度なWebサーバーを作ってみましょう。http.serverでは静的なコンテンツを返すだけでしたが、フレームワークを使うとより実践的なことができます。動的なコンテンツを返すWebサーバーを作れます。

① フレームワークFlaskとは

4-3で取り上げたように、PythonにはWebサーバーの機能を提供するhttp.serverモジュールがあります。このモジュールは、非常にシンプルな機能を提供するだけですが、フレームワークというものを利用することでさらに高度なWebサーバーを実現することができます。

フレームワークとは、アプリケーションに求められる機能の共通部分をあらかじめ提供しておくことで、プログラマーが独自の機能のプログラミングに集中できるようにするしくみです。日本語では「枠組み」といいます。プログラマーは、この枠組みのルールに沿ってプログラミングを行えば、最低限の手間で多くのことを成し遂げられるのです。

Webサーバーには、動的なコンテンツを特に扱うWebアプリケーションサーバーと呼ばれるものがあります。Webアプリケーションとは、たとえばECサイトやSNSサイトのように、利用者や時間の違いによって異なる結果を出すWebページのしくみのことです。Webアプリケーションサーバーは、Webアプリケーションを動かすためにさまざまな機能が搭載されています。

Webアプリケーションサーバーでは、フレームワークを動作させるのが一般的です。PythonのためのWebアプリケーションフレームワークとしては、Flask（フラスク）が有名です。Flaskを使うと、PythonでかんたんにWebアプリケーションが作成できます。ここでは、Flaskにチャレンジしてみましょう。

■FlaskのWebサイト
(https://flask.palletsprojects.com/)

② Flaskをインストールしよう

Flaskのインストールは、5-3で取り上げたpip3を使ってかんたんに行えます。ターミナルを起動して、まずは以下のようにインストールを実行してみてください。

■Flaskをインストールする

```
$ pip3 install flask ⏎
Looking in indexes: https://pypi.org/simple, https://www.piwheels.org/simple
Requirement already satisfied: flask in /usr/lib/python3/dist-packages (1.0.2)
$
```

このように、Raspberry Pi OSのPythonではFlaskがインストール済みであることが表示されます。もしインストールされていない場合には、インストールが実行されます。

Flaskがインストールされていることが確認できたら、Webアプリケーションを設置するためのフォルダを作ります。P.170で行ったように、ホームフォルダにフォルダを作りましょう。ここでは、「Flask」というフォルダを作成することにします。

■「Flask」フォルダの作成

```
$ cd ~ ⏎
$ mkdir Flask ⏎
$ cd Flask ⏎
```

この「Flask」フォルダに、Webアプリケーションのためのソースファイルを置いていきます。

MEMO **エイプリルフールの産物のFlask**

Flaskとは、日本語でいう「フラスコ」のことです。理科の実験にも使うこの器具の名称が、フレームワークの名称になっているのです。Flaskの開発者は、エイプリルフールの冗談で作ったプログラムだったが、いつの間にか本格的になってしまった、と述べており、当初はここまで立派なものは想定していなかったようです。Flaskは、フレームワークとしては軽量で、これはマイクロフレームワークとも呼ばれます。PHPにはSlimというマイクロフレームワークがあり、LaravelやDjangoといった本格派と棲み分けられています。

③ Webアプリケーションを作成しよう

もっとも単純なWebアプリケーションとして、以下の「flaskapp1.py」を作成し、「Flask」フォルダに置きます。「from～import」はimportの派生のようなものです。

■flaskapp1.pyに記述する内容

ファイル「flaskapp1.py」

```
from flask import Flask

app = Flask(__name__)

@app.route('/')
def hello():
    msg = "Hello, World!!"
    return msg

if __name__ == "__main__":
    app.run(debug = True)
```

from flask import Flask ← flaskパッケージからFlaskを使用

app = Flask(__name__) ← アプリケーションを生成

@app.route('/') ← URLが「/」であったときの処理

def hello(): ← 処理する内容

msg = "Hello, World!!" ← 「Hello, World!!」を返す

if __name__ == "__main__": ← Pythonインタプリタからなら実行

保存できたら、Pythonインタプリタで実行します。

■flaskapp1.pyの実行

```
$ python3 flaskapp1.py ⏎
 * Serving Flask app "flaskapp1" (lazy loading)
 * Environment: production
   WARNING: Do not use the development server in a production environment.
   Use a production WSGI server instead.
 * Debug mode: on
 * Running on http://127.0.0.1:5000/ (Press CTRL+C to quit)
 * Restarting with stat
 * Debugger is active!
 * Debugger PIN: 126-151-179
127.0.0.1 - - [02/Jun/2020 12:39:26] "GET / HTTP/1.1" 200 -
```

実行しても、プロンプトには戻らず、Webブラウザからのリクエストを待機している状態になります。Webブラウザを起動して、「http://localhost:5000/」（5000はFlaskの待つポート番号）とアドレスバーに入力してください。次のように表示されれば成功です。確認したら、

Ctrl+Cキーを押してプログラムをいったん止めます。

■flaskapp1.pyの実行結果

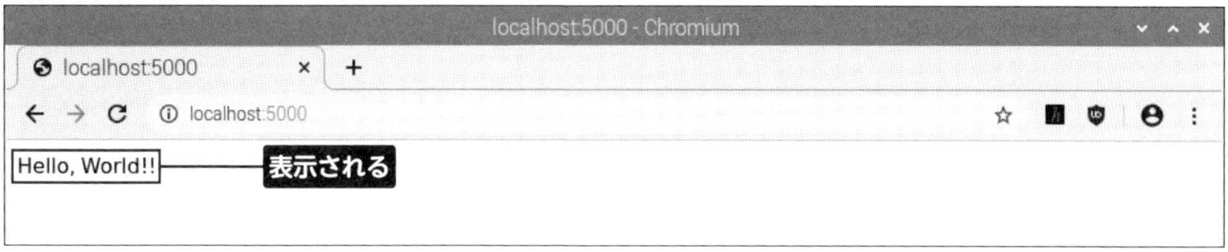

1行目では、flaskパッケージから、Flaskモジュールを呼び出しています。なおパッケージとは、複数のモジュールをひとまとめにしたものです。

3行目では、アプリケーションオブジェクトを作成しています。アプリケーションオブジェクトを通して、さまざまな操作をします。なお、「__name__」についてはのちほど解説するため、ここでは気にしないでください。

5行目では、ルーティングの登録を行っています。ルーティングとは、URLのパス部分のパターンによって実行されるプログラムを仕分けるしくみです。このプログラムでは、6行目以降のdefからreturnまでが、実行されるプログラムです。

実行されるプログラムの内容は、リクエストされたURLに対して返す内容そのものです。この例では、「Hello, World!!」を返していますから、Webブラウザの画面には同じ「Hello, World!!」が表示されるのです。

これらを整理すると、URLのパス部分が「/」であったら「Hello, World!!」を返す、ということになります。

続いて、このプログラムをもう少し拡張してみましょう。flaskapp1.pyをコピーして「flaskapp2.py」を作り、以下のように編集しましょう。

■flaskapp2.pyに記述する内容

ファイル「flaskapp2.py」

```
from flask import Flask

app = Flask(__name__)

@app.route('/')
def hello():
    msg = "Hello, World!!"
    return msg
```

```python
@app.route('/goodbye')
def goodbye():
    msg = "Goodbye, World!!"
    return msg

if __name__ == "__main__":
    app.run(debug = True)
```

追加のURLパターン

半角スペース4つでインデントします。保存できたら、Pythonインタプリタで実行します。flaskapp1.pyと同じように、リクエストを待機する状態になります。今度は「http://localhost:5000/goodbye」とWebブラウザのアドレスバーに入力してください。以下のように表示されれば成功です。確認したら、Ctrl+Cキーを押してプログラムをいったん止めます。

■flaskapp2.pyの実行結果

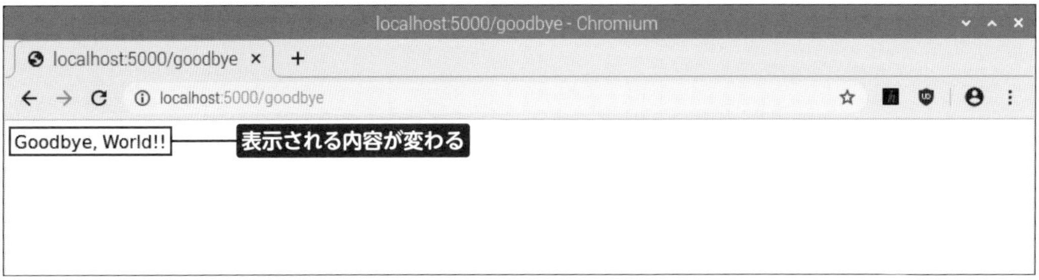

今回は、URLのパス部分のパターンを増やしてみました。URLのパス部分が「/goodbye」であったら「Goodbye, World!!」を返す、というものです。このプログラムを応用すれば、たくさんのURLパターンに応じた処理が可能になります。

●最後のif文の意味

上記のプログラムの最後にあるif文は、Webアプリケーションを走らせるためのものです。ここに「if __name__ == "__main__"」という不可解な文がありますが、これは、このPythonプログラムが、Pythonインタプリタのパラメータに指定されて実行されていたら、という意味です。この条件がクリアされていたら、Webアプリケーションは動きます。それ以外の場合、たとえばimport文でモジュールとして指定されている場合などは、Webアプリケーションとして動いてしまってはいけないため、動きません。

なお、「__name__」はプログラムの名前です。Pythonインタプリタにパラメータとして与えられたファイル名です。これをもってWebアプリケーションを起動しているのです。

④ 動的コンテンツにチャレンジしよう

次に、URLで数値を指定し、プログラム中で作るランダムな数値と大小の比較をして結果を表示する、動的なプログラムを作ってみましょう。以下の「flaskapp3.py」を新しく作ります。

■flaskapp3.pyに記述する内容

ファイル「flaskapp3.py」

```
from flask import Flask
import random

app = Flask(__name__)

@app.route('/updown/<number>')
def updown(number = None):
    num = int(number)
    ran = random.randint(1, 10)
    msg = 'My random number = ' + str(ran) + '<br />'
    if num == ran:
        msg += 'Equal!'
    elif num < ran:
        msg += 'Less!'
    else:
        msg += 'Greater!'
    return msg

if __name__ == "__main__":
    app.run(debug = True)
```

- import random：randint()を使うのに必要
- @app.route('/updown/<number>')：<number>は可変の部分
- def updown(number = None):：URLから受け取る
- ran = random.randint(1, 10)：乱数を1〜10の範囲で生成
- if〜else：大小を判定し、同じなら「Equal!」、小なら「Less!」、大なら「Greater!」と表示

半角スペース4つ、もう1段下は8つでインデントします。flaskapp3.pyを実行し、アドレスバーに「http://localhost:5000/updown/5」などと、最後に任意の数値を付けて入力します。下記のように表示されれば成功です。確認したら、プログラムを止めます。

■flaskapp3.pyの実行結果

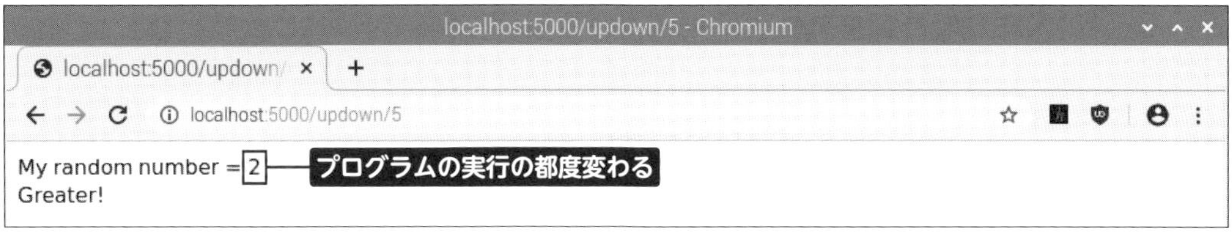

⑤ テンプレートエンジンを使ってみよう

これまで、FlaskによるWebアプリケーションにチャレンジし、「Hello, World!!」の表示などの非常に単純なプログラムを作成してきましたが、実はWebページの流儀としては正しいものではありません。正しくは、やはりきちんとHTMLタグを返してあげる必要があります。このようなときに使うのが、テンプレートエンジンです。テンプレートエンジンを使うと、Flaskから動的コンテンツをスマートに返すことができます。Flaskには、Jinja2というテンプレートエンジンが含まれているため、これを使ってみましょう。

●HTMLファイルを作る

「Flask」フォルダに「templates」というフォルダをさらに作って、テンプレートとなる以下のHTMLファイルを、そこに置きます。HTMLファイルの名前は「updown.html」とします。

■updown.htmlに記述する内容

ファイル「updown.html」

```
<html>
<head>
<title>Up Down App</title>
</head>
<body>
<h1>Up Down App</h1>
<p>My random number is {{ ran }}.</p>
<p>Your number is {{ num }}, {{ judge }}!!<p>
</body>
</html>
```

次に、先ほどのflaskapp3.pyを少し改造して、以下の「flaskapp4.py」を作ります。

■flaskapp4.pyに記述する内容

ファイル「flaskapp4.py」

```
from flask import Flask, render_template
import random

app = Flask(__name__)
@app.route('/updown/<number>')
```

（1行目）← モジュールを追加

```
06 def updown(number = None):
07 ␣␣␣␣num = int(number)
08 ␣␣␣␣ran = random.randint(1, 10)
09 ␣␣␣␣if num == ran:
10 ␣␣␣␣␣␣␣␣msg = 'equal'
11 ␣␣␣␣elif num < ran:
12 ␣␣␣␣␣␣␣␣msg = 'less'
13 ␣␣␣␣else:
14 ␣␣␣␣␣␣␣␣msg = 'greater'
15 ␣␣␣␣return render_template('updown.html', ran = ran, num = num, judge = 
   msg)
16 
17 if __name__ == "__main__":
18 ␣␣␣␣app.run(debug = True)
```

flaskapp4.pyを実行し、Webブラウザのアドレスバーに「http://localhost:5000/updown/5」などと入力してください。下記のように表示されれば成功です。確認したら、Ctrl+Cキーを押してプログラムを止めてください。

■flaskapp4.pyの実行結果

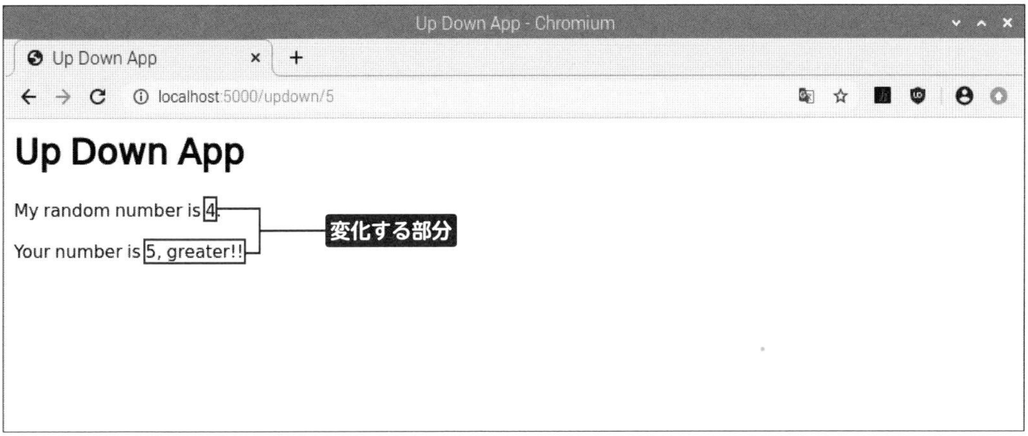

HTMLファイルに記述したとおりに表示されています。このとき、HTMLファイルにある{{ ran }}などという部分が、16行目にあるrender_template()の引数にもあり、これがWebページ上に反映されていることに注目してください。プログラムは計算処理に専念し、その結果をHTMLファイルに渡し、表示はHTMLファイルに委ねているわけです。このようにテンプレートエンジンでは、プログラムとHTMLファイルとで役割分担が行われるのです。

5-5 AIの技術「機械学習」も試そう

これまでにも触れたとおり、PythonはAIの分野で特に活用されています。PythonにはAIのためのライブラリが豊富にあり、Raspberry Piでも使うことができます。ここでは、その片鱗だけでも味わってみましょう。

① PythonとAI

PythonといえばAI（人工知能）のプログラミング言語、と思う人も多いのではないでしょうか。そのAIを可能にする技術にはさまざまなものがあり、中でも注目されているのが機械学習です。機械学習では、たくさんのデータを与え、それを数学的に処理して学習することで、一定の判断や予測を行うことを可能にします。そしてPythonには、機械学習のためのライブラリが多数提供されていて、目的に応じて選択し利用することができます。

ここでは、代表的な機械学習のためのライブラリであるTensorFlow（テンソルフロー）を使った例を取り上げます。TensorFlowは、Googleの開発した機械学習ライブラリで、広範囲にわたり活用されています。

② TensorFlowをインストールしよう

TensorFlowも、以下のようにターミナルでpip3を使ってインストールすることができます。なお、本書執筆時点のTensorFlowの最新版はバージョン2.2ですが、Raspberry Pi OSに用意されているのはバージョン1.14という少し古いものです。

■TensorFlowのインストール

```
$ pip3 install tensorflow ⏎
Looking in indexes: https://pypi.org/simple, https://www.piwheels.org/simple
Collecting tensorflow
  Downloading https://www.piwheels.org/simple/tensorflow/tensorflow-1.14.0-
cp37-none-linux_armv7l.whl (79.6MB)
    100% |????????????????????????????????| 79.6MB 5.6kB/s
⋮
```

```
Successfully installed absl-py-0.9.0 astor-0.8.1 cachetools-4.1.0
gast-0.2.2 google-auth-1.16.0 google-auth-oauthlib-0.4.1 google-
pasta-0.2.0 grpcio-1.29.0 h5py-2.10.0 importlib-metadata-1.6.0 keras-
applications-1.0.8 keras-preprocessing-1.1.2 markdown-3.2.2 opt-einsum-3.2.1
protobuf-3.12.2 pyasn1-0.4.8 pyasn1-modules-0.2.8 rsa-4.0 setuptools-47.1.1
tensorboard-2.0.2 tensorflow-1.14.0 tensorflow-estimator-1.14.0
termcolor-1.1.0 wrapt-1.12.1 zipp-3.1.0
$
```


TensorFlowだけではなく多数のライブラリがインストールされるため少々時間がかかりますが、最後に「Successfully installed …」と表示されていれば、インストールは成功です。

③ TensorFlowの動作確認をしよう

TensorFlowをインストールしたら、軽く動作確認をしましょう。Pythonインタプリタから以下のように行います。

■TensorFlowの動作確認

```
$ python3 ↵
Python 3.7.3 (default, Dec 20 2019, 18:57:59)
[GCC 8.3.0] on linux
Type "help", "copyright", "credits" or "license" for more information.
>>> import tensorflow as tf ↵
>>> hello = tf.constant('Hello, TensorFlow!!') ↵
>>> sess = tf.Session() ↵
>>> print(sess.run(hello)) ↵
b'Hello, TensorFlow!!'
>>>
```

詳細な解説は割愛しますが、まず、tensorflowモジュールをimportして別名としてtfを付けています。次に、「'Hello, TensorFlow!!'」という内容の定数hello（変数の一種）を作り、TensorFlowのセッションを作ったあと、helloを与えて実行させています。最後に「b'Hello, TensorFlow!!'」と表示されれば成功です。よくわからなくて当然ですので、こんなものと思っておいてください。

④ チュートリアルのサンプルを試そう

TensorFlowが動作することが確認できたら、以下のTensorFlowのチュートリアルにあるサンプルを試しに実行してみましょう。それも、「For beginners」という初心者向けのサンプルの中の「Beginners quickstart」という、最初にチャレンジするにふさわしいものです。

TensorFlow チュートリアル：
https://www.tensorflow.org/tutorials/

TensorFlowをインストールすると、Keras（ケラス）という深層学習のためのライブラリもインストールされます。深層学習とはディープラーニングとも呼ばれ、機械学習の一部を担う重要な機能です。Kerasは正式には、ディープラーニングに用いられるニューラルネットワークと呼ばれる数理モデルのためのライブラリです。

●チュートリアルのサンプルで行うこと

チュートリアルでは、Kerasを用いて次の作業を行うとされていますので、ここでもやってみることにします。

①画像を分類するニューラルネットワークを構築する
②このニューラルネットワークを訓練する
③最後に、モデルの正解率を評価する

●プログラムの作成

チュートリアルに沿うと、以下の「tfdemo.py」のようなプログラムになります。プログラムの内容はわからなくて問題ありません。雰囲気を味わうだけでよいでしょう。まずは、これを作成してください。

■tfdemo.pyに記述する内容

ファイル「tfdemo.py」

```
import tensorflow as tf

mnist = tf.keras.datasets.mnist

(x_train, y_train), (x_test, y_test) = mnist.load_data()
```

```
x_train, x_test = x_train / 255.0, x_test / 255.0

model = tf.keras.models.Sequential([
  tf.keras.layers.Flatten(input_shape = (28, 28)),
  tf.keras.layers.Dense(128, activation = 'relu'),
  tf.keras.layers.Dropout(0.2),
  tf.keras.layers.Dense(10, activation = 'softmax')
])

model.compile(optimizer = 'adam',
              loss = 'sparse_categorical_crossentropy',
              metrics = ['accuracy'])

model.fit(x_train, y_train, epochs = 5)
model.evaluate(x_test,  y_test, verbose = 2)
```

●プログラムの実行

プログラムが作成できたら、実行してみましょう。

■tfdemo.pyの実行

```
$ python3 tfdemo.py ⏎
Downloading data from https://storage.googleapis.com/tensorflow/tf-keras-
datasets/mnist.npz
11493376/11490434 [==============================] - 3s 0us/step
⋮
Instructions for updating:
If using Keras pass *_constraint arguments to layers.
Train on 60000 samples
⋮
10000/10000 - 1s - loss: 0.0747 - acc: 0.9772
```

ずらりと数値が表示され、膨大な計算が行われたのが実感できるでしょう。注目すべきは最後のaccで、これが③の正解率（0.9772）を表します。ちなみにここでは、MNISTデータセットという28×28ピクセルの手描き画像を読み込ませて分類し、訓練（途中の膨大な表示）させたあと、評価しています。ここから、さらに予測したり、混同行列を求めるといったこともできます。本書ではごくごく初歩の例だけを解説しました。本格的なAI（機械学習）の学習には別途書籍を読むことをおすすめします。

5-6 Raspberry Piにあるたくさんのプログラミング環境

この章では、Pythonをメインにプログラミングを取り上げました。ただ、冒頭で紹介したように、Raspberry Pi OSには、Pythonのほかにも最初から使えるプログラミング環境が多数あります。その一部を取り上げます。

① Scratch

Scratch（スクラッチ）は、年少者向けにMIT（マサチューセッツ工科大学）が開発したプログラミング環境です。視覚的な画面でブロックを組み合わせていくことで、プログラムコードを一切書かずにプログラミングができるのが特長です。

Raspberry Pi OSのScratchは長らくScratch(1)、Scratch 2でしたが、最新版のRaspberry Pi OSには2019年に登場したScratch 3が搭載されています。Raspberry Pi OSでは、こうしたScratchの3つのバージョンを使い分けることができるようになっています。

Scratch 3では、さまざまな拡張機能が組み込めるのが特長です。たとえば、音楽を演奏させたり、ペンでお絵描きしたり、翻訳させたりすることができます。Raspberry PiのGPIOや、拡張ボードのSense HATをコントロールしたりする拡張機能もあります。

以下は、緑色の旗がクリックされたら、「こんにちは」を英語に翻訳して、猫に2秒間吹き出しでしゃべらせるというプログラムの例です。

■Scratch 3

② Ruby

Ruby（ルビー）は、Matzこと、まつもとゆきひろ氏（日本出身）が開発した比較的新しいプログラミング言語です。ストレスのないプログラミングをコンセプトに開発され、読みやすく、柔軟性の高いプログラムコードを書けるのが特長です。

Rubyは、すべてのデータがオブジェクトという純粋なオブジェクト指向言語として開発されています。また、Ruby on Rails（RoR、通称Rails）というWebアプリケーションフレームワークがあることも特長です。Raspberry Pi OSにはRubyが最初から入っており、すぐにRubyによるプログラミングを体験できます。Pythonで行ったようなREPLによるプログラミングは、IRB（Interactive Ruby）という別プログラムで提供されています。以下のように、IRBを試してみましょう。

■IRBの実行

```
$ irb ⏎
irb(main):001:0> 1 ⏎
=> 1
irb(main):002:0> 1+2 ⏎
=> 3
irb(main):003:0> 1+2-3*4/5 ⏎
=> 1
irb(main):004:0> 1+(2-3)*4/5 ⏎
=> 0
irb(main):005:0> a=1 ⏎
=> 1
irb(main):006:0> b=2 ⏎
=> 2
irb(main):007:0> a+b ⏎
=> 3
irb(main):008:0> quit ⏎
$
```

PythonのREPLでも行った、単純な計算を試してみました。計算結果が少し違うのに気付くでしょうか。実は、Pythonでは小数を含めた計算をするのに対して、Rubyでは特に指定しないかぎり数値を整数として計算するため、こうした違いが出るのです。言語によって、このような違いがあるのは面白いですね。

REPLを終了するには、上記のようにquitコマンドを入力しましょう。

③ 統合開発環境（IDE）

統合開発環境（IDE）についてはこの章の冒頭でも取り上げましたが、あらためて詳しく紹介します。JavaやPythonで使えるIDEがあり、テキストエディタとターミナルを組み合わせた、次のステップのツールとして活用できます。

Pythonには、Thonny Python IDEというIDEがあります。このIDEは、→＜プログラミング＞→＜Thonny Python IDE＞の順にクリックして起動できます。画面の上部はソースプログラムを入力、編集するテキストエディタで、下部はREPLのためのShellウィンドウです。＜Run＞をクリックすると、入力したソースプログラムを保存したあと、それが実行されます。結果は、下部のShellウィンドウに表示されます。

このように、IDEではプログラミングに関わる作業を1箇所でまとめて行えるメリットがあります。

■Thonny Python IDE

そのほかに、Javaの開発環境で有名なEclipse（イクリプス）も、インストールして使用できます。ほかにはMicrosoft製のエディタ、Visual Studio Codeなども利用できます。

第6章

電子工作に挑戦しよう

Raspberry Piと電子部品を組み合わせることによって、さまざまな電子工作を行うことができます。まずは、電子回路の基礎知識や、プログラミングによる電子回路の制御方法から学びましょう。そのうえで、本格的な電子工作に挑戦してみてください。

6-1 Raspberry Piと電子工作

Raspberry Piでは、GPIOと呼ばれる端子をプログラムで制御することで、さまざまな電子工作をかんたんに行うことができます。ここではその第一歩として、電子回路を制御するしくみを学びましょう。

あわせて、ここでブレッドボードやジャンパーワイヤーなど、電子工作の第一歩となるパーツやプログラムの話もします。

① Raspberry Piで電子回路を制御するしくみ

電子回路とは、電気信号を扱う回路のことです。アナログとデジタルの2 種類があり、Raspberry Piを用いた電子工作ではデジタル回路が使われます。デジタルの世界では、すべての情報は「1」と「0」の2 つで表されます。

デジタル電子回路においては、電圧が高い(High)・低い(Low)の2 つの状態に対応しています。このHigh とLowを組み合わせて表した情報を、ほかの電子回路との間で送受信することで、望みどおりの処理が行えるのです。

GPIOの機能は、電圧の「入力」と「出力」です。つまり、Raspberry Pi上でプログラムを実行することで、GPIOを通じてほかの電子回路へ信号を送ったり(出力)、センサーなどからの信号を受け取ったり(入力)することができます。たとえば、あるGPIOピンに電子回路を接続し、プログラムでピンの電圧を変化させることで、接続先の電子回路を制御できます。

MEMO　電子工作では別途パーツが必要

電子工作はRaspberry Pi本体に加えて、各種パーツが必要です。これらのパーツはP.252にまとまっています。

■Raspberry Pi上のGPIO（図の左上がGPIOの2番ピンに相当）

② GPIOと各端子

GPIOの各端子を区別するために、ピンの物理的な配置から順番に、1～40の通し番号が振られています。GPIOは汎用ではあるものの、各々の端子には役割が決まっています。

下図の2、4番ピンにあたる赤で示された2つの端子は5Vの電圧を供給し、橙色で示された1番ピンの端子は3.3Vの電圧を供給します。これらは、電子回路を駆動させる電圧を供給するときに使い、電気信号でいえばHigh、電池でいえばプラス極にあたります。

6番ピンや9番ピンなどの黒で示された端子はGND（P.202参照）といい、電位（P.199参照）の基準になる端子です。この端子が0V となり、電気信号でいえばLow、電池でいえばマイナス極にあたります。

そして黄で示されたほかの端子はすべて、汎用の端子です。プログラムから入力・出力を切り替えることができます。

デジタル出力として汎用の端子を使用する場合、Highを出力するときは端子の電圧を3.3Vに、Lowのときは0Vにします。3.3Vの電池のスイッチのオンオフを、プログラムで制御するイメージです。

一方、入力として端子を使用する場合は、端子の電圧が3.3VならHigh、0VならLow と判断します。電池が接続されている（High）か、接続されていない（Low）かを、電圧の高低で判別するのと同様です。

ピンの入力・出力をプログラムから制御するときには、物理的な番号によって端子を指定することもできますが、右図でいう「GPIO○○」の「○○」で指定するのが一般的です。

■GPIOピンの役割と配置

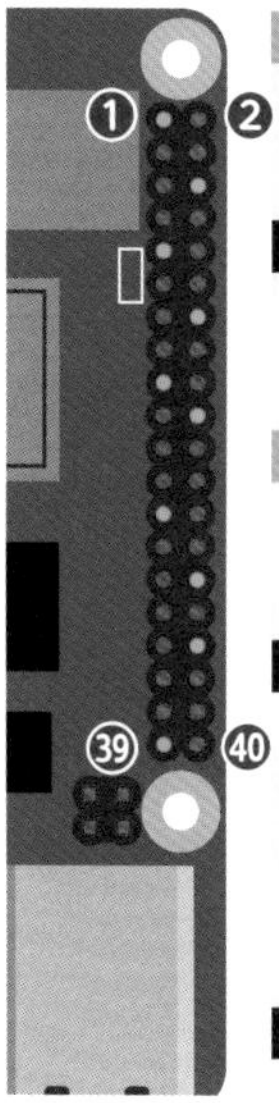

3.3V	1	2	5V
GPIO2	3	4	5V
GPIO3	5	6	GND
GPIO4	7	8	GPIO14
GND	9	10	GPIO15
GPIO17	11	12	GPIO18
GPIO27	13	14	GND
GPIO22	15	16	GPIO23
3.3V	17	18	GPIO24
GPIO10	19	20	GND
GPIO9	21	22	GPIO25
GPIO11	23	24	GPIO8
GND	25	26	GPIO7
ID_SD	27	28	ID_SC
GPIO5	29	30	GND
GPIO6	31	32	GPIO12
GPIO13	33	34	GND
GPIO19	35	36	GPIO16
GPIO26	37	38	GPIO20
GND	39	40	GPIO21

③ PythonによるGPIOの基本操作

GPIOはプログラムで制御できます。制御にはRaspberry Pi OSで動作するさまざまなプログラミング言語を使用できますが、ここではPythonを使います。GPIOを制御するための、専用のPythonライブラリを導入する必要があります。現在、推奨されているのはGPIO Zeroというライブラリです。ほかにもRPi.GPIOなどのライブラリがありますが、本書ではGPIO Zeroライブラリを用います。GPIO Zeroライブラリでは、どうやって作るかではなく、何を作るかに専念できるため、かんたんに電子工作プログラミングができます。

GPIO Zeroライブラリを使うときのプログラムの書き方から確認しましょう。まず、GPIO制御用のGPIO Zeroライブラリと、プログラムの一時停止などに使うsignalをインポートします。GPIO Zeroライブラリは、本書の手順でOSをインストールすれば、追加でインストールせずに利用できます。signalはPythonの標準ライブラリにもともと入っています。もしGPIO Zeroがないというエラーが表示されたら、「sudo apt install python3-gpiozero」というコマンドでインストールできます。

■GPIO Zeroライブラリとsignalを使うときの記述

```
import gpiozero
import signal
```

次に、目的に合わせてプログラムを作っていきます。たとえば、LEDを用いるには、gpiozero.LEDを使います。GPIO17番ピンにLEDを接続するのであれば、以下のように記述します。

■GPIO17番ピンにLEDを接続するときの記述

```
led = gpiozero.LED(17)
```

変数led に、GPIO17番ピンに接続したLEDの、いわば操縦桿を代入しています。たとえば、LEDを点灯させたいときは、以下のように記述します。

■LEDを点灯させるときの記述

```
led.on()
```

こうすれば、GPIO17番ピンの出力がHighになり、LEDが点灯します。
プログラムの最後には、プログラムが勝手に終了しないように、以下のように記述します。

■プログラムの最後

```
signal.pause()
```

このsignal.pause()は、プログラムを一時停止させる命令です。では、なぜこの命令が必要なのでしょうか。
たとえばLEDを点灯させたいとき、最後にsignal.pause()がないと、LEDを一瞬光らせたあと、プログラムの最後に到達して終了してしまい、LEDは消灯してしまいます。signal.pause()で一時停止すると、その直前の状態のまま、プログラムを維持してくれるので、LEDは点灯し続けるのです。
なお、プログラムを終了するには、Ctrl＋Cキーを押してください。

以上のように、GPIO Zeroライブラリにあるさまざまなクラスを使ってGPIOを操作していきます。LEDのほかにも多くのクラスが用意されており、直感的な操作で制御できます。

MEMO GPIOのピン番号

P.17でも触れたように、GPIOの端子を指定する方法は2つあります。1つは、物理的な配置による番号で指定する方法です。もう1つは、SoC（Broadcomチップ）に基づいた番号（BCM番号）で指定する方法です。
P.194で解説した、GPIO17番ピンにLEDを接続するときの記述は、BCM番号を用いた場合のものです。物理的な配置を用いる場合は、次のように記述します。

```
led = gpiozero.LED("BOARD11")
```

GPIO17番ピンはボード上で11番目にあたるので、このように書いても、同様にプログラムは実行されるのです。しかし、プログラムを実行するのは、Raspberry Piの頭脳にあたるSoC内部のCPUであるため、プログラム中でピンを指定する場合、BCM番号を用いるのが一般的です。

④ ブレッドボード

ブレッドボードは、電子回路をかんたんに組み立てるために使う、穴がたくさん開いた板です。電子回路を作るためには通常、素子(P.198参照)を導線などで接続し、はんだ付けを行います。はんだ付けによって、素子が確実に接続され、外れなくなります。しかし、回路を作成しながら動作を試すときには、回路を組み替えるたびにはんだを取り外さなければなりません。そのような面倒をなくすため、回路の試作などに使われるのがブレッドボードです。

■試作に使われるブレッドボード

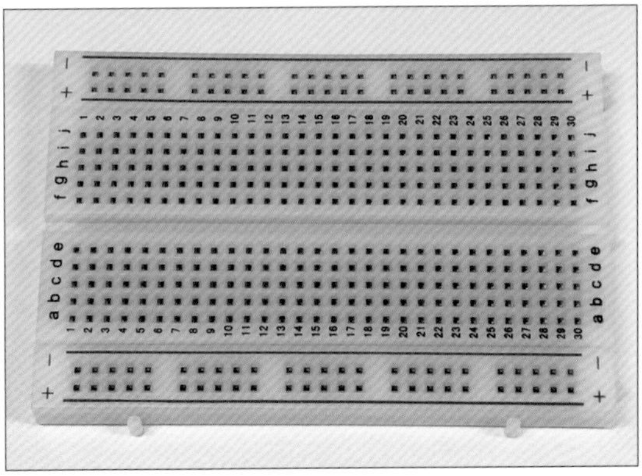

ブレッドボードの各列の内部には、下図の赤い囲みのような形で金属線が横たわっており、同じ列に接続した素子は接続されるようになっています。長辺の2辺に並ぶ2列の穴だけは、長辺方向に内部で接続されています。ここは電源用のラインで、通常は赤いラインのあるところを5Vや3.3Vに、青いラインのあるところをGND(0V)にして、回路に電源を供給します。

■ブレッドボードの構造

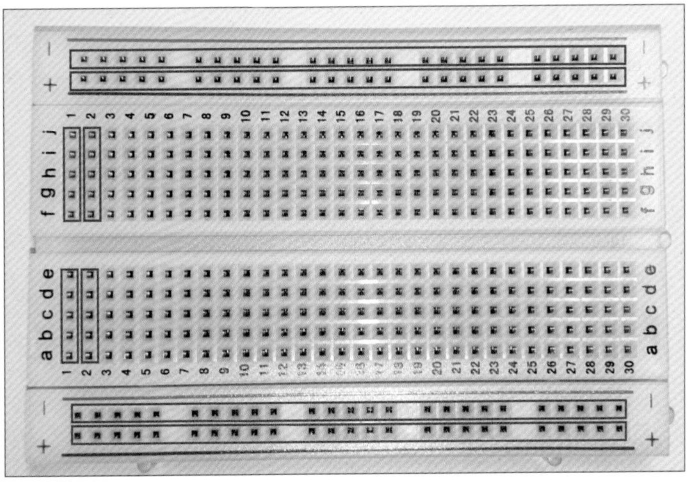

こうした構造のため、ブレッドボード上の穴に端子を挿し込むだけで、はんだ付けを行わずに回路を作成できるのです。回路の組み替えも素子や導線を差し直すだけで行えるため、気軽な電子工作にもぴったりです。

5 ジャンパーワイヤー

Raspberry PiのGPIOピンや、ブレッドボードなどを接続するために用いられる導線が、ジャンパーワイヤーです。

電子部品にもかかわらず、端子類にはジェンダー（性）が存在します。コンセントやUSBなどには、挿し込む側（プラグ）と、挿し込まれる側（レセプタクル）がありますが、このとき、プラグ側をオス、レセプタクル側をメスと呼びます。ジャンパーワイヤーにおいては、ブレッドボードなどの穴に挿し込むための、針状の金属端子（ピンヘッダ）をオス端子、ピンヘッダを挿し込むための穴（ピンソケット）をメス端子といいます。

ジャンパーワイヤーには、両端の接続部分の形状により、オス－オス、オス－メス（メス－オス）、メス－メスの3種類が存在します。Raspberry PiのGPIOピンはオスのため、ブレッドボードに接続するにはメス－オスのものを使用します。また、ブレッドボード上にある素子どうしを接続するにはオス－オスのジャンパーワイヤーを使用します。このように、場面に応じて使い分ける必要があるため、ひと通り揃えておくとよいでしょう。

ジャンパーワイヤーは、柔らかく長いものが多いですが、ホッチキスの針のようなコの字型の硬いジャンパーワイヤーもよく使用されます。ブレッドボードの穴の間隔に合わせてあり、ブレッドボード上が配線で混雑しません。また、どこが接続されているかがわかりやすくなるうえ、ノイズ対策にもなるため、こちらも揃えておくと便利です。

■ジャンパーワイヤー

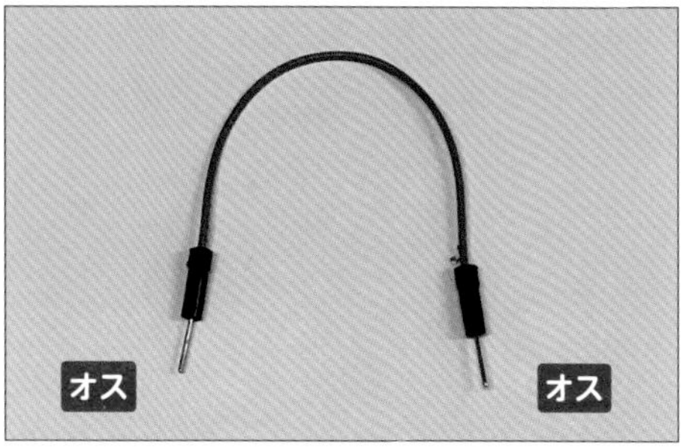

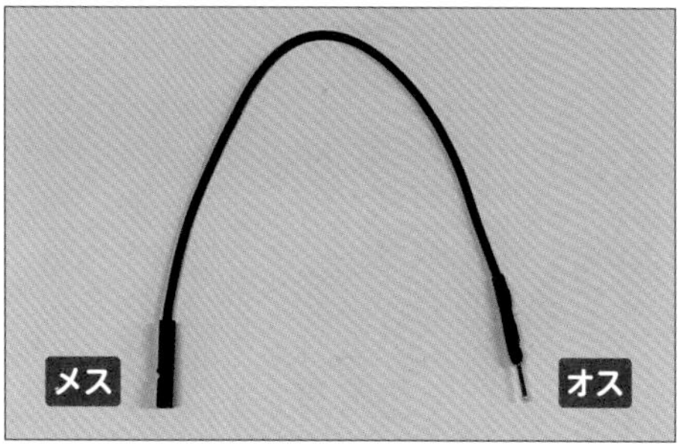

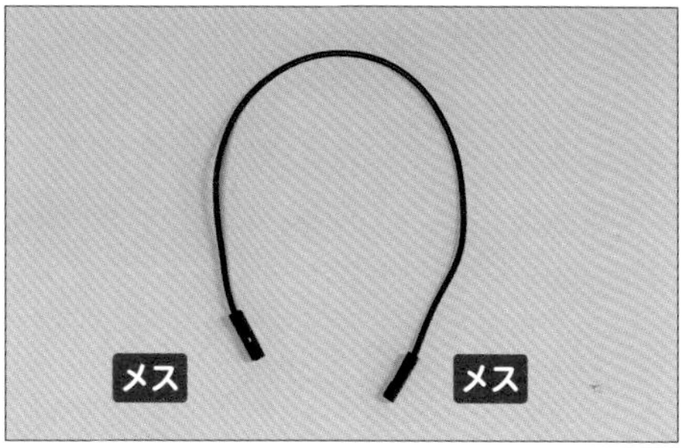

■コの字型のジャンパーワイヤー

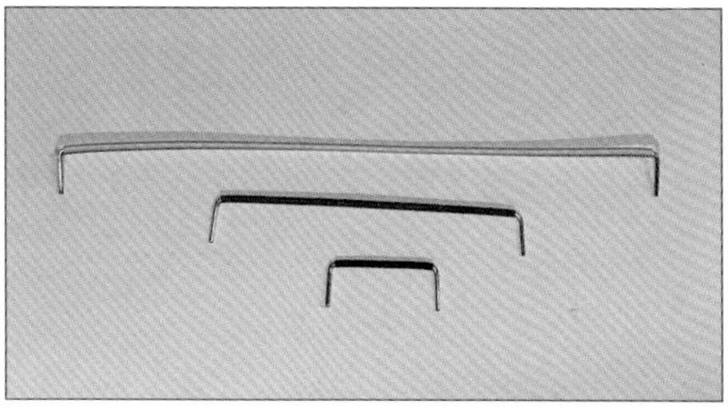

6-2 電子回路の基礎知識

Raspberry Piを使った電子工作に取り組む前に、電子回路の基本知識である、オームの法則や回路図について学びます。これらの知識がなくても、本書の手順どおりに作業すれば、電子工作を実践することができます。しかし、さまざまな電子工作を楽しむために重要な知識なので、ここで習得しましょう。

① 電源と素子

電子回路は、電源と素子と導線からできています。電源は、電子回路に電気を供給するためのものです。たとえば、電池や家庭用コンセントが、電源にあたります。電源から送られた電気を使って動作するのが素子です。豆電球が光ったりモーターが回ったりするのは、その動作の例といえます。導線は、電源と素子をつないで電気を送るための、金属製の線です。

豆電球と乾電池を接続して豆電球を光らせることを想像してみてください。豆電球（素子）と導線をつないでも、その間に電池（電源）を接続しなければ、電球は光りません。また、途中で導線が途切れていても、電球は点灯しません。

このように電子回路は、電源と素子と導線を適切につなぐことによって動作します。さまざまな動作を実現するためには、目的の動作の素子や電源を、適切に選択して接続する必要があります。不適切な部品を用いた場合、回路が動作しないだけでなく、最悪の場合、部品が壊れる可能性もあるため、正しく接続するように注意しましょう。

■豆電球と乾電池をつなぐ例

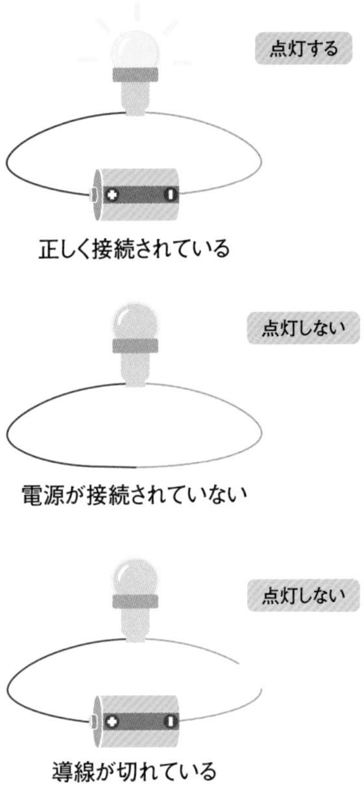

② 電圧と電流

まずは、電子回路を扱ううえで重要な3つの概念について押さえておきましょう。電圧、電流、交流と直流です。

電圧

回路中のある点の電気的な高さを電位といいます。ある点からもう一点までの電位の差を電位差といい、電源は－極と＋極との間に電位差を作り出すことで、回路に電気を供給しています。この電位差を電圧といい、その大きさを数値で表します。電圧の単位はボルト（V）です。身近な電源である乾電池1本の電圧は1.5V、コンセントの電圧は100Vです。電圧が大きいほど、より多くの電気を供給することができるので、電圧は電気を送る力といえるでしょう。

電流

電子回路を組み立てると、電源から、電気的性質を持った電荷が供給され、導線を流れます。この電荷の移動および移動量を電流と呼びます。電流の単位はアンペア（A）です。電流は水の流れのように考えることができます。水が高いところから低いところへ流れるのと同じように、電流は電位差があるところを、電位の高いほうから低いほうへ流れます。P.198で豆電球が点灯しない例を示しましたが、その中の電源を接続していない例では、電球に電位差が生じていないために電球に電流が流れず、電球が点灯しないのです。また、導線が切れている例のように、回路が途中で切断されていても、電流は流れません。

交流と直流

電気の流れ方には直流と交流の2種類があります。直流は、電圧・電流の大きさや向きが時間的に変化しない流れ方で、代表的な直流電源は乾電池です。反対に交流は、電圧・電流の大きさや向きが周期的に変化するもので、代表的な交流電源はコンセントです。

MEMO　受動素子と能動素子

電子回路に用いられる素子は、電源から供給された電気エネルギーを消費したり蓄積・放出したりする受動素子と、電気エネルギーの増幅や制御をおこなう能動素子の二種類に分けられます。受動素子には抵抗やコイル、コンデンサなどがあります。能動素子にはダイオードやトランジスタ、IC（集積回路）などがあります。

③ 抵抗とオームの法則

電源に素子を接続すると、素子に電圧がかかります。その高低差に対して電流が流れますが、その流れを妨げるものを抵抗といいます。

素子を流れる電流と、その素子にかかる電圧、その素子の抵抗の大きさの間には、次の3つの式が成立します。

■オームの法則の式

$$\text{電流} = \frac{\text{電圧}}{\text{抵抗}} \qquad \text{電圧} = \text{抵抗} \times \text{電流} \qquad \text{抵抗} = \frac{\text{電圧}}{\text{電流}}$$

この式の関係をオームの法則といいます。抵抗の度合いを表す数値を抵抗値、または単に抵抗といいます。式から単位はV/Aとなりますが、これをオーム（Ω）で表します。

電子回路では、電流を妨げるためにわざと抵抗を入れることがあります。たとえば電源とLEDを接続して点灯させるとき、そのまま接続すると、大電流が流れてLEDが焼き切れることがあります。こういった素子の破壊を防ぐためには、電流を制限するための回路素子を入れる必要があります。それが抵抗（器）です。1つの抵抗器には1つの抵抗値が決まっており、オームの法則を用いて、抵抗に流れる電流を計算することができます。

電流の流れにくさを表すのが抵抗値ですから、抵抗値の逆数は、電流の流れやすさを表すといえます。抵抗値の逆数をコンダクタンスといい、単位はジーメンス（S）またはモー（℧）です。これは次に紹介する抵抗の接続で役立つため、覚えておきましょう。

MEMO　内部抵抗と寄生抵抗

オームの法則の式を見ると、電池の両端を導線で直接接続すれば無限大の電流が流れるのでは、と考えるかもしれません。ところが抵抗というものは、電源の内部（内部抵抗や出力抵抗などという）や、導線（寄生抵抗などという）にもわずかに存在するため、無限大とまではいきません。とはいえ大電流は流れるため、最悪の場合は、電源が爆発したり導線が蒸発したりする、いわゆるショートが起こってしまいます。この意図しない微小な抵抗は、電力損失や発熱につながる、悪い抵抗でもあります。

抵抗の合成

抵抗を２つ接続するときのつなぎ方は、直列接続と並列接続の２つに分類できます。

直接接続と並列接続

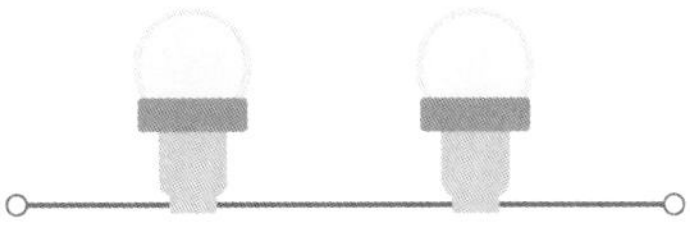

直列接続

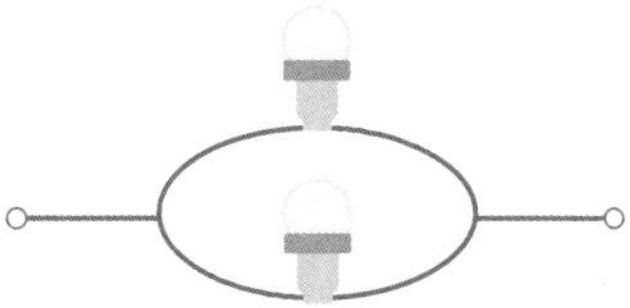

並列接続

接続した抵抗は、まとめて１つの抵抗と考えることができます。これを抵抗の合成といい、まとめた抵抗を合成抵抗といいます。では、合成抵抗の抵抗値はどのように求めればよいのでしょうか。

まず、直列接続についてです。電源の電圧は抵抗に分かれてかかるため、電源電圧はそれぞれの抵抗にかかる電圧の足し算になります。電流の通り道は一本道になるため、どちらの抵抗にも同じだけ電流が流れます。電流を妨げるものが１つの道に複数あることになるため、抵抗は増えることになり、実際に合成抵抗はそれぞれの抵抗の足し算になります。

次に、並列接続について考えます。それぞれの抵抗には、電源と同じだけ電圧がかかります。電源から流れ出た電流は、それぞれの抵抗で分岐し、抵抗を通ったあとに合流します。混雑した道のほかに、別の道があるのですから、電流は流れやすくなり、合成抵抗はそれぞれの抵抗値よりも小さくなります。電流の流れやすさはコンダクタンスでしたから、合成コンダクタンスはそれぞれのコンダクタンスの足し算になります。つまり、それぞれの抵抗の逆数の足し算が、全体の合成抵抗の逆数になります。

抵抗の合成

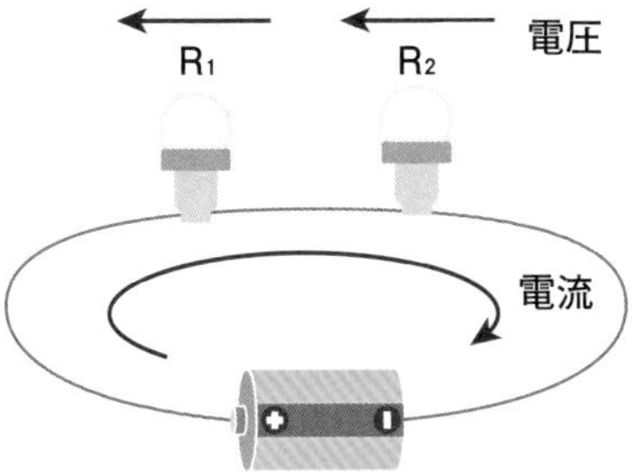

直列接続

$R=R_1+R_2$

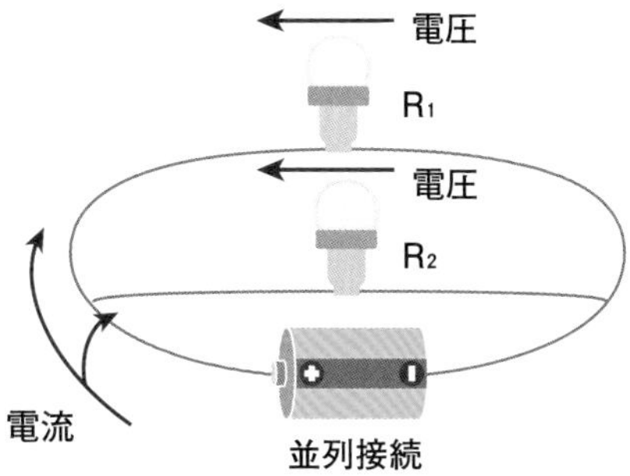

並列接続

$$\frac{1}{R}=\frac{1}{R_1}+\frac{1}{R_2}$$

④ 回路図の基本

電子回路を図に表したものを回路図といいます。地図で地域の地形や施設などを地図記号を用いて表すように、回路図も、回路素子や電源などを回路図記号を用いて表します。日本では日本産業規格（JIS）のC 0617という規格で回路図記号が定められています。ただし、古い回路図では古い規格を参照しているなど、表記が異なる場合もあります。本書では最新のJISの回路記号（新JIS記号）ベースで解説します。

代表的な素子の回路図記号は、次のようなものです。一部の回路図記号については、古いものも有名なので併記しています。

■代表的な回路素子の記号

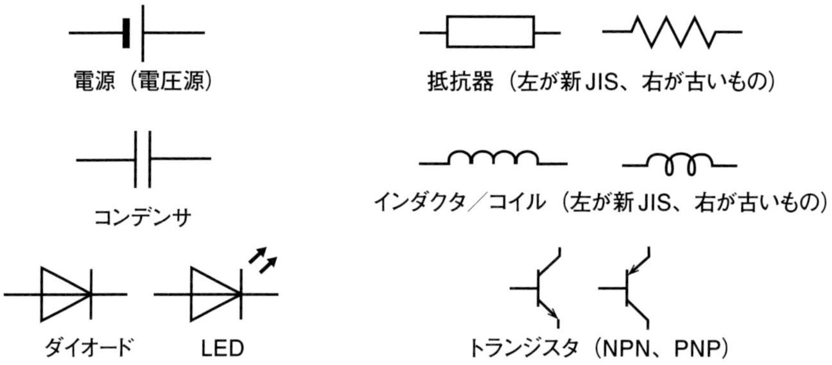

回路図では、導線を縦方向か横方向の直線で表します。導線で接続された端子は、その電位が等しくなることを示します。導線の長さには決まりがありませんが、基本的に上側の導線は電位が高く、下側に向かうにつれて電位が低くなるように書きます。

電源は、電流を回路に巡らせる、いわばポンプの役割をしています。しかし、特に電子回路においては、電源のプラス側から電流を供給し、マイナス側へ捨てるという考え方をします。このとき、電源のマイナス側を電位の基準と考えます。この電位の基準を、GND（Ground、グランド、グラウンド）といいます。回路中の○ボルトという表現は、このGNDからの電圧を表します。また、回路を駆動させるための電源の電圧を、VddやVccで表します。

VddとGNDには、それぞれ専用の回路図記号があります。本書では、VddとGNDに関して、どちらも次の図のいちばん左のものを使用します。

■VddとGNDの回路図記号

Vdd：回路の駆動電圧　　　GND：電位の基準

では、実際の回路図をかんたんな例で確認してみましょう。

■LEDを点灯させる回路の回路図

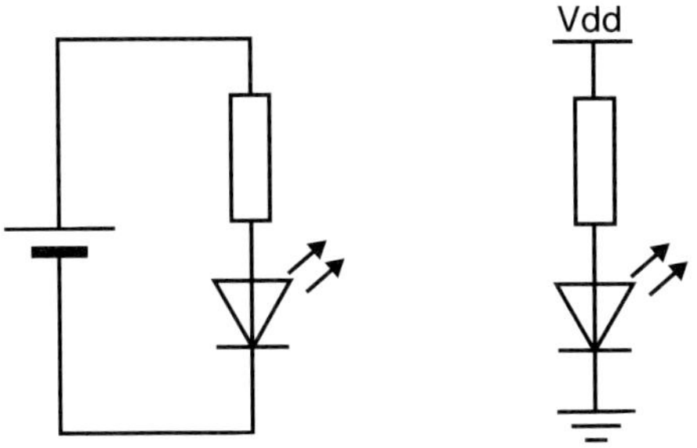

上図は単純なLEDを点灯させる回路の回路図です。左と右の回路図はどちらも同じ回路を表しますが、左図の図は実際に電源を接続し、回路を駆動させている様子を表しており、右図の図は「上側に電源のプラス側、下側にGNDを接続して使う」という意味合いになります。

違いはそれだけではありません。右図ではVddとGNDを使うことで線が減り、簡潔になりました。電子回路では、1つの電源から複数の回路へ電圧を供給する場合が多く、複雑になりがちです。右図のような表記にすることで、個々の回路を電源と分けて書くことができるうえ、上から下へ電流が流れる様子もイメージしやすくなります。

MEMO

GNDとアース

電子レンジや洗濯機などのコンセントに付いている「アース」を見たことがある人もいると思います。このアースは、GNDと同じ意味で使うことも多いですが、厳密には異なります。
GNDは電位の基準であると解説しましたが、電位の基準には、電気的に安定した、大きな導体を選びます。その最たるものである地球（大地）を選ぶのがアースです。家電製品に触れたとき、人間も地面と触れているので、人体に電圧がかからず、感電の対策となるのです。
本書で用いるGNDの記号も、本来はアース用の記号です。

6-3 LEDを光らせよう

Raspberry Piで電子工作のはじめの一歩、LED点灯に挑戦します。まずLEDとはどのような素子なのかを知り、LEDを点灯させるにはどのような回路が必要なのかを学びます。そのうえで、実際に組み立ててみましょう。

① LEDと抵抗の基本

まずは、LEDと抵抗の基本から確認しましょう。

LED

LEDとは「Light Emitting Diode」の略で、日本語では発光ダイオードと呼ばれ、正しい向きに電圧を加えることで発光します。LEDを含めダイオードからは2つの端子が出ており、長い方をアノード、短い方をカソードと呼びます。ダイオードには、アノードからカソードへは電流を流し、カソードからアノードへは電流を流さないという性質（整流作用）があります。この電流を流す方向を順方向、電流を流さない方向を逆方向といいます。順方向に電圧を加えたときだけ電流が流れ、LEDは発光します。

■LEDと回路記号

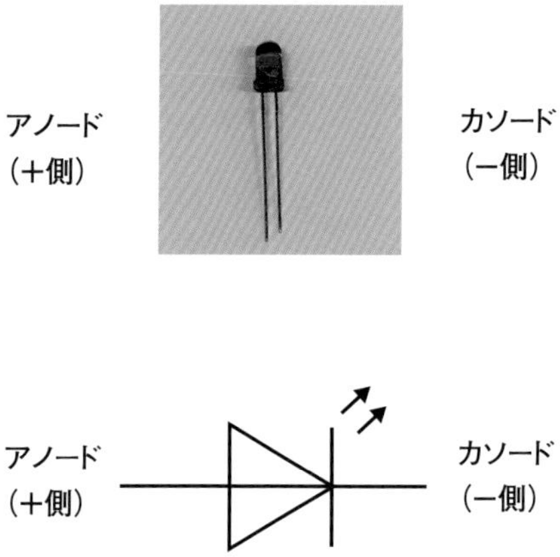

> **MEMO　照明用LEDはなぜ省電力なのか**
>
> 近年、LED照明が増えてきましたが、その大きな魅力である省電力の理由は、発光原理にあります。これまでの白熱電球は、フィラメントと呼ばれる素材に電流を流し、抵抗による発熱で白熱して発光していました。自身の熱でフィラメントが蒸発してしまうので寿命は短く、電気エネルギーの多くを熱として消費してしまうので、効率も良くありません。しかしLEDは、電気エネルギーを光に直接変換することができ、また順方向には電気抵抗がかなり小さいので、熱として電力を消費せず、高効率で省電力なのです。

●抵抗

抵抗は電流を抑制する素子です。抵抗にはLEDやダイオードのような極性はなく、どちら向きに電圧をかけても同じ性質を示します。電子工作でよく用いられるのが、右のようなカーボン抵抗です。抵抗は、抵抗値をカラーコードと呼ばれる色の帯で表します。

■カーボン抵抗

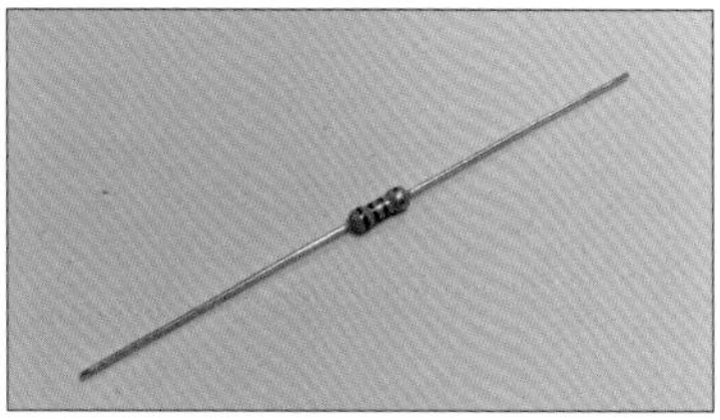

■抵抗値とカラーコード

色	意味			
	1本目	2本目	3本目	4本目
	2桁目の数字	1桁目の数字	乗数	許容誤差
黒	0		× 1	-
茶	1		× 10	± 1%
赤	2		× 100	± 2%
橙	3		× 1k	-
黄	4		× 10k	-
緑	5		× 100k	-
青	6		× 1M	-
紫	7		× 10M	-
灰	8		× 100M	-
白	9		× 1G	-
金	-		× 0.1	± 5%
銀	-		× 0.01	± 10%
色なし	-		-	± 20%

たとえば、47k Ωの抵抗が必要な場合、以下のように「黄　紫　橙」の順に色が並んでいるものを探せばよいのです。

■抵抗値の判別

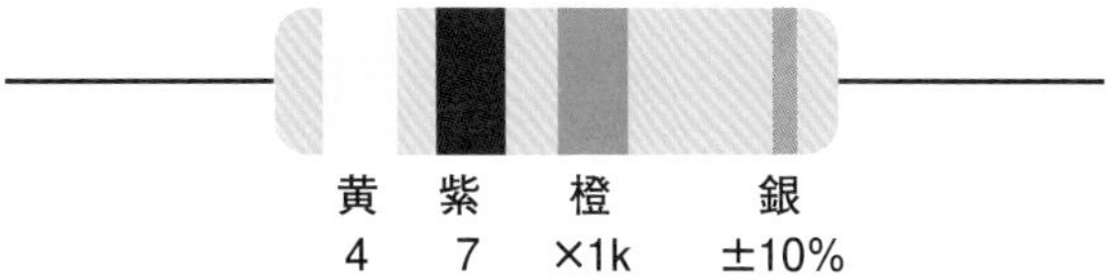

② 電子回路を確認しよう

実際にLEDを光らせるための回路を確認しましょう。今回は、常に3.3Vを出力するGPIO1番ピンから駆動電圧を取り、LEDを点灯させます。これを回路図で表現すると、右のようになります。

■LEDを点灯させる回路

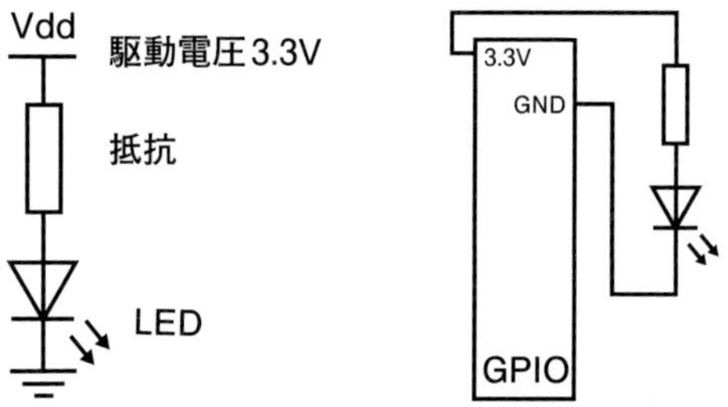

回路図を見ると、LEDと抵抗を直列に接続しています。LEDを直接、電源に接続すればよいのではと思う人もいるかもしれません。しかし抵抗を入れないと、LEDやダイオードの特性により、順方向には抵抗がゼロのように扱えるため、大電流が流れてLEDが焼き切れることがあります。それを防ぐために、電流を妨げる抵抗が必要なのです。では、どれぐらいの抵抗を入れればよいのでしょうか。

たとえば、赤色LED「OSDR5113A」のデータシートには、順方向電圧は2V、順方向電流は20mAとあります。GPIOピンから3.3Vの電圧を供給し、LEDには2Vかかるので、抵抗には差し引き1.3Vの電圧がかかります。電圧が1.3V、電流が20mA (0.02A) となる抵抗は、オームの法則から、1.3V/0.02A = 65Ωとなります。したがって、65Ω以上の抵抗を使えば、20mAより小さい電流しか流れないので、LEDが壊れることなく使用できます。ここでは100Ωの抵抗を使います。その場合、流れる電流は、1.3V/100Ω = 0.013A = 13mAです。当然ながら、抵抗を大きくするほど電流が制限され、LEDの明るさは下がります。

■LEDを壊さないために必要な抵抗値の計算

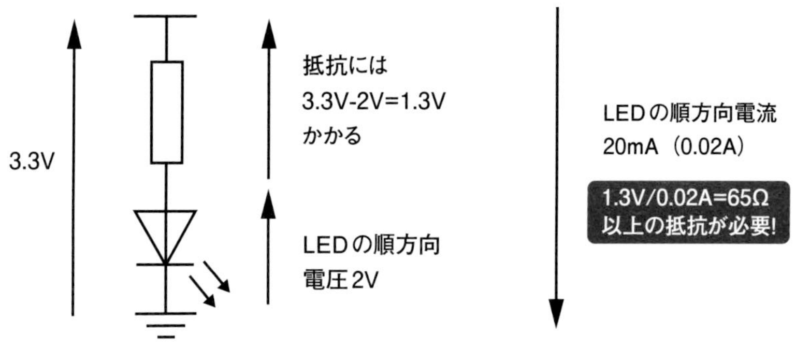

●使用部品の確認

次に、この電子回路に使用する部品などを確認しましょう。100Ωの抵抗は、P.205のカラーコードの解説からもわかるように、「茶　黒　茶」の表示があるものです。

・ブレッドボード：1個
・LED「OSDR5113A」：1個
・抵抗（100Ω）：1個
・ジャンパーワイヤー（オス－メス）：2本

■LEDを点灯させるために必要な部品

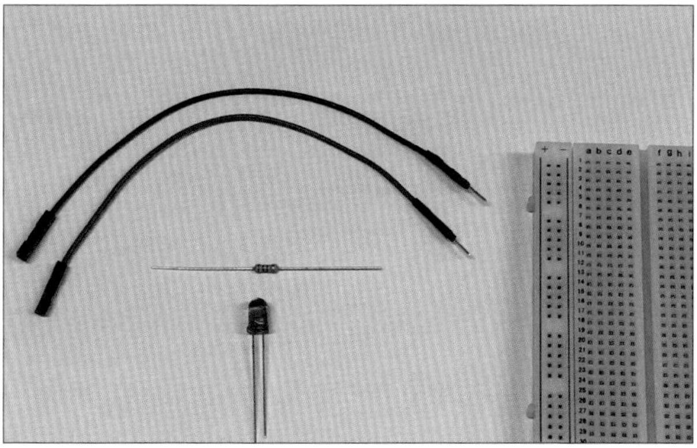

■完成イメージ

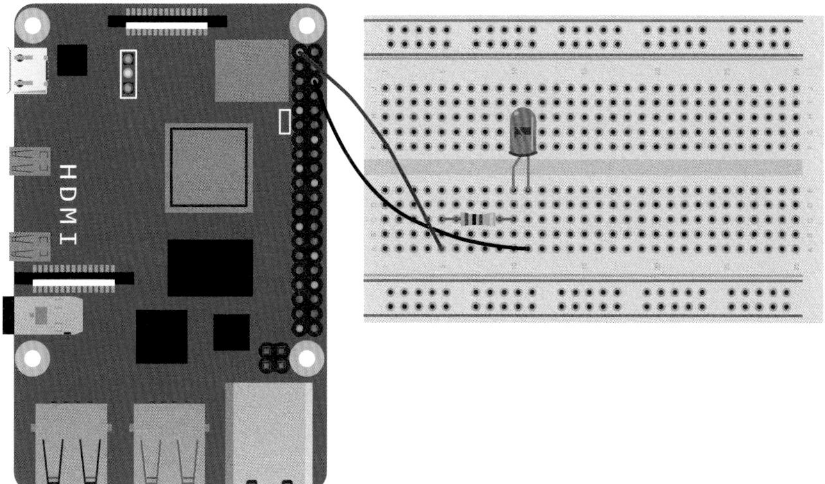

3 組み立ててLEDを光らせよう

それでは実際に回路を組み立てましょう。電子回路を組み立てるときは、電源のプラス側からマイナス側へと順に作成すると、失敗が少なくなります。ただしGPIOとブレッドボードとの接続は、回路の確認を行ってから最後に行いましょう。配線ミスに気づかないまま電源に接続すると、回路部品の故障につながることがあるからです。

■回路の作成手順

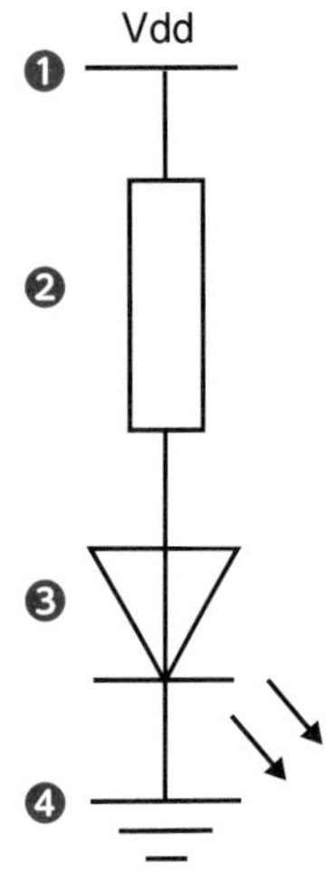

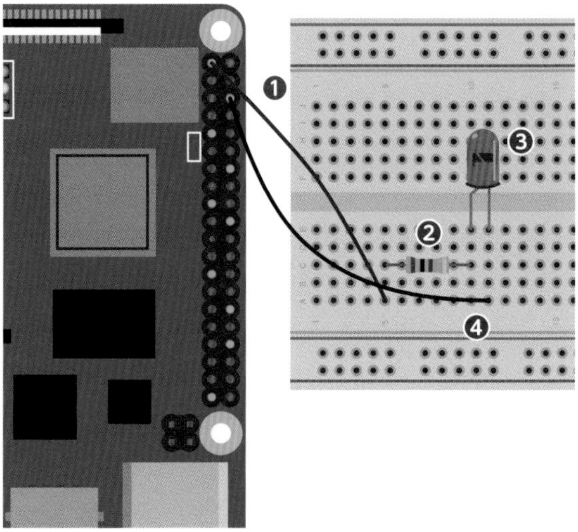

1 Raspberry Piの電源を入れます。

2 プラス側のジャンパーワイヤーのオスを、以下のようにブレッドボードの穴に挿します。ここでは5番のaの位置に挿しています。機器がそれぞれ同じ番の列にあるとそこがつながります。図を確認しながらつなげてください。

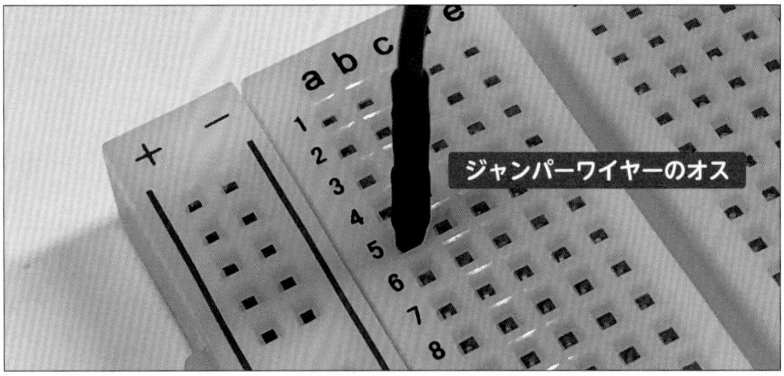

❸ジャンパーワイヤーのオスを挿した穴と同じ列（ここでは5番の列）の空いた穴に、抵抗の片側の足を挿します。もう片側の足を、別の列（ここでは10番の列）の穴に挿します。その列の別の穴に、LEDのアノードを挿し、また別の列（ここでは11番の列）にカソードを挿します。カソードを挿した列の穴に、GND側のジャンパーワイヤーのオスを挿します。

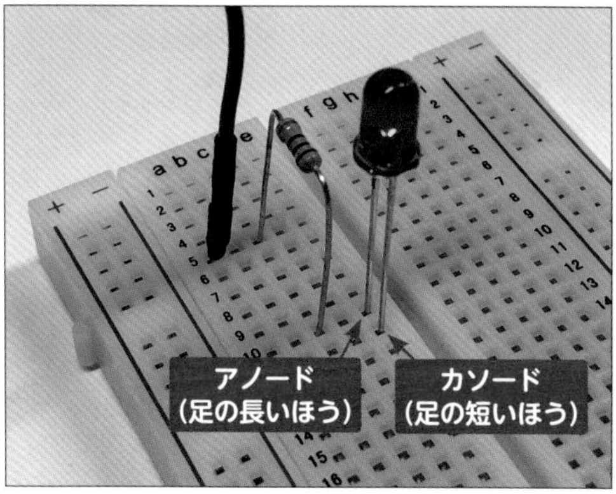

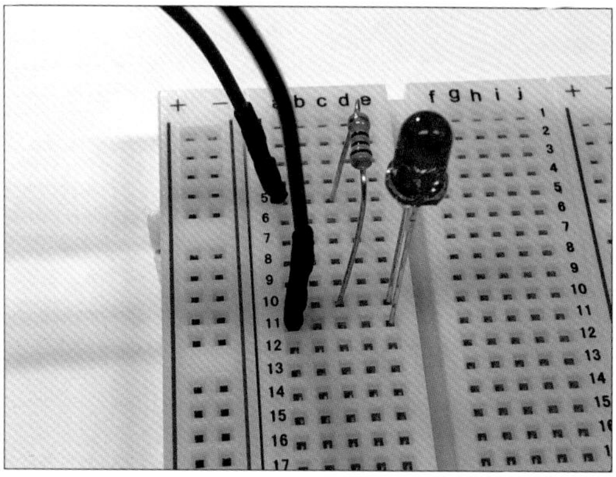

❹回路の確認をしたあと、ジャンパーワイヤーのメス側をGPIOと接続します。GND側のジャンパーワイヤーのメスは、GPIOのGNDと接続し、プラス側のジャンパーワイヤーのメスは、GPIOの3.3Vのピンと接続します。

❺間違いなく接続されていれば、LEDが点灯します。
もしLEDが点灯しないのなら、LEDのアノードとカソードを間違えていないか、Raspberry Piの電源を入れ忘れていないか、ジャンパーワイヤーや部品を挿す位置を間違えていないか、よく確認しましょう。

6-4 LEDの光らせ方をプログラミングしよう

LEDを点灯させたら、次はLEDをチカチカと点滅させる、通称「Lチカ」に挑戦します。LEDの光り方を制御するには、どのような電子回路とプログラムを作成すればよいのかを学びましょう。

① プログラムでLEDのオン／オフを制御しよう

LEDを点灯させることができたら、プログラムを利用した電子工作へ入っていきましょう。ここでまず、6-3の復習をしましょう。

6-3では、LEDのアノードに（抵抗を挟んで）GPIO1番ピンを接続しました。1番ピンは常に3.3Vを出力する端子なので、Raspberry Piの電源が入っていれば、常時GPIO1番ピンからLEDへ電気が供給され、LEDは点灯し続けます。

しかし、今回はLEDを点灯させるだけでなく、点滅させなければなりません。つまり、GPIOから電気が供給される状態と供給されない状態を、交互にくり返さなければなりません。そのためには、プログラムを用いて、電源のプラス側にあたるGPIO端子の電圧を制御する必要があります。そこで今回は、GPIOの中でも、プログラムから入力や出力の状態を切り替えられる汎用の端子を使います。

■GPIOピンの出力電圧を変えることでLEDを点滅させる

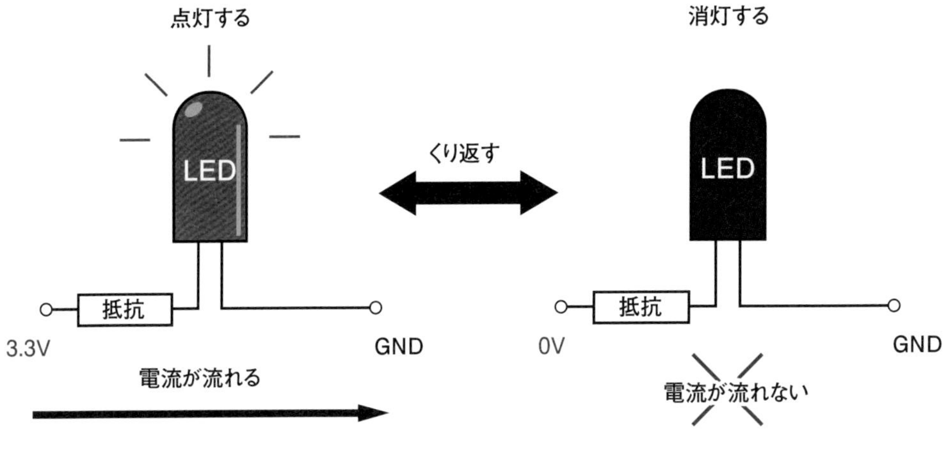

② 電子回路を確認しよう

今回組み立てるLチカ回路は、基本的に6-3のLED点灯回路と同じです。下の図は少し配置を変えて表現したものですが、回路素子の接続の仕方は同じであることを確認してみてください。みなさんは6-3で作成した回路をそのまま使って構いません。ただし、使用するGPIOピンは6-3と異なるので注意してください。

LEDのアノードは、抵抗を通してGPIO17番ピンに接続します。このとき「17」はBCM番号であり、物理的な配置を表す番号ではないことに注意してください（P.195参照）。17番ピンは汎用の端子のため、プログラムで出力電圧を制御できます。

GNDのピンも6-3とは異なりますが、GNDの役割であるピンであれば、どこに接続してもかまいません。

■Lチカ回路の完成イメージ

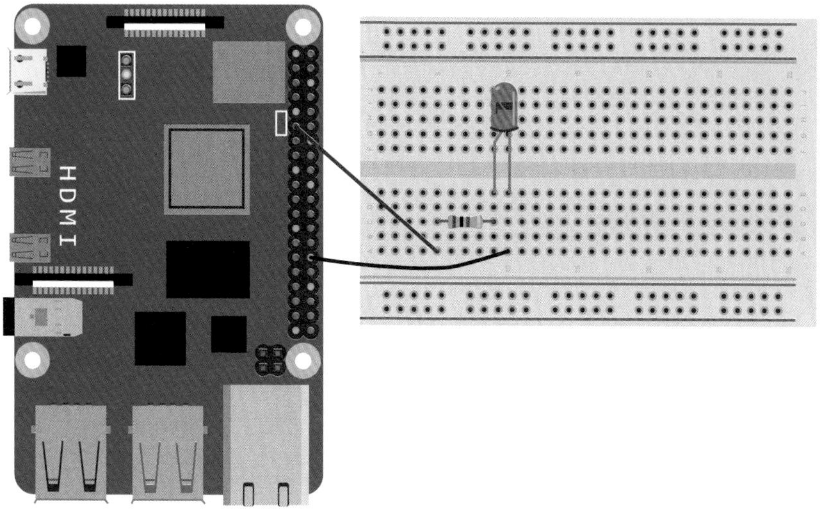

使用部品の確認

使用する部品は、6-3のLED点灯回路と同じです。

・ブレッドボード：1個
・LED「OSDR5113A」：1個
・抵抗（100Ω）：1個
・ジャンパーワイヤー（オスーメス）：2本

③ 電子回路を組み立てよう

電子回路は基本的に6-3で作成したものと同じですが、GPIOの接続が異なることに注意して組み立ててください。

1 Raspberry Piの電源を入れ、次のようにブレッドボード上に部品を接続します。

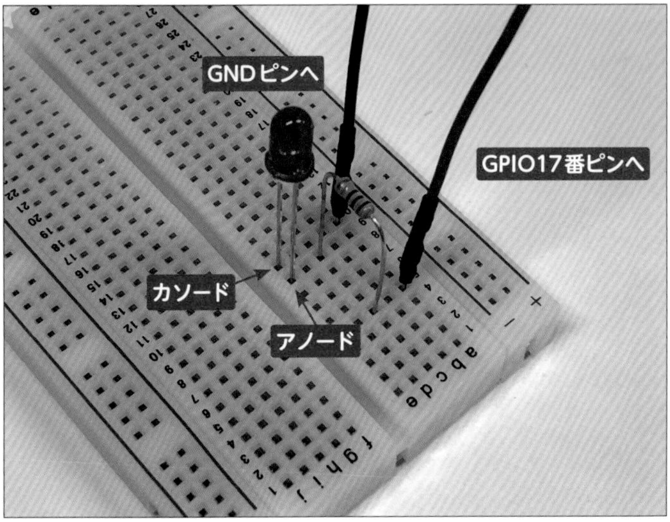

2 抵抗を通してLEDのアノードとつながっているジャンパーワイヤーは、GPIO17番ピンに接続します。LEDのカソードとつながっているジャンパーワイヤーは、GNDのピンと接続します。

④ PythonでLEDを点灯させよう

LEDを点滅させる前に、まずは点灯させるプログラムを作りましょう。のちほど、この点灯させるプログラムをもとに、点滅させるプログラムを作ります。

プログラムの作成

PythonでLEDを点灯させるには、GPIO Zeroライブラリの LEDというクラス（プログラムのパーツ）を利用します。Pythonではfrom X import Y文で、モジュールXのクラスYを取り出せます。この構文を使っていきます。

■LEDを点灯させるプログラム

ファイル「213-1.py」

```
from gpiozero import LED
from signal import pause

led = LED(17)

led.on()

pause()
```

- led = LED(17) ← GPIO17番ピンをLEDに使用。()内で使用するGPIOピンの番号を指定
- led.on() ← LEDを点灯
- pause() ← プログラムが終了しないように一時停止

詳しく確認していきましょう。まず1行目で、GPIO Zeroライブラリから LEDをインポートします。これでPythonのプログラムからGPIOを介して、LEDを操作することができます。プログラムを実行状態で停止するために、signalからpauseもインポートします。

LEDを操作するプログラムでは、LEDを接続するGPIOの指定が必要です。今回、LEDのアノードとつながっているGPIOピンのBCM番号は17です。そこでLED(17)と指定します。このLED(17)を変数ledに代入して使います。もしほかのGPIOを使うのであれば、そのピン番号をカッコでくくりましょう。

led.on()はLEDを点灯させる命令です。先ほど「GPIO17番ピンをLEDに使用する」と宣言したので、そのLEDが点灯します。さらに、LEDが一瞬だけ点灯してプログラムが終了するのを防ぐために、最後にpause()を書きます。

入力が完了したら、Ctrl＋Sキーを押して、「名前を付けて保存」画面でファイルを保存しましょう。ここではファイル名を「213-1.py」にして保存します。

●プログラムの実行

　プログラムが作成できたら、さっそく実行してみましょう。実行にはターミナルを使用します。ターミナルを起動したら、以下のように、python3コマンドのあとに、作成したPythonのプログラムファイルを指定します。

■プログラムの実行例

```
$ python3 213-1.py ⏎
```

■プログラムの実行結果

　プログラムを実行すると、GPIO17番ピンに接続したLEDを点灯させる命令が処理され、LEDが点灯します。もし点灯しない場合は、回路やプログラムが間違っていないか確認しましょう。

　何もしないと、プログラムは実行され続け、LEDは点灯したままです。プログラムを終了するには、Ctrl + C キーを押しましょう。

5 PythonでLEDを点滅させよう

次に、LEDが点滅するLチカを実装します。

プログラムの作成

timeモジュールのsleepメソッドを用いて、以下のように、1秒ごとに点滅をくり返すプログラムを書いてみましょう。

■LEDを点滅させるプログラム

ファイル「215-1.py」

```
from gpiozero import LED
from time import sleep

led = LED(17)

while True:
    led.on()
    sleep(1)
    led.off()
    sleep(1)
```

GPIO17番ピンをLEDに使用

ここから無限ループ

LEDを点灯

1秒待機

LEDを消灯

1秒待機

while True部分で無限ループするようになっており、最後にプログラムが終了しないため、pause()は今回は不要です。

sleepメソッドを使うと、処理を一時停止することができます。led.on()のあとにsleepメソッドを用いることで、LEDを点灯させた状態のまま指定時間だけ処理を停止し、時間が過ぎれば次の命令led.off()に移行してLEDが消灯します。そして再びsleepメソッドで、指定時間だけLEDの消灯を維持します。指定時間が過ぎれば、ループしてもう一度led.on()からくり返します。

停止時間はsleep()のカッコ内で指定します。1秒間だけ処理を停止させたいのであれば、カッコ内に1と書きます。

プログラムの実行

プログラムを実行すると、LEDは1秒ごとに点灯と消灯をくり返します。

■プログラムの実行例

```
$ python3 215-1.py⏎
```

■点滅をくり返すLED

LEDを点滅させるプログラムは、gpiozero.PWMLEDというものを使用することで、次のようにも実現できます。ここではPWMという制御手法を使うことになりますが、このPWMについてはP.217で詳しく説明します。

■PWMを用いてLEDを点滅させるプログラム

ファイル「216-1.py」

```
from gpiozero import PWMLED
from signal import pause

led = PWMLED(17)  ← GPIO17 番ピンをPWM 制御のLED として使用
led.blink(on_time=1, off_time=1)  ← LEDを点滅

pause()
```

led.blink() は、LED を点滅させるメソッドです。on_time とoff_time はオン／オフそれぞれの時間であり、秒で指定します。点灯する時間と消灯する時間はそれぞれ、on_time=、off_time=のあとの数字で指定します。ここではそれぞれ1と指定しているため、1秒ずつ点灯と消灯をくり返し、先ほどの215-1.pyと同じ挙動をします。この数字を変えれば、さまざまな点滅パターンを実装できます。

⑥ LEDの明るさを調節しよう

PWMのしくみを確認し、PWMを使ってLEDの明るさを調節してみましょう。

PWMのしくみ

LEDの明るさは、LEDにかける電圧（LEDに流れる電流）で決まります。LEDの光を少し暗くするには、電源とLEDの間の抵抗を直列に増やすことで実現できますが、そうすると自由に明るさを調整するのが難しくなります。また、Raspberry Piの汎用ピンのようなデジタル出力では、HighとLowの切り替えしかできず、その間の電圧を出力することができません。

そこで使われるのが、PWM（Pulse Width Modulation、パルス幅変調）制御です。これは、高速にオンとオフを切り替えることで、平均的に中間の電圧を表現する手法です。ここで自転車のライトを思い出してください。ペダルの漕ぎ始めはライトが点滅しているのが見えますが、漕ぐのが速くなるにつれて点滅の間隔が短くなっていき、そのうち点滅していることすら認識できなくなります。蛍光灯なども、ずっと点灯しているように見えますが、実はすばやい点滅をくり返しているのです。

PWMを使って速い点滅をくり返し、オンとオフの時間の比の大きさを制御すれば、LEDの明るさを調整できます。たとえば、GPIO17番ピンがオンである時間とオフである時間の比を2:1として、時間的に平均すると、3.3V × 2/(1+2)=2.2Vとなります。これは、3.3Vまたは0Vしか出力できない電源を使って、2.2Vを一定出力する電源に見せかけられる、ということです。PWM制御は、デジタル出力を用いて、擬似的にアナログ出力を実現する技術ということもできます。

では、先ほどと同じ回路を使って、PWM制御による明るさの変更をしてみましょう。

■PWM制御でデジタル出力をアナログに見せかけられる

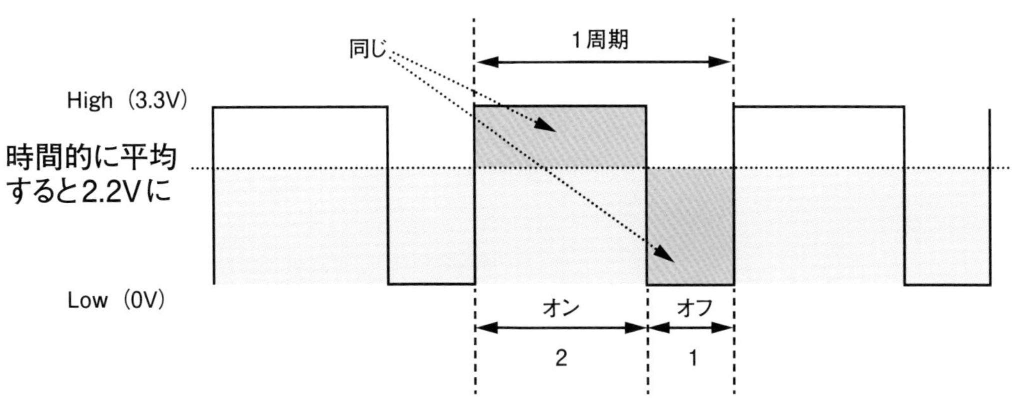

●プログラムの実行

GPIO Zeroライブラリには PWMLED という専用のクラスがあり、gpiozero.LED()のかわりにgpiozero.PWMLED()を使用して、LEDをPWM制御できます。

■LEDの明るさを変えられるプログラム

ファイル「218-1.py」

```
from gpiozero import PWMLED
from time import sleep

led = PWMLED(17)

while True:
    led.value = 1        ← オン100%(明るさ最大)
    sleep(1)             ← 1秒待機
    led.value = 0.5      ← 50%(明るさ半分)
    sleep(1)
    led.value = 0.25     ← 25%(明るささらに半分)
    sleep(1)
    led.value = 0        ← 0%(消灯)
    sleep(1)
```

PWMLEDではled.on()を使いません。led.value = のあとの数字(0～1)で、オンとオフの比を指定します。

●プログラムの実行

ターミナルからプログラムを実行すると、明るさが1秒ごとに変化しながら、点灯と消灯をくり返します。

■LEDの明るさが段階的に暗くなる

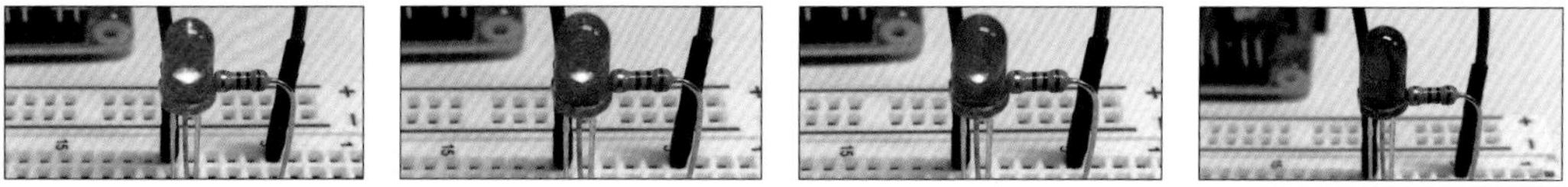

明るさ100%　　50%　　25%　　0%

●じわじわ光らせるプログラム

gpiozero.PWMLEDには、PWMを使ってじわじわと明るさを変化させるメソッドも用意されています。これを使って蛍のような光を表現できます。

■じわじわと光らせるプログラム

ファイル「219-1.py」

```
from gpiozero import PWMLED
from signal import pause


led = PWMLED(17)


led.pulse(fade_in_time=1, fade_out_time=1)

pause()
```

- `led = PWMLED(17)`：GPIO17番ピンをPWM制御のLEDとして使用
- `fade_in_time=1`、`fade_out_time=1`：fade_in_timeで明るくなる時間を、fade_out_timeで暗くなる時間を指定
- `pause()`：プログラムが終了しないように一時停止

led.on()のかわりに、led.pulse()を使います。pulse()では、時間をかけて明るさを上げ、時間をかけて明るさを下げていく動作を実現できます。明るさを変化させる秒数は、fade_in_time=とfade_out_time=のあとの数字で指定します。その背後では、オンとオフの時間の比を逐次変更して、明るさの変化を実現しているのです。

このプログラムを実行すると、LEDが1秒かけて明るくなり、1秒かけて暗くなる動作を確認できます。

MEMO　PWMの種類

Raspberry PiのGPIOには、PWMの出力ができるピンがいくつかあります。これらのピンは電子回路の段階からPWMの波形を作ることができ、このようなピンを使ったPWM制御をハードウェアPWMといいます。対して、Pythonなどのプログラムにより、オンとオフをくり返してPWM制御を行う方法をソフトウェアPWMといいます。
ソフトウェアPWMはプログラムによる動作のため、若干の誤差があったり、処理に計算が必要だったりしますが、ピンを選びません。ハードウェアPWMは比較的安定しており、計算コストも軽いのが特徴です。GPIO Zeroライブラリでは、ソフトウェアPWMを用いて実装できます。

6-5 センサーで物までの距離を測ろう

これまではRaspberry Piから外部へ出力する内容でしたが、GPIOに回路の状態を入力して、外部の情報を得ることもできます。ここでは、超音波センサーから物までの距離を測り、表示してみましょう。

① 距離を測る超音波センサー

GPIOは汎用入出力であり、出力だけでなく入力として使うこともできます。その場合は、ほかの電子回路のデジタル出力をGPIOで受け取り、Raspberry Pi上のプログラムで処理します。

温度、照度、質量など、現実世界の情報を取得し、電気信号として出力する電子回路をセンサーといいます。さまざまな用途のセンサーが販売されており、Raspberry Piでの電子工作に使えるものもあります。センサーを用いれば、現実世界の状態に合わせて動作するプログラムを作成できます。

本書ではセンサーを使って、センサーと物体との距離を測る例を紹介します。距離を測定するにはいくつか方法がありますが、ここでは超音波測距センサーを利用します。右のように、円柱状のスピーカーとマイク、そして4つの端子があります。端子のうち、「Vcc」と「GND」はセンサーへの電源供給用です。あと2つは、それぞれ「trig」と「echo」と呼ばれる端子です。

■超音波測距センサー HC-SR04

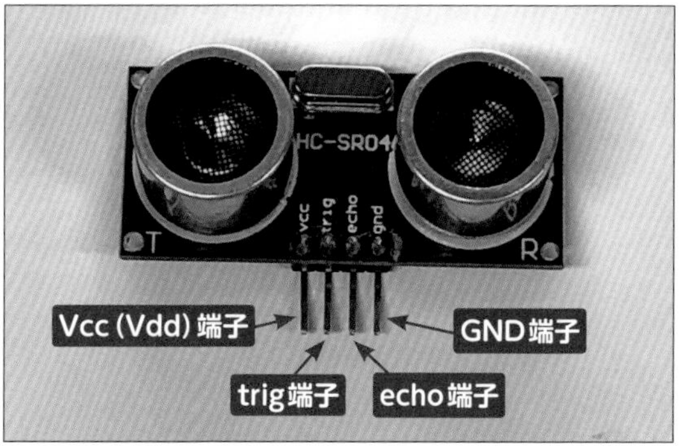

trig端子はトリガー、つまりきっかけです。ここに10μ秒以上の時間、Highを入力すると、それを起点としてスピーカーから超音波が発生し、タイマーがスタートします。超音波が対象物に反射してマイクまで返ってくると、タイマーが止まります。そして、かかった時間の分だけecho端子がHighになり、その時間が計算されます。超音波は対象物までの距離を往復するので、対象物までの距離d [s] から、$d = v \times T/2$という式で求められます。

② 電子回路を確認しよう

まず、超音波測距センサーHC-SR04を使って距離を測定する回路を確認しましょう。

■HC-SR04で距離を測定する回路

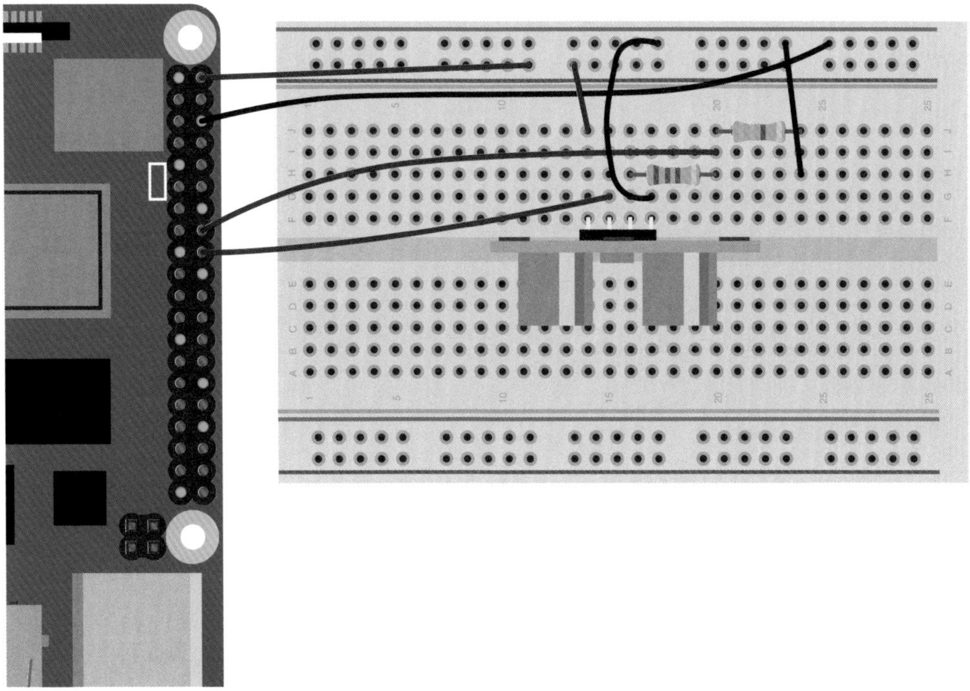

使用部品は以下です。

・ブレッドボード：1個
・超音波測距センサー「HC-SR04」：1個
・抵抗（2.2kΩ、3.3kΩ）：各1個
・ジャンパーワイヤー：適宜

使用するGPIOは、5V出力のピン、trigにHighを入力するための汎用ピン（GPIO24番）、echo端子の出力を受け取るための汎用ピン（GPIO23番）、GNDです。それぞれVcc、trig、echo、gndに接続します。

■HC-SR04とGPIOの接続

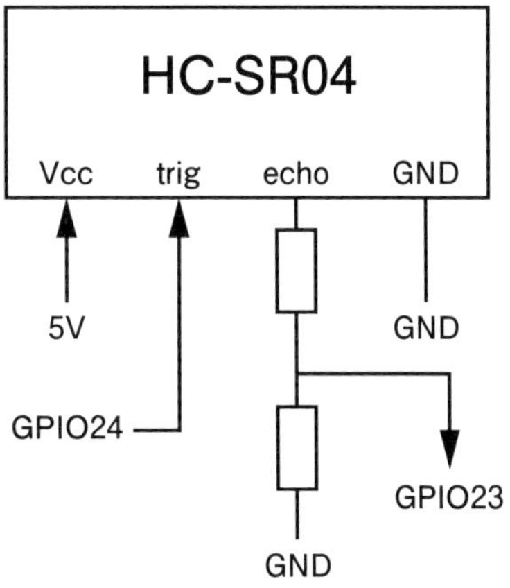

HC-SR04は5V駆動のセンサーです。このためVccにはGPIOから5Vを入力します。また、センサーの出力も5Vです。一方、Raspberry PiのGPIOでは、Highの電圧は3.3Vのため、5Vを入力してしまうとRaspberry Piを壊してしまう可能性があります。このため、echoから5Vで出力されたものを抵抗を使って分圧し、約3.3Vまで落としたものをRaspberry Piに入力します。

3.3Vに落ちるのであれば、抵抗の組み合せは基本的に自由です。今回は2.2kΩと3.3kΩの抵抗を使いますが、ほかに330Ωと470Ωの抵抗で分圧する方法もあります。分圧のために使う抵抗は、無駄な電流を流さないように、大きな抵抗値を持つものにしておくのが、基本的にはよいでしょう。2.2kΩと3.3kΩの抵抗は、それぞれ「赤　赤　赤」、「橙　橙　赤」のものです。

■echoからGPIO23番ピンへの電圧を分圧する回路の例

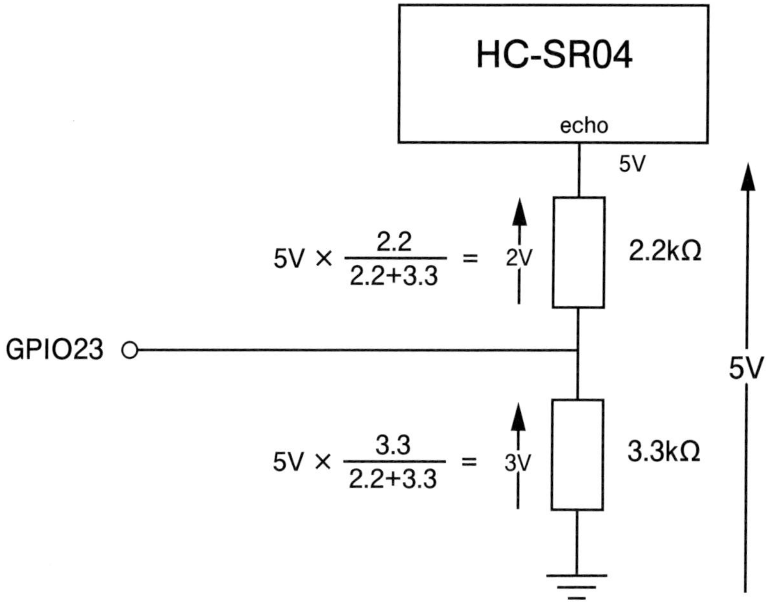

2.2kΩと3.3kΩの抵抗を上図のように使うと、GPIOには3Vが入力されます。3.3Vを越えないので、安全に使用できます。

このような抵抗を用いて電圧を調整する回路は分圧回路と呼ばれます。抵抗を追加するだけなのでかんたんですが、消費電力は増えます。また高速に電圧が切り替わるようなときなどに、うまく分圧できないことがあります。そのようなときには、Highの電圧レベルを変換するICなどを利用するとよいでしょう。

③ 電子回路を組み立てよう

　それでは実際に、電子回路を組み立てていきましょう。

❶以下のように、超音波測距センサーをブレッドボードに挿入します（ここでは14番から17番までに挿入）。そのうえで、センサーのVcc端子（14番）からブレッドボードの＋の列までをジャンパーワイヤーでつなぎます。最終的にこの＋の列とGPIOの5Vピンとを接続するため、オスーメスのジャンパーワイヤーをこの＋の列に挿入しておいてください。なお、センサーのスピーカーとマイクの前に、素子やジャンパーワイヤーが現われることがないよう、配置に注意してください。素子などが超音波の伝搬を阻害するのを防ぐためです。

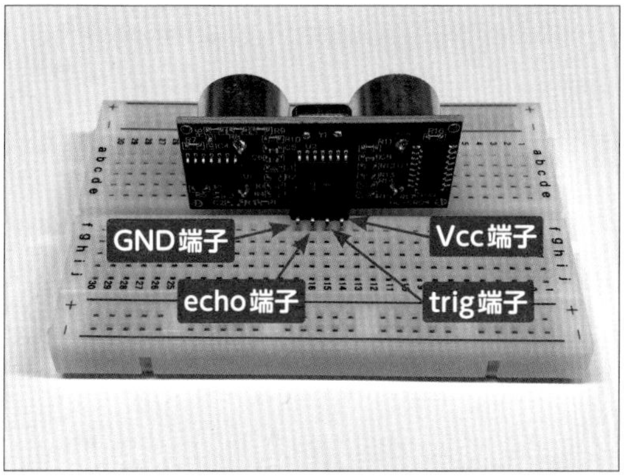

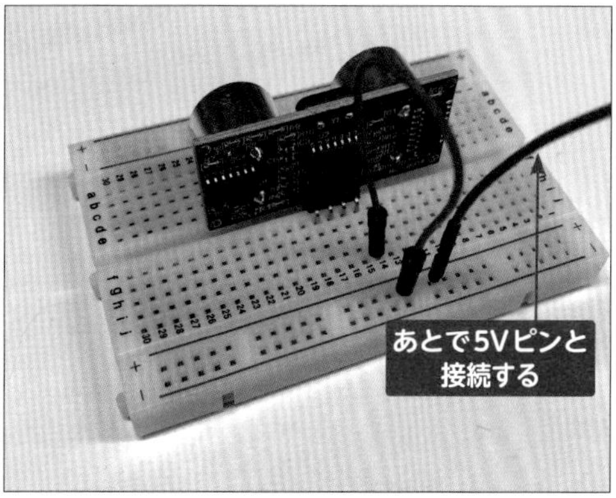

❷trig端子とGPIO24番ピンを接続するために、trig端子と同じ列（15番）にジャンパーワイヤー（オスーメス）を挿します。

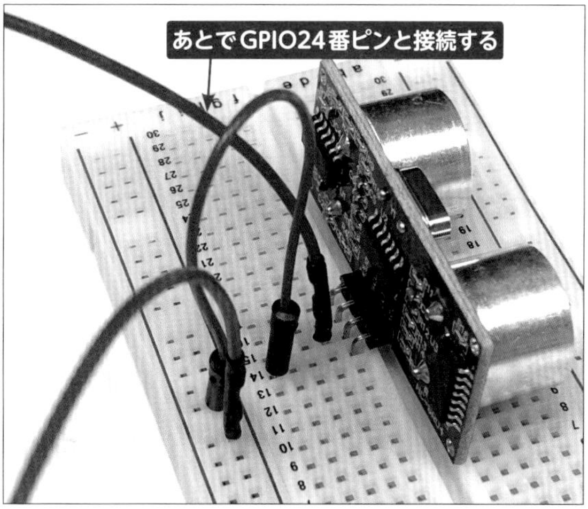

❸echo端子からの出力を分圧する部分を作ります。まずecho端子と同じ列(16番)に片方の足が刺さるよう2.2kΩの抵抗を挿入します。3.3kΩの抵抗は、2.2kΩの抵抗の足と同じ列(echo端子とは異なる列、ここでは20番)に片方の足を入れるよう、挿入してください。そして二つの抵抗の足の共通の列(20番)に、オス-メスのジャンパーワイヤーを挿入します。このジャンパーワイヤーはあとでGPIO23番ピンにつなぎます。

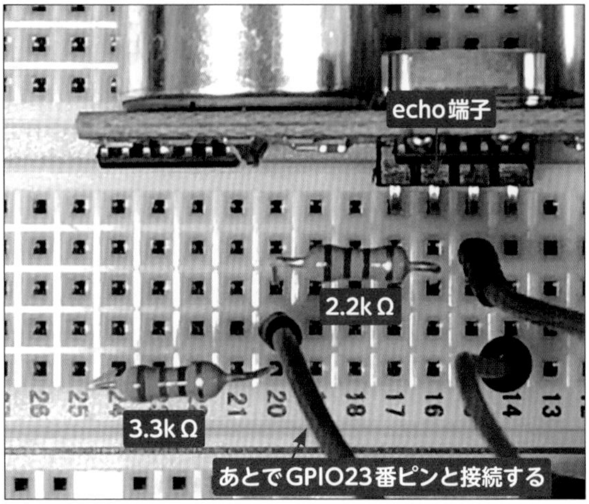

❹GNDをすべて、ブレッドボードの－の列につなぎます。HC-SR043のGND端子の列と、3.3kΩの抵抗の足の列にそれぞれオス－オスのジャンパーワイヤーの片側を挿入し、それぞれのジャンパーワイヤーのもう片側は－の列に挿入します。そして－の列とGPIOのGNDピンを接続するために、オス－メスのジャンパーワイヤーを1本挿入します。

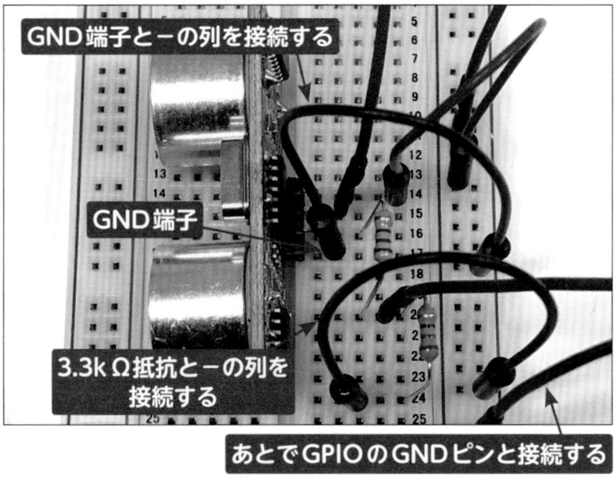

❺Raspberry PiのGPIOとジャンパーワイヤーを接続します。＋の列から出ているジャンパーワイヤーは5V出力ピンに、trigから出ているものはGPIO24番ピンに、echoから分圧した出力はGPIO23番ピンに、－の列から出ているものはGNDピンにそれぞれ接続します。

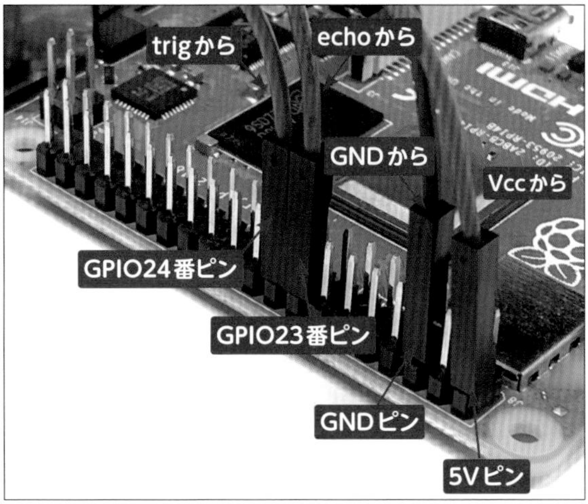

6最後に、右のように接続されていることを確認します。

④ Pythonで距離を測定しよう

電子回路が完成したら、プログラムを作成して動作を確認しましょう。

● プログラムを作成する

Pythonを使って超音波測距センサーを使って距離を測定する、以下のプログラムを作成しましょう。保存するフォルダは第5章など参考に、適当な位置のもので問題ありません。

■距離を測定するプログラム

ファイル「225-1.py」

```
from gpiozero import DistanceSensor
from time import sleep


sensor = DistanceSensor(echo=23, trigger=24, max_distance=5)

while True:
    print('{:.3f} m'.format(sensor.distance))
    sleep(1)
```

GPIO23番ピンをechoに、GPIO24番ピンをtrigに使用

sensor.distanceで距離を取得

GPIO Zeroライブラリには、超音波測距センサーを扱うクラスがあります。センサーから得られるのは超音波の往復時間ですが、GPIO Zeroライブラリのクラスは、その時間から距離を計算してくれます。trigやechoなども、プログラム上ではGPIOピンを指定するだけで、希望の動作が行われるように、自動的に処理をしてくれます。

max_distanceはセンサーで測る最大値です。HC-SR04で測れる最大距離は4m程度なので、5mとしておきます。max_distanceは書かなくても問題ありませんが、その場合は自動的に1mが最大値となります。

作成したプログラムは、「225-1.py」という名前で保存しましょう。

プログラムの実行

プログラムが保存できたら、ターミナルを開いてプログラムを実行しましょう。

プログラムの実行例

```
$ python3 225-1.py ⏎
```

プログラムを実行すると、1秒ごとにセンサーから物体までの距離が表示されます。なお、最大距離を5mとしているので、近くに物体がない場合は5.0mと表示されます。

下の右側の写真のように、足元にセンサーを、頭の上に板を設置すれば、身長を測定することもできます。このように工夫次第で、いろいろなものの長さを測定できます。

プログラムの実行結果

板を使った身長の測定

MEMO

超音波によってわかること

超音波は空気や水などの媒質中を伝搬し、異なる媒質との境界で、反射または透過します。今回はこの性質により距離を測定したわけですが、実は距離以外のものも測ることができます。たとえば、「対象物が何であるか」です。
病院でエコー検査を受けると、臓器や胎児の様子を画像で見ることができます。体内の組織はそれぞれ音の伝わりやすさ（音響インピーダンス）が異なり、隣接する物体の音響インピーダンスの差が大きいほど、超音波が反射する割合が高くなります。この反射度の違いを用いてデジタル画像に変換し、その写り方から、どこに何の組織があるかを突き止めるのです。
超音波によってわかることはほかにもあります。たとえば、建物内部の状態です。建物の鉄骨などの内部には欠陥（空洞や傷）ができることがありますが、これらは事故の原因になり得るため、超音波を用いた探傷検査が行われます。
検査対象となる金属の表面から超音波を伝搬させると、下図のように、欠陥がない場所では底面まで到達して反射しますが、途中で欠陥がある場所では、金属と空気の境界面で反射します。欠陥によって反射した超音波は、底面で反射したものより速く戻ってくるので、その時間から欠陥の有無と位置がわかります。また超音波の伝搬方向に対して、垂直方向に欠陥が大きいと、超音波が反射する量が多くなります。そのため、反射波の大きさを測定することで、欠陥の位置だけでなく大きさもわかるのです。

■超音波探傷検査のしくみ

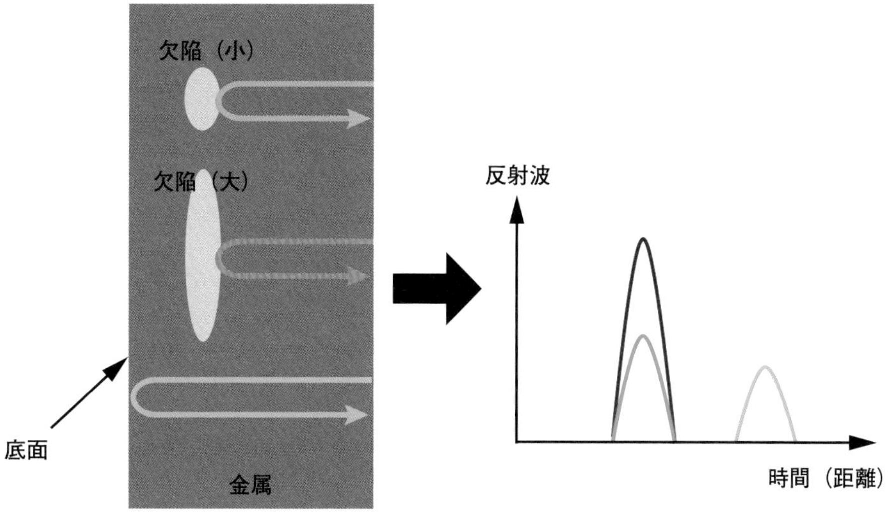

6-6 一定の距離まで近付いたときにLEDが光るようにしよう

次に、物体がある一定の距離まで近付いたときにLEDが光るようにします。超音波測距センサーとLEDを組み合わせた電子回路を作り、物体の距離情報を用いてLEDの点灯を制御するプログラムを作成しましょう。

① LEDとセンサーを組み合わせよう

センサーから得た情報に応じて、回路を駆動させせることができるのは、電子工作の醍醐味の1つです。超音波センサーから得られる情報をもとに、LEDの点灯を制御することで、距離とLEDを関連付けることができます。つまり、距離の変化をLEDの変化に結び付けることができます。たとえば、センサーに近付くほどLEDの明滅の間隔が狭まり、遠ざかるほどLEDが暗くなる、といった回路を実装することができます。今回はそのもっとも単純な例として、一定の距離まで近付いたときに、LEDが光るようにしてみましょう。

■センサーからの距離に応じたLEDの点灯／消灯

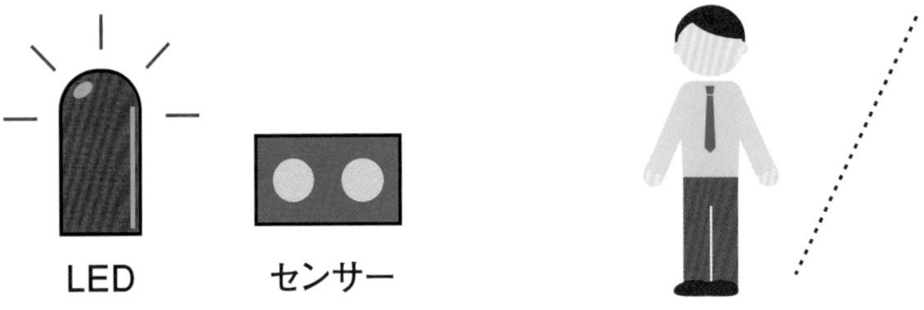

物体がある距離より近ければ、LED点灯

物体がある距離より遠ければ、LED消灯

② 電子回路を確認しよう

今回使用する回路は、以下のようなものです。一見複雑そうに思えますが、実は、超音波測距センサーを用いて距離を測定する回路と、LEDを点灯させる回路を別々に作り、GNDを一致させればよいだけです。つまり、6-5で作成した測距回路に、6-4のLED点灯回路を追加するだけで完成します。

■作成する回路

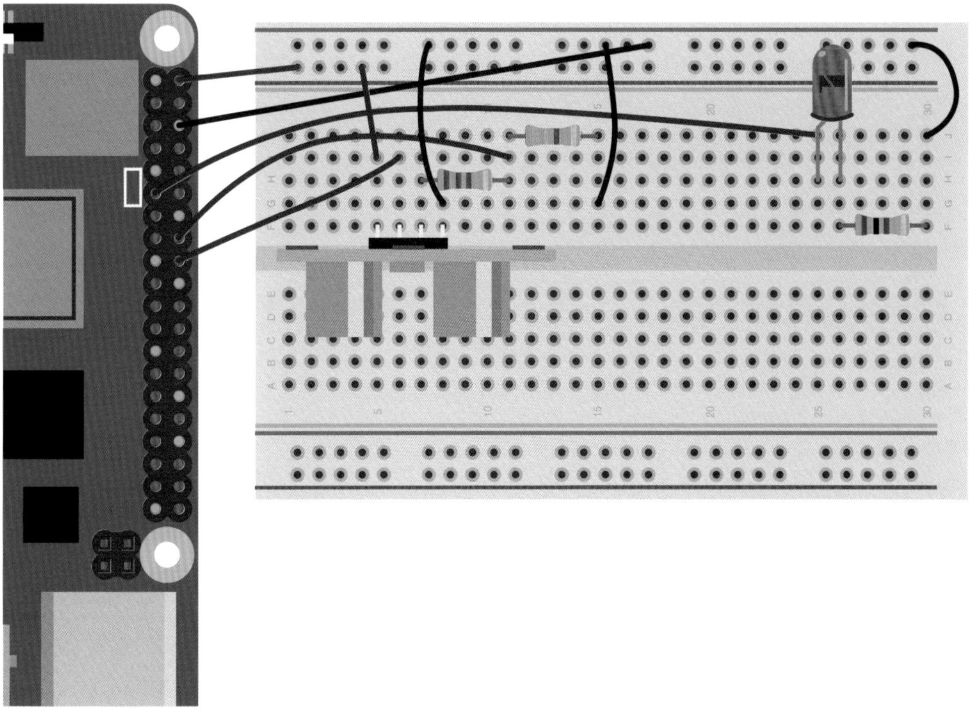

●使用する部品

回路作成のために必要な部品は以下のとおりです。

・ブレッドボード：1個
・超音波測距センサー（HC-SR04）：1個
・LED：1個
・抵抗（100Ω、2.2kΩ、3.3kΩ）：各1個
・ジャンパーワイヤー：適宜

③ 電子回路を組み立てよう

距離を測定する部分の作成手順は6-5で紹介しました。そちらを参照してください。ここでは、その測距回路を作成したあとの、LED点灯回路部分の作成と、GPIOとの接続について解説します。

❶測距回路を作成したブレッドボードの空いている場所に、以下のようにLEDと100Ωの抵抗を接続します（ここではLEDを25番と26番、抵抗を26番と30番に接続）。

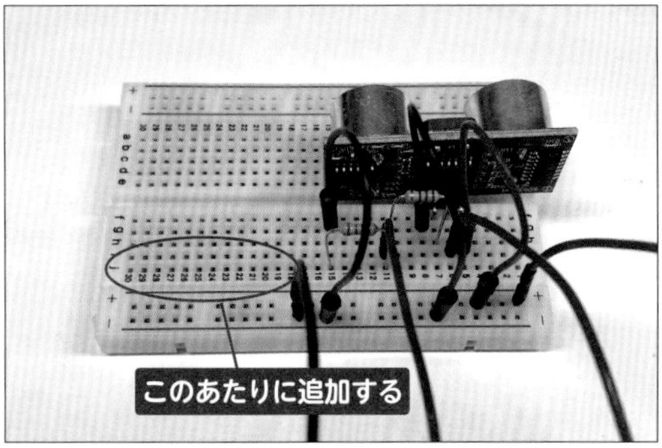

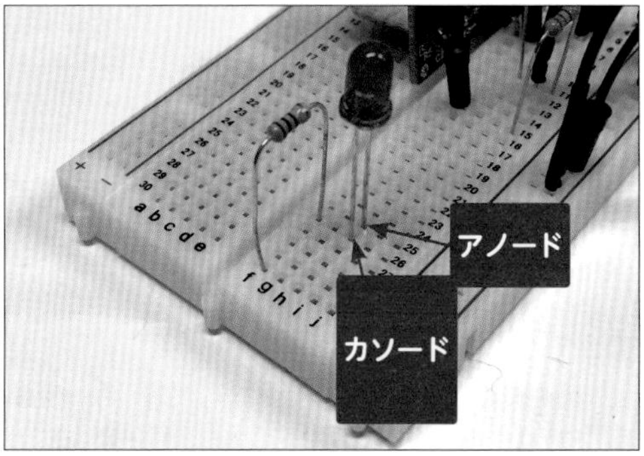

❷測距回路のGNDがつながっている列に、LED点灯回路のGNDも接続します。この回路では－の列に接続しているので、同じ列にジャンパーワイヤーを接続します。そしてLEDのアノード側に電源供給用のジャンパーワイヤーを接続します。

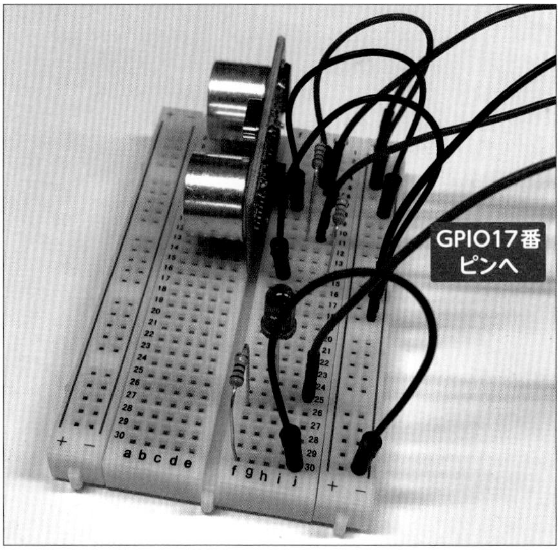

3ジャンパーワイヤーとGPIOを以下のように接続します。

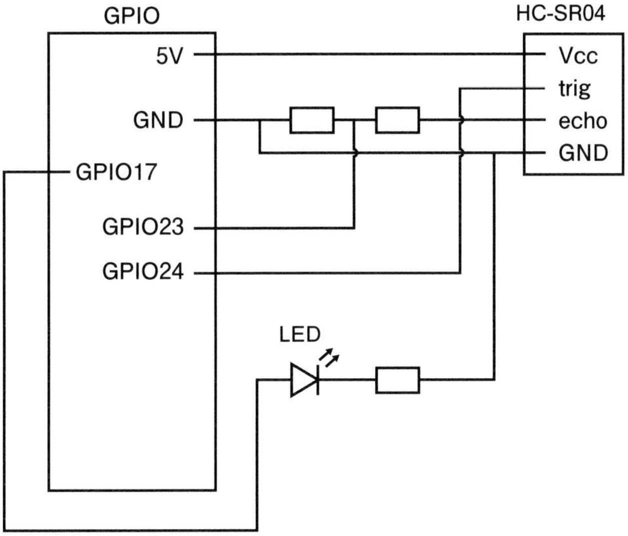

今回のようにGPIOを多数使用する回路では、ジャンパーワイヤーを挿入する位置を間違えやすいので、それぞれのジャンパーワイヤーがどこにつながっているか、どのGPIOを使用するかをしっかりと確認しましょう。異なる色のジャンパーワイヤーを用いるのも工夫の1つです。

④ Pythonでプログラミングしよう

センサーから距離情報を得て、その距離に応じてLEDを点灯／消灯させるプログラムには、2つの書き方があります。1つは条件分岐を用いる書き方、もう1つはイベントを利用した書き方です。

●条件分岐を用いたプログラムの作成

まずは、ある条件を満たすか否かによって次に実行する処理を決定する、条件分岐を用いたプログラムを作成しましょう。

■一定の距離まで近付いたときにLEDが光るプログラム（条件分岐）

ファイル「232-1.py」

```
from gpiozero import LED, DistanceSensor
from time import sleep

led = LED(17)
sensor = DistanceSensor(23, 24, max_distance=5)

while True:
␣␣␣␣if sensor.distance < 1:
␣␣␣␣␣␣␣␣if not led.is_lit:
␣␣␣␣␣␣␣␣␣␣␣␣led.on()
␣␣␣␣else:
␣␣␣␣␣␣␣␣if led.is_lit:
␣␣␣␣␣␣␣␣␣␣␣␣led.off()
␣␣␣␣sleep(1)
```

- led = LED(17) ← GPIO17番ピンをLEDに使用
- sensor = DistanceSensor(23, 24, max_distance=5) ← GPIO23番ピンをechoに、GPIO24番ピンをtrigに使用
- if sensor.distance < 1: ← 1mより近くに物があれば
- if not led.is_lit: / led.on() ← LEDが消灯していれば点灯
- else: ← 近くに物がなければ
- if led.is_lit: / led.off() ← LEDが点灯していれば消灯
- sleep(1) ← 1秒間処理を停止

まずGPIO Zeroライブラリから LEDと距離センサーに関するクラスをインポートします。LEDの光り方を制御するときと同様に、GPIO17番ピンを使用することを宣言します。そして、超音波測距センサーのechoとtrigとしてそれぞれGPIO23番、GPIO24番ピンを使用することと、最大距離を5mとすることも明記します。

while Trueの無限ループ内では、「センサーから物体までの距離が1mより小さい」ことを条件に、それを満たすならLEDを点灯させ、満たさないならLEDを消灯させる、という分岐処理

を行います。範囲内に物が入った瞬間にのみLEDを点灯させるために、led.is_litを用いて、LEDが点灯しているかどうかを確かめます。さらに、超音波の反射から距離を得るのには少し時間がかかるため、これを待つためにsleepメソッドで処理を一時停止させます。

このプログラムの流れをフローチャートに表すと、以下のような構造になります。複雑なプログラムを書きたい場合は、このようなフローチャートを最初に作成しておくと、間違えにくくなります。

■232-1.pyのフローチャート

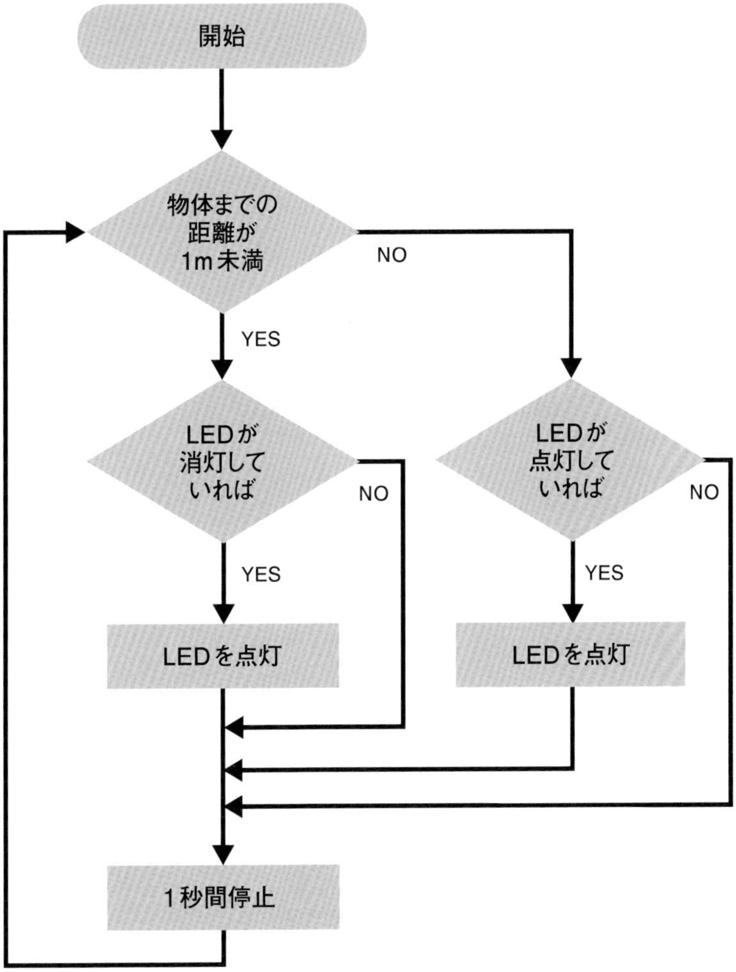

●イベントを用いたプログラムの作成

条件分岐を用いた書き方を説明しましたが、GPIO Zeroライブラリでは、「ある距離よりも内側に入ったとき」、あるいは「外側に出たとき」、というイベントを起点に、関数を実行するようにプログラムすることもできます。以下のように、プログラムを作成してみましょう。

■一定の距離まで近付いたときにLEDが光るプログラム（イベント）

ファイル「234-1.py」

```
from gpiozero import LED, DistanceSensor
from signal import pause

led = LED(17)
sensor = DistanceSensor(23, 24, threshold_distance=1, max_distance=5)

sensor.when_in_range = led.on
sensor.when_out_of_range = led.off

pause()
```

境界は1m（threshold_distance=1）

境界より内側ならLEDを点灯（sensor.when_in_range = led.on）

境界より外側ならLEDを消灯（sensor.when_out_of_range = led.off）

このプログラムでは、「1mという境界の内側に物が入ったとき」、あるいは「その境界の外側に出たとき」、というイベントをきっかけに、LEDを点灯／消灯させるメソッドを実行します。

232-1.pyと比較しながらプログラムを見ていくと、新しくthreshold_distance=1が登場していることに気付くでしょう。thresholdは「しきい値」という意味の英単語であり、threshold_distanceは「しきい値となる距離」となります。今回のようにセンサーから1mの距離を境界とする場合、threshold_distance=1と記述します。

また、メソッドであるled.onやled.offにカッコ ()が付いていません。232-1.pyのように、メソッドや関数をカッコ付きで書くと、その場でメソッドなどが実行され、その実行結果が代入されます。一方、このプログラムのようにカッコを書かずに代入すると、LEDを点灯／消灯させるメソッド自体を代入することになります。1mという境界内に入ったときに働くwhen_in_range君に、LEDの電源を入れるボタンを渡しておき、イベントが発生するたびに、ボタンを押してもらうイメージです。

プログラムを実行する

プログラムを保存して実行しましょう。232-1.py、234-1.pyのどちらも同じ挙動をするはずです。確認してみましょう。

■232-1.pyの実行例

```
$ python3 232-1.py ⏎
```

■234-1.pyの実行例

```
$ python3 234-1.py ⏎
```

物との距離が1mより近い場合は、LEDが点灯します。一方、1mよりも遠いと、LEDが消灯します。

■センサーの近くに物があると点灯

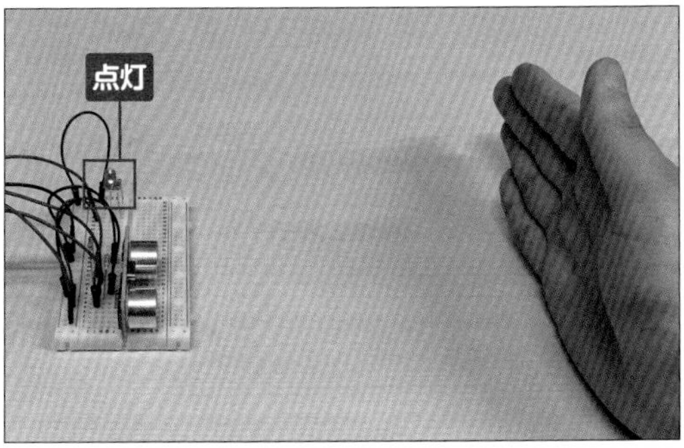

■センサーの近くに何もなければ消灯

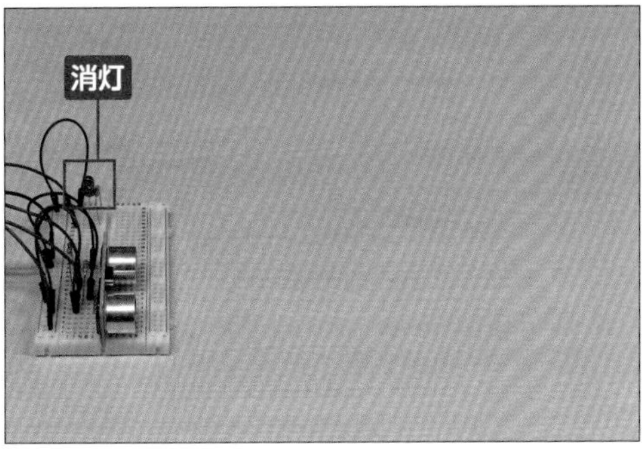

MEMO　イベントドリブンプログラミング

イベントを起点として処理を行うプログラムの書き方を、イベントドリブン（イベント駆動）プログラミングといいます。代表的なイベントは、キーボードやマウスなどからの入力で、「クリックしたら次の画面へ」などの使われ方をします。これは、スマートフォンのアプリなど、画面による操作を行うソフトウェアを開発するときによく用いられるものです。Pythonのプログラムは主にターミナルで実行されるため、処理中にキーボードやマウスの入力が求められることが少なく、イベントが扱われることは多くありません。しかし電子工作においては、今回のようにセンサーからのイベントを扱う場合があり、わかりやすさからよく用いられます。

6-7 カメラで画像を撮影しよう

Raspberry Piには専用の外部カメラ（別売）があります。これで、写真や動画を撮ることができます。カメラの接続方法や使い方を習得し、新しいセンサーと組み合わせて、人が近付いたときに写真を撮るシステムを作ります。

① 近付いたらカメラで自動撮影するようにしよう

Raspberry Piにカメラモジュールという部品を取り付けることで、写真や動画の撮影が行えます。モジュールとは、センサーよりもある程度まとまった機能を持っている部品のことです。カメラモジュールの内部に、光を検出するセンサーが非常にたくさん使われているため、そのような呼び方をします。

6-6では、物体がある境界範囲内に入ったり出たりすることを起点として、LEDの点灯と消灯を制御しました。その応用として、今回は人が動くことをきっかけとしてカメラで写真を撮影する、人感センサーカメラを作りましょう。ここでのポイントは、「近くに物があること」ではなく、「人の動き」を検知し、そのセンサーの情報をもとに写真を撮影することです。

■人の動きを検知して撮影するイメージ

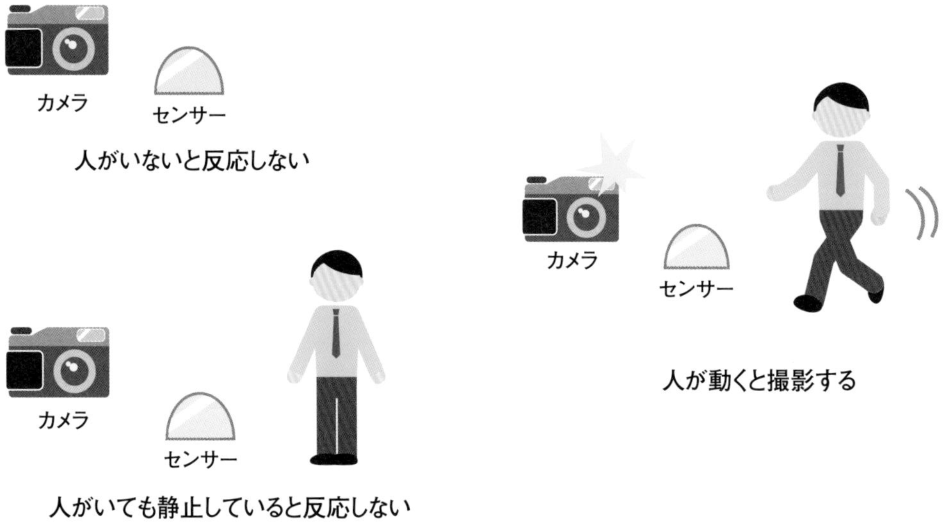

② 焦電型赤外線センサーとカメラモジュール

●焦電型赤外線センサー

超音波測距センサーは、超音波の送信・受信によって物体までの距離を測定するセンサーでした。このセンサーはさまざまな物体に反応するので、人感センサーとしては使えません。今回は、人などの熱を持つ物体が動いたことを検知する焦電型赤外線センサーを使います。

焦電型赤外線センサーは、焦電効果を用いて赤外線を検知するセンサーです。焦電効果とは、かんたんにいうと、温度変化によって電圧が生じる現象です。人や動物など、熱を持つ物体は必ず赤外線を放出しており、その発せられた赤外線がセンサーに到達すると、センサーが温められ、その温度変化によって電圧が発生するのです。これを増幅することで、人が動いたことを検出できます。

■焦電型赤外線センサー HC-SR501

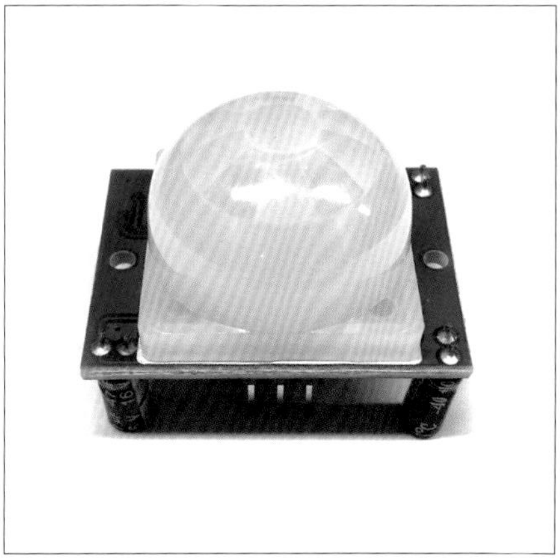

●カメラモジュール

Raspberry Piで使われるカメラは、カメラモジュールといわれます。右の写真における、基板上のものがモジュール部分です。カメラモジュールは、CMOSイメージセンサーと呼ばれるセンサーが内部で利用されています。そのイメージセンサーもまた、光を3原色に分解してそれぞれの強度を測る光センサーを多数並べて作られています。モジュールから白く薄いものがつながっています。これはカメラモジュールとRaspberry Piを接続する電線で、リボンケーブル、フレキシブルフラットケーブルなどと呼ばれます。

また、16ミリ望遠レンズや6ミリ広角レンズを取り付けられる「Raspberry Pi High Quality Camera」や、赤外線感応高精細ビデオカメラの「Pi NoIR Camera V2」も販売されています。

■カメラモジュール

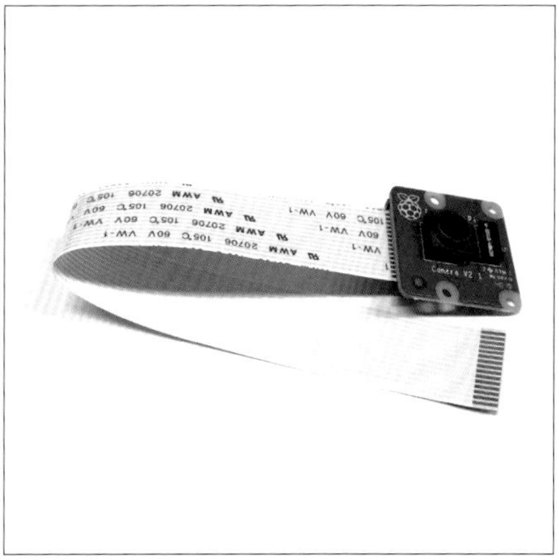

③ カメラモジュールを設定しよう

カメラモジュールを使用するには、Raspberry Pi本体と接続し、カメラを有効にする設定をしなければなりません。

●カメラモジュールとRaspberry Pi本体との接続

カメラモジュールの接続作業は、Raspberry Piの電源を切った状態で行います。まずはシャットダウンし、電源コードを本体から外してください。

Raspberry Piは、カメラシリアルインターフェース（Camera Serial Interface、CSI）という規格でカメラモジュールを接続できます。Raspberry Pi本体にCSIの挿入口があるので、そこにリボンケーブルを接続します。

1「CAMERA」と書かれたCSIの挿入口にある、黒いカバーを持ち上げます。

2リボンケーブルの青色の面が、黒いカバーに当たる向きで、リボンケーブルを挿入します。そのうえでカバーを押し込んで固定します。

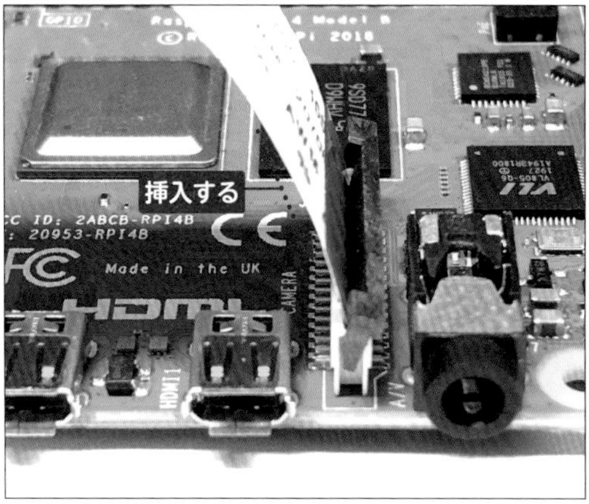

❸右のように接続できていることを確認します。確認できたら、Raspberry Piの電源を入れましょう。

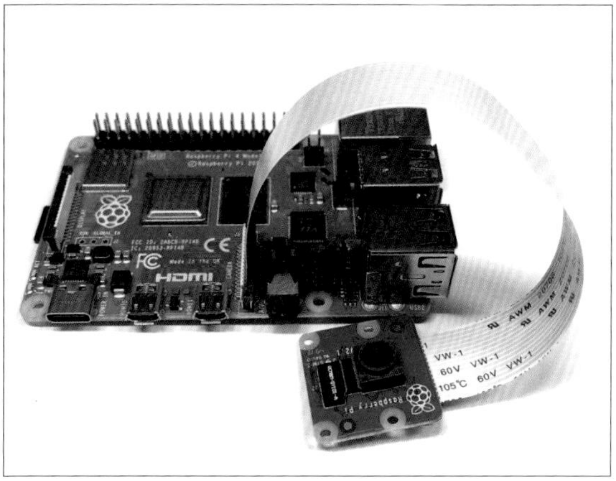

●カメラを使うための設定

初期設定では、カメラモジュールを接続しただけではカメラを使用することができません。Raspberry Pi OSの設定で、カメラを有効化する必要があります。

❶デスクトップ画面で をクリックし、＜設定＞→＜Raspberry Piの設定＞の順にクリックします。

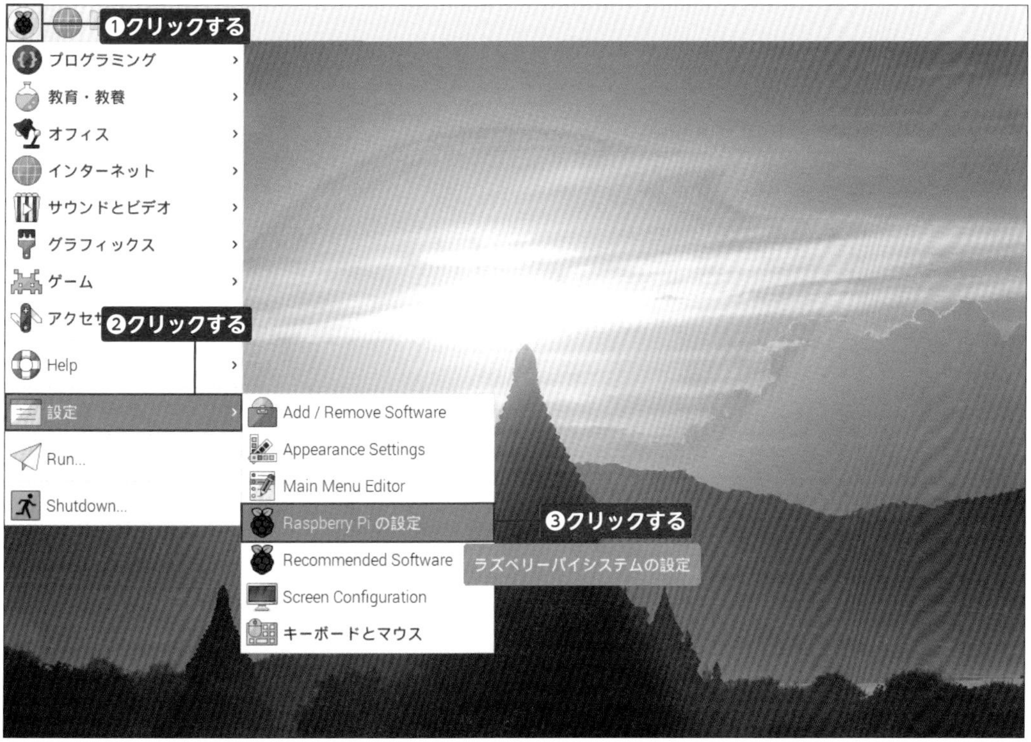

2「Raspberry Piの設定」画面が開きます。＜インターフェイス＞をクリックし、「カメラ」の「有効」のチェックボックスをクリックしてチェックを付けます。＜OK＞をクリックします。

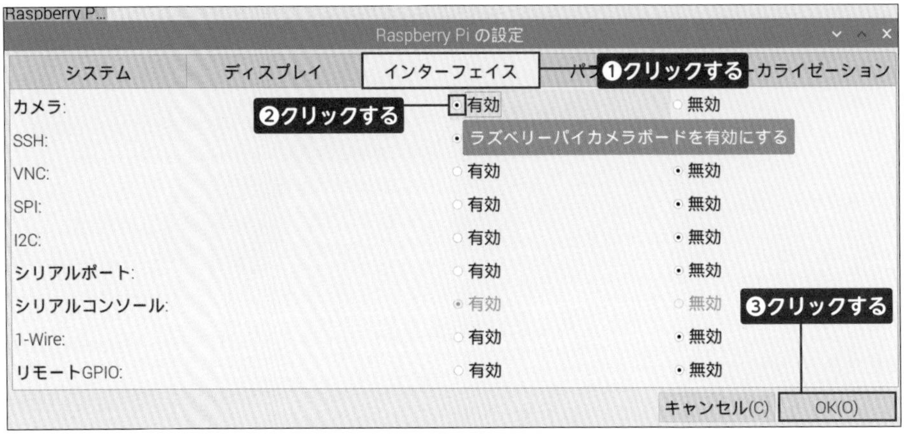

3再起動を促されるので、再起動します。再起動後、カメラが使えるようになっているはずです。以下の手順で確認してみましょう。

●カメラの動作確認

これまでの操作で、カメラモジュールの接続と設定は完了しています。ここで一度、本当にカメラが動くかどうかを確認しましょう。Raspberry Piのカメラはコマンドで動かすことができます。ターミナルを開いて、以下のようにコマンドを入力してください。

■カメラで撮影するコマンド

```
$ raspistill -t 1000 -o test.jpg ⏎
```

保存する画像名

このコマンドを実行すると、カメラの写している映像が1秒間表示されます。そのあとでファイルマネージャーで「pi」フォルダを開くと、「test.jpg」という名前の画像が保存されていることが確認できます。

画像をダブルクリックすると、その画像を見ることができます。

もし写真を撮影できない場合は、接続方法が間違っていないか、設定がされているかを確認しましょう。

■コマンド実行後に保存された画像

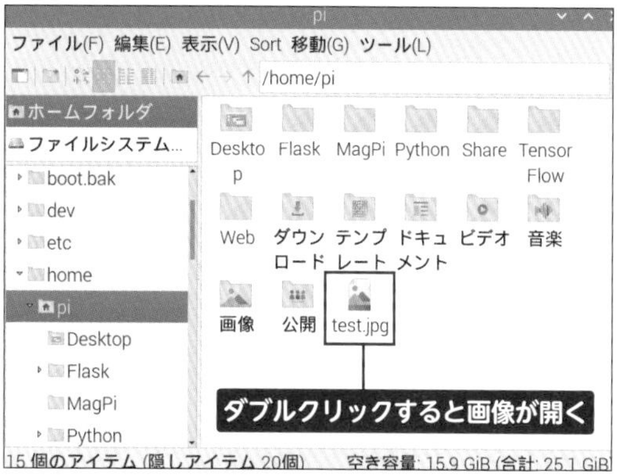

カメラの焦点の調整

テスト画像を確認してみて、「ピントが合っていない」と感じた場合は、カメラの焦点を調整しましょう。カメラモジュールの丸い部分を回転させることで調整することができます。

■カメラモジュールのレンズ部分

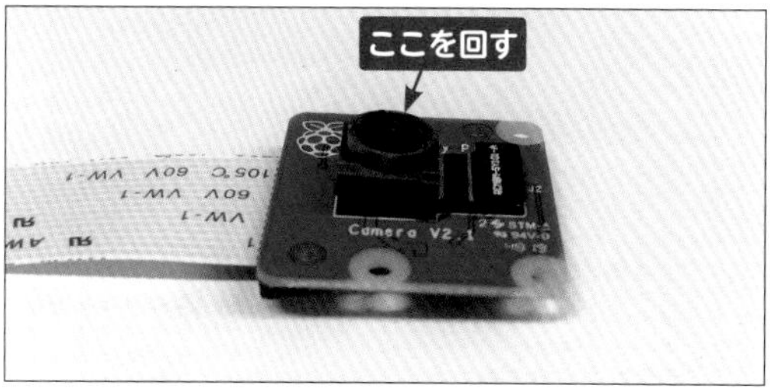

カメラモジュールの購入時に専用の部品が同封されていた場合は、それをレンズ部分にはめて回します。部品がない場合は、ピンセットなどでつまんで回してください。

■ピント調整用部品

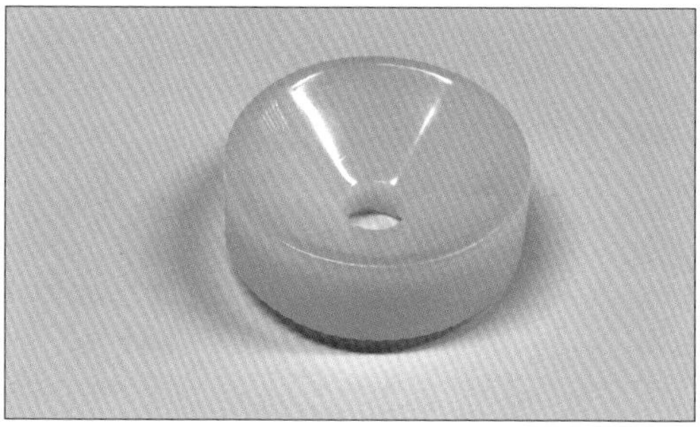

■ピント調整用部品での調整

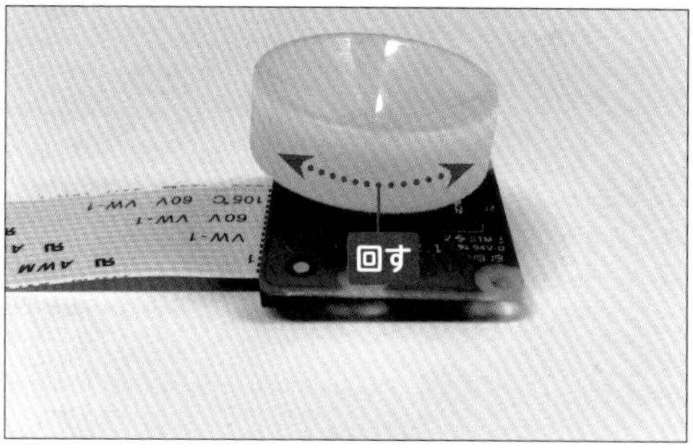

④ 電子回路を確認しよう

カメラモジュールと焦電型赤外線センサーを使用して、人が近付いたときに写真を撮影する回路は、次のようになります。

■人が近付いたときに自動撮影する回路

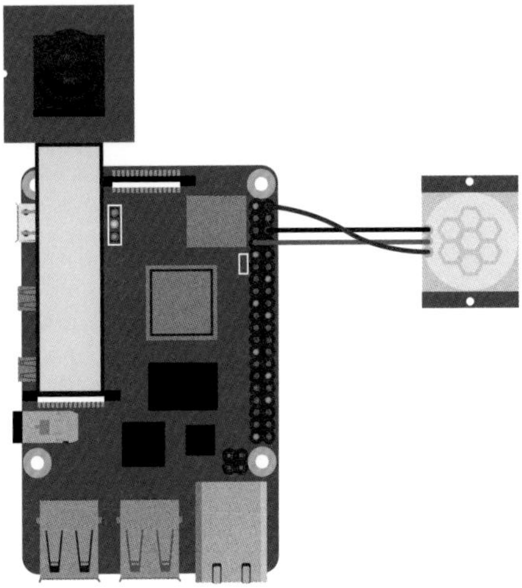

焦電型赤外線センサーHC-SR501は5V駆動の素子なので、Vcc端子とGPIOの5Vピンを接続します。センサーの出力は、OUT端子から汎用ピンに入力します。今回はGPIO4番を使用します。GND端子はGPIOのGND端子と接続します。

■HC-SR501の端子

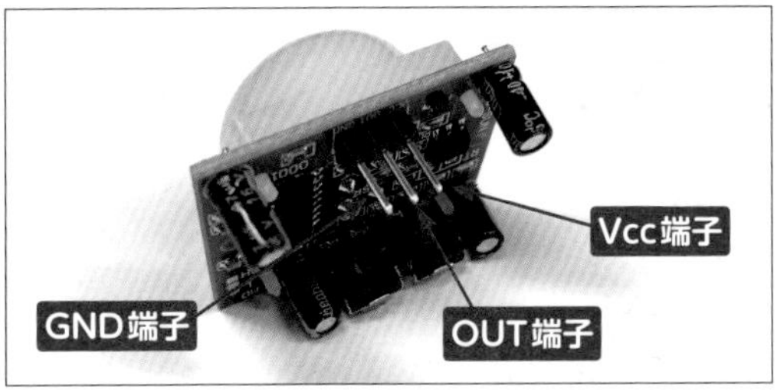

●使用する部品

回路に使用する部品は以下のとおりです。 HC-SR501の構造上、ブレッドボードで回路を組み立てるのは困難なため、ブレッドボードは使用しません。

- 焦電型赤外線センサー(HC-SR501):1個
- カメラモジュール:1個
- ジャンパーワイヤー(メスーメス):3本

⑤ 電子回路を組み立てよう

カメラモジュールと焦電型赤外線センサーを使用して、人が近付いたときに写真を撮影する回路は、次のようになります。

❶右のように、焦電型赤外線センサーHC-SR501の各端子にジャンパーワイヤー（メスーメス）を接続します。

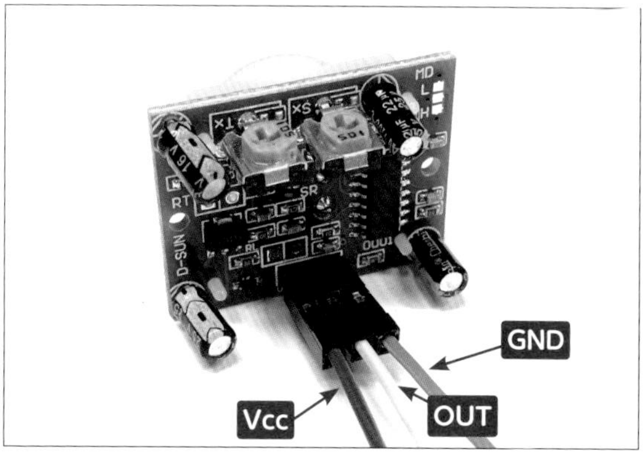

❷GND端子とGPIOのGNDピン、OUT端子とGPIO4番ピン、Vcc端子とGPIOの5Vピンをそれぞれ接続するように、各ジャンパーワイヤーを接続します。

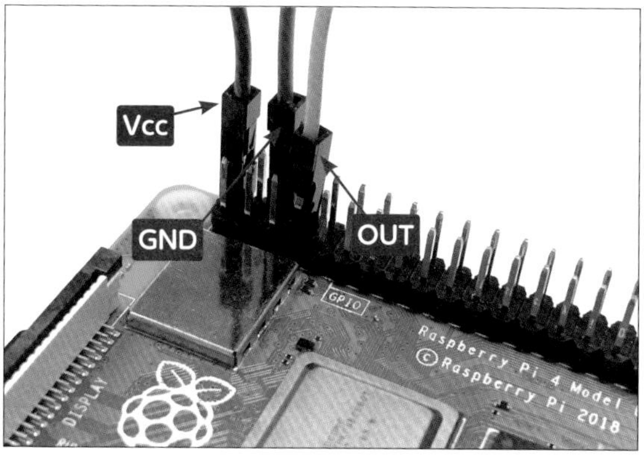

❸右のように組み立てられていることを確認します。

⑥ プログラムを作成しよう

プログラムを作成する前に、パスという概念について学んでおきましょう。これは撮影した写真を保存するために必要な知識です。

●絶対パスと相対パス

あるファイルを表すための文字列をパスといいます。パスとは、英語でいう道や経路のことで、ディレクトリの階層構造にどのように潜り込めばよいかを表しています。

パスを表す方法には、絶対パスと相対パスがあります。以下の図は端的にこれを表したものです。

■絶対パスと相対パス

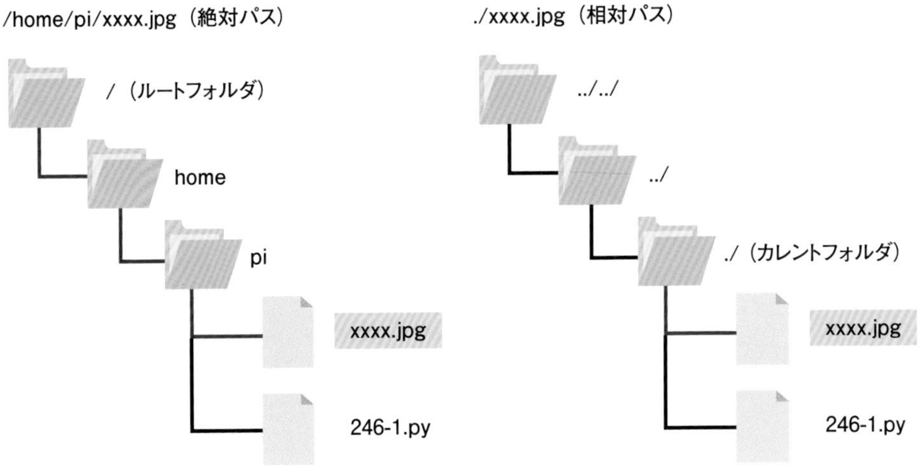

大元のフォルダをルートフォルダといい、このルートを起点に階層構造に潜り込んでいく書き方を、絶対パスといいます。絶対パスでは、あるファイルを指定するには、フォルダの構成や名前を変更しなければいつも同じ書き方となり、ルートフォルダを表す「/」から始まる文字列となります。

それに対して、あるフォルダからの相対的な経路で表す書き方を、相対パスといいます。「/」でない文字から始まれば、それは相対パスとして解釈され、プログラムを実行させるときに作業していたフォルダ（カレントフォルダ）からの相対的な経路を「./」や「../」のような特殊な表記を用いて表します。「pi」がカレントフォルダだとすると、「./」は「pi」、「../」は「カレントフォルダの上」なので「home」、「../../」は「カレントフォルダの上の上」を意味するので「/」になります。

では、具体的な例を用いて、実際のパスの記述方法を確認しましょう。

今回は、次のようなフォルダ構成を例にしてみましょう。現在、「地球」フォルダで作業をしているとします。

■具体的なフォルダ構成の例

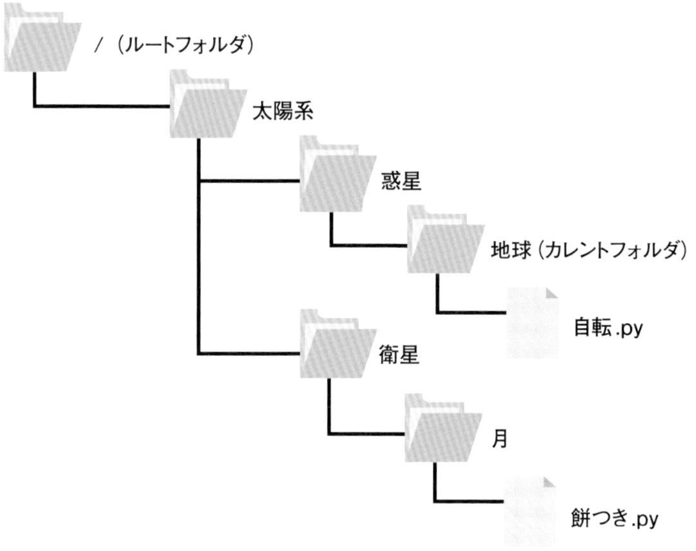

「自転.py」というファイルを表すパスを考えてみましょう。カレントフォルダにあるファイルなので、相対パスでは「./自転.py」と表せます。絶対パスでは、ルートフォルダから順に辿って「/太陽系/惑星/地球/自転.py」となります。

次に「餅つき.py」について考えます。絶対パスであれば、先ほどと同様にルートフォルダから辿って「/太陽系/衛星/月/餅つき.py」となります。一方、相対パスでは、まずカレントフォルダである「地球」から見て、上位のフォルダ（親フォルダ）である「惑星」フォルダ→「太陽系」フォルダへと移動し、次に「衛星」フォルダ→「月」フォルダへと移動するので、「../../衛星/月/餅つき.py」と表せます。

今回の例では、フォルダ構成はしばらくは変わりそうにないため、相対パスのほうが簡潔に表記できます。しかし、「月」フォルダで「餅つき.py」を実行するためには二度も親フォルダをたどることになるため、パスを見ただけではどのフォルダまで戻ればよいかが不明瞭です。一方、絶対パス表記の場合、階層関係がはっきりしていてわかりやすいですが、普段は「地球」フォルダにいるのですから、冗長な感じもします。

このように、フォルダ構成を変えない場合は相対パスで指定するほうが簡潔な場合が多いものですが、カレントフォルダが変わればそれにともなって複雑に記述しなければなりません。不安な場合は、絶対パスで指定しておくのが確実でしょう。

●プログラムを作成する

パスについて理解できたら、人が近付いたことを人感センサーで検知してカメラモジュールで撮影するプログラムを作成しましょう。

■人が近付いたら自動撮影するプログラム

ファイル「246-1.py」

```
from gpiozero import MotionSensor
from datetime import datetime
from picamera import PiCamera
from signal import pause

sensor = MotionSensor(4)
camera = PiCamera()

def capture():
    timestamp = datetime.now().isoformat()
    camera.capture('/home/pi/{}.jpg'.format(timestamp))

sensor.when_motion = capture
pause()
```

sensor = MotionSensor(4)：GPIO4番ピンを人感センサーに使用

camera = PiCamera()：カメラを使う準備

camera.capture(...)：絶対パスで写真を保存。相対パスで写真を保存する場合は「/home/pi/{}.jpg」を「./{}.jpg」に

sensor.when_motion = capture：人の動きを検知したらcaptureを実行

LEDや超音波測距センサーと同様に、使用するGPIOピンを最初に指定します。またカメラを使うことも宣言する必要があります。

captureという名前の関数で、写真を撮って保存する処理をあらかじめ指定しておき、センサーが人の動きを検知したときにイベントとして関数captureを実行します。

camera.captureは、カメラモジュールを使って写真を撮影するメソッドです。カッコの中に、写真を保存場所を示すパスを指定します。ここでは、「/home/pi/xxxx.jpg（xxxxは時刻）」としているので、「home」フォルダの中の「pi」フォルダの中の「xxxx.jpg」というファイル名で保存されます。絶対パスで指定する書き方を紹介していますが、相対パスで同じ場所を指定する場合は、注釈のように「./{}.jpg」と記述してください。

なお、datetimeを用いることで、画像の名前を撮影日時にしています。もし日時以外に名前を付けたい場合は、「{}.jpg」を、たとえば「picture.jpg」のように記述すれば、その名前で保存

されます。

●プログラムを実行する

プログラムが作成できたら、以下のように実行してみましょう。近くで人が動いたとき、撮影日時の名前で写真が保存されます。

■プログラムの実行例

```
$ python3 246-1.py ⏎
```


実行している間はずっと、センサーが検知を続けているため、人が動いたときに随時写真を撮影・保存します。

■プログラムを実行して保存された写真を開いた状態

プログラムを実行している間はずっと、センサーが検知を続けているため、人が動くたびに、写真を撮影・保存します。

絶対パスだけでなく、相対パスに書き換えて実行し、保存場所を確認してみてもよいでしょう。

6-8 もっと電子工作

種々の電子部品を組み合わせることで、さまざまなことを実現できるのも、電子工作の醍醐味です。ここでは、そのアイデアを難易度順に紹介します。興味を持ったものがあれば、ぜひ挑戦してみてください。

① 暗くなったら自動で光るライト

近付いたら点灯するLEDのように、暗くなったら自動で光るライトを作ることができます。用意するものは主に2つです。

・光センサー
・LED

光センサーとしては、CdS光導電セルという半導体素子が有名です。これを用いて、暗くなったときにLEDを点灯させ、明るくなったときにLEDを消灯させるようにします。CdS光導電セルは、明るいところでは抵抗値が小さくなり、暗いところでは抵抗値が大きくなるという性質を持っています。CdS光導電セルに直列に抵抗を接続して電圧をかけると、明るいときはCdS光導電セルの抵抗値は小さいため、ほとんどの電圧は抵抗側にかかり、反対に暗いときはほとんどの電圧がCdS光導電セル側にかかります。そのため、CdS光導電セルにかかる電圧をGPIOピンに入力して、明るさが変化すると、ある照度になったタイミングでHighとLowが切り替わります。これを条件あるいはイベントとすることで、LEDの点灯／消灯を制御できるのです。

実装の際は、CdS光導電セルに、抵抗ではなくコンデンサを直列接続し、コンデンサの充電によってHighになるまでの時間から、明るさの情報を割り出します。暗いときは抵抗値が大きく、コンデンサの充電に時間がかかるということを利用するのです。このような柔軟なアイデアが、電子工作の鍵となります。

CdS光導電セルによる抵抗値の変化はアナログ的ですが、Raspberry Piでは、ある電圧より高いか低いかしかわかりません。こういうときは、アナログをデジタルに変換するA－Dコンバーターを使用すれば、明るさの情報をより詳細に取得することができます。また、初めからデジタルで照度が取得できるセンサーなどを利用してもよいでしょう。

② 熱中症の危険度を知らせるLED

気温センサーや湿度センサーを使って暑さ指数を計算し、これに合わせて点灯させるLEDの色を変更することで、熱中症の危険度を知らせる装置を作成できます。これを実現するために必要なものは、以下のとおりです。

・温度センサー
・湿度センサー
・LED

暑さ指数は熱中症対策の指標として利用されており、専用の温度計によって計算され、これが高いときは原則運動禁止にするなどの措置がなされます。温度と湿度からは、蒸し暑さを示す不快指数が計算できますが、暑さ指数自体は計算できません。このため、温度と湿度から暑さ指数を推定して、利用することになります。温度と湿度をセンサーから取得し、暑さ指数をプログラムで計算し、危険度を基準値と比較して判定します。

温度センサーと湿度センサーは、温湿度センサーという形でいっしょになっている場合が多いものです。有名なものとしては「DHT11」が挙げられます。しかし測定値の誤差が大きいため、取り扱いには注意が必要です。

LEDは、危険度の段階分けのため４色ほど用意するか、多色発光できるもの（アノードが３本あるもの）を１つ用意するのがよいでしょう。危険度に応じて点灯させるLEDを選択、または発光する色を変更するようにプログラムを組めば、LEDの色から熱中症の危険度が判別できます。温湿度センサーの多くは、これまでに登場したセンサーと異なり、デジタル通信を行います。HighとLowを高速で変化させ、その並びで情報を表します。このような通信を行うものも、センサーの中には多数存在しています。

■熱中症の危険度に応じてLEDの色を変える例

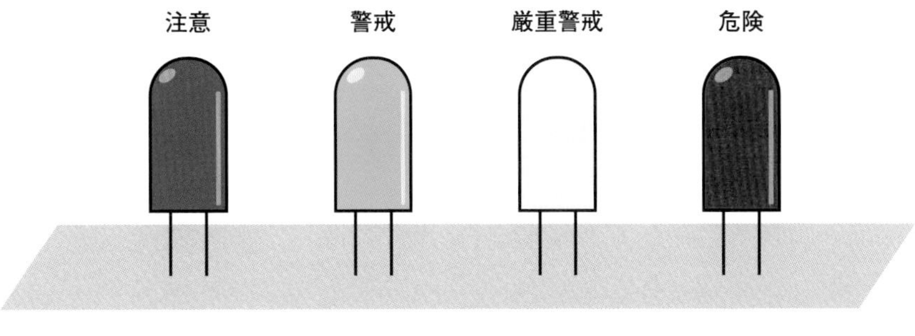

③ 別の部屋から操作できるリモコン

家で勉強などをしているとき、隣の部屋のテレビの音が大きくて集中できない、という経験をしたことはないでしょうか。隣の部屋に乗り込んで「音量を下げて！」といいたいものの、喧嘩になるのは避けたい——そのようなとき、自室から隣室のテレビのリモコンを操作できたらよいですよね。電子工作では、そういったリモコンも作れるのです。

テレビやエアコンを操作するリモコンは、赤外線の点滅パターンを用いて情報を伝達しています。このため、赤外線を発光させるLEDを用いて、リモコンの真似をすれば、テレビなどを操作することができます。このとき、Flask (P.176参照) などでWebサーバーを立てておけば、自宅内であればWi-Fiを経由し、スマートフォンをリモコンとして利用することができます。

必要なものは以下のとおりです。

・Wi-Fiルーター
・赤外線発光LED (940nm～950nm)

■リモコンの構成

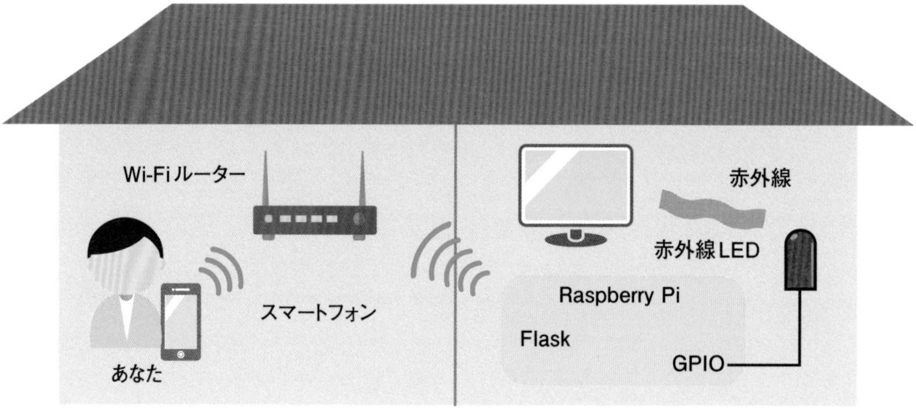

まず、Raspberry PiのGPIOピンに赤外線LEDを付け、テレビに向けておきます。Flaskによって Webサーバーを立て、スマートフォンから接続したときにリモコン画面を表示するようにします。押されたリモコンのボタンに対応して、GPIOに接続した赤外線LEDを、特定のパターンで点滅させます。赤外線の点滅パターンにはいくつかの規格が存在するので、片っ端から試してみるか、赤外線受光センサーを用いて、動作するパターンを調べるとよいでしょう。また、赤外線は目に見えませんが、スマートフォンのインカメラに写る場合もあるので、試してみてください。

④侵入者を教えてくれる防犯カメラ

カメラモジュールと顔認識システムを利用して、知らない人が近付いたときにメールを送信するようなプログラムを書けば、侵入者をメールで教えてくれる防犯カメラの出来上がりです。これを実現するために必要なものは、以下のとおりです。

・カメラモジュールやUSBカメラ
・インターネット環境
・LED
・人感センサー

プログラムの実装は任意ですが、その手順の一例は次のようなものです。

①あらかじめ許可者の顔写真を撮影しておく
②人が近付いたことを超音波測距センサーや人感センサーを用いて検出する
③暗いときのためLEDを発光させる
④カメラモジュールで写真を撮影する
⑤撮影した写真と、登録済みの関係者の顔写真を照合し、一致しなければ顔写真とともにメールを送信する

顔認識は、Python用のOpenCVライブラリを用いる方法と、クラウドコンピューティングなどを用いる方法などがあります。OpenCVライブラリでは、あらかじめ用意された顔検出器を用いて、人間の顔の認識を行ったり、用意した写真を使って特定の顔を検出したりすることができます。ただし、顔の照合精度はそれほど高くありません。

クラウドコンピューティングでは、AWSの画像・動画分析サービスであるAmazon Rekognitionなどが有名です。クラウドコンピューティングとは、インターネットを介して計算をしてもらうサービスのことです。バッテリーや計算資源が限られている、Raspberry Piやスマートフォンなどの小型端末ではよく用いられます。

このように、さまざまな機器をインターネットに接続することで、相互に情報をやり取りすることをIoTといいます。カメラをインターネットに接続して人の顔の認識を行うことも、立派なIoTです。

これらのほかにも、みなさんのアイデア次第でおもしろい電子工作が実現できます。ぜひ、さまざまな電子工作に挑戦してみてください。

パーツリスト

本書で使用した各種パーツを以下にリストアップします。学習や電子工作の参考にしてください。販売終了などにより、入手できないものが含まれる場合があることに注意してください。価格（税込）は購入時の参考として記載するもので、購入時の金額を保証するものではなく、変更される場合があります。本書ではRaspberry Pi 4 Model Bを主に用いています。

第1～5章（主にスイッチサイエンスで購入）

- Raspberry Pi 4 Model B（本書では4GB版を利用、7,700円）
- Raspberry Pi 3 Model B+（5,775円）
- Raspberry Pi 3 Model A+（3,300円）
- ケース（Pimoroni PIM464、1,298円）
- 冷却ファン（Pimoroni PIM461、1,474円）
- ACアダプター（スイッチサイエンス SSCI-056830、1,430円）
- HDMIからmicroHDMIへの純正変換ケーブル（RPI-MicroHDMI、770円）
- microSDカード（Transcend UHS-I microSD 300S 32GB）
- Windowsパソコン
- キーボード
- マウス
- ディスプレイ（HDMI入力端子を備えるもの）

第6章（電子工作部分のパーツ、主に秋月電子通商にて購入）

- ブレッドボード（EIC801、270円）
- 各種ジャンパーワイヤー（10本220円）
- LED（OSDR5113A、10個200円）
- 抵抗（100Ω、2.2kΩ、3.3kΩ、各100本100円。本書では1/4Wの定格出力のものを利用。CF25J100RBなど。）
- 超音波測距センサー（HC-SR04、450円）
- 焦電型赤外線センサー（HC-SR501、400円）
- カメラモジュール（公式カメラモジュールV2、3,850円）

INDEX

アルファベット

ACアダプター……026
A－Dコンバーター……248
AI……184
aptコマンド……113
Bluetooth……018
catコマンド……109
CdS光導電セル……248
cdコマンド……108
Chromium ウェブ・ブラウザ……080
CLI……065
Coder for Raspberry Pi……039
CPU……017
cpコマンド……129
CSIポート……018
CUI……065
Debian……040
DSIポート……018
DSP……017
e2labelコマンド……138
echoコマンド……106
fdiskコマンド……135
feedparserライブラリ……173
Flask……176
GIMP……082
GND……193, 202
GPIO……018, 192
GPIO Zeroライブラリ……194
GPU……017
grepコマンド……112
GUI……065, 068
HDMIケーブル……028
HDMIポート……017
hostnameコマンド……110
HTML……125
ip addr showコマンド……110
LED……032, 204, 228
LED点灯……204
lessコマンド……109
LibreOffice……041
lsコマンド……106
LXTerminal……103, 152
Lチカ……210
microSDカード……025
microSDカードスロット……019
Minecraft Pi……041, 096
mkfsコマンド……138
moreコマンド……109
Mousepad……152
nano……123, 153
NAS……126
NOOBS……042
OSMC……039
pip……168
PoE HAT……036
PoE HATポート……019
PWM……217
Python……154
python3コマンド……155
pコマンド……137
qpdfview……081
Raspberry Pi……014
Raspberry Pi 1 Model A+……023
Raspberry Pi 1 Model B+……023
Raspberry Pi 2 Model B……023
Raspberry Pi 3 Model A+……022
Raspberry Pi 3 Model B……023
Raspberry Pi 3 Model B+……022
Raspberry Pi 4 Model B……021
Raspberry Pi Imager……042
Raspberry Pi OS……038
Raspberry Pi OSの画面構成……068
Raspberry Pi Zero……023
Raspberry Pi Zero W……023
Raspberry Piアクセサリー……034
Raspberry Piを起動……051

Raspberry Piを終了……057
RDF……172
requestsライブラリ……169
RSSフィード……169
Ruby……189
Samba……127
Scratch……188
SDカード変換アダプター……025
SoC……017
SSH……140
SSHクライアント……140
SSHサーバー……140
sudoコマンド……114
TensorFlow……184
Tera Term……141
testparmコマンド……131
Ubuntu MATE……039
updateサブコマンド……113
USBポート……018
Webサーバー……117, 176
Wi-Fi……058
Windows 10 IoT Core……039
wコマンド……138

あ行

アプリケーション……080
アプリケーションの画面を最大化／最小化……072
アプリケーションのショートカット……085
アプリケーション・ランチャー……069, 086, 087
アプリケーションをアンインストール……084
アプリケーションをインストール……082
アプリケーションを起動……070
アプリケーションを切り替え……073
アプリケーションを終了……071
イーサネットケーブル……028
イベントドリブンプログラミング……235
インストール……043
インタプリタ……152
インデックス……113
オブジェクト指向……167
オープンソース……041
オームの法則……200
温度センサー……033

か行

解像度……091
外部ストレージ……134
回路図……202
壁紙……093
カメラ……034
カメラモジュール……033, 236
キット……032
技適……015, 019
キーボード……025
距離を測定……225
クライアント……100
クライアント・サーバーシステム……100
クラス……167
くり返し……164
ケース……028
交流……199
固定IPアドレス……060
コマンド……104
ゴミ箱……079
コンパイラ……152

さ行

サーバー……100
サーバーOS……067
システムトレイ……069
四則演算……156
自動バックアップサーバー……147
ジャンパーワイヤー……031, 197
条件分岐……162
焦電型赤外線センサー……237
初期設定……053
スキーマ……119
ステータスLED……019
スピーカー……035
スマートホームデバイス……148

絶対パス……244
センサー……033
相対パス……244
素子……198

た・な行

代入……157
タスクバー……069
ターミナル……103, 152
超音波……227
超音波センサー……033, 220, 228
直流……199
抵抗……032, 200, 205
ディスプレイ……026
テキストエディタ……152
デスクトップ……069
デスクトップOS……066
デスクトップパソコン……064
電圧……199
電源……198
電源コネクタ……017
電子回路……192
テンプレートエンジン……182
電流……199
統合開発環境（IDE）……153, 190
動作確認……056
動的コンテンツ……181
ドキュメントルート……122
ネットワーク……058

は行

パイプ……112
パス……119
パスワード……090
パソコン……024
パーティションテーブル……137
ヒートシンク……034
表示サイズ……088
標準出力……111
標準入力……112
ピント……241
ファイルサーバー……126
ファイルマネージャー……074
ファイルを移動……077
ファイルをコピー……078
ファイルを削除……078
フォルダを変更……076
フラットケーブル……031
ブレッドボード……030, 196
プログラミング……150
プロンプト……104
分圧回路……222
変換アダプター……027
変数……157
防犯カメラ……251
ポート番号……125
ホスト名……119

ま・や・ら行

マイク……035
マイクロスイッチ……032
マウス……025
ミニジャック……018
無線LAN……018
メディアサーバー……146
メニューバー……068, 094
メニューボタン……069
メモリー……017, 019
メモリーカードリーダー／ライター……025
文字列……158
モバイルバッテリー……036
有線LANポート……018
ライブラリ……168
リダイレクト……111
リモコン……250

■問い合わせについて
本書の内容に関するご質問は、下記の宛先までFAXまたは書面にてお送りください。下記のサポートページでも、問い合わせフォームを用意しております。電話によるご質問、および本書に記載されている内容以外の事柄に関するご質問にはお答えできません。あらかじめご了承ください。

〒162-0846
東京都新宿区市谷左内町 21-13
株式会社技術評論社　雑誌編集部
「Raspberry Pi はじめてガイド［Raspberry Pi 4 完全対応］」質問係
FAX：03-3513-6173
URL：https://gihyo.jp/book/2021/978-4-297-11958-4

なお、ご質問の際に記載いただいた個人情報は、ご質問の返答以外の目的には使用いたしません。また、ご質問の返答後は速やかに破棄させていただきます。

Raspberry Pi《ラズベリーパイ》はじめてガイド［Raspberry Pi《ラズベリーパイ》 4《フォー》完全対応《かんぜんたいおう》］

2021年 3月 6日　初版　第1刷発行
2023年 4月19日　初版　第2刷発行

著者　山内直《やまうちなお》
大久保《おおくぼ》竣介《しゅんすけ》・森本《もりもと》梨聖《りせ》
監修　太田昌文（Japanese Raspberry Pi Users Group）
協力　Japanese Raspberry Pi Users Group
井上敦司（三重大学客員教授）
川中普晴（三重大学大学院工学研究科）
発行者　片岡　巌
発行所　株式会社技術評論社
東京都新宿区市谷左内町 21-13
電話：03-3513-6150　販売促進部
03-3513-6177　雑誌編集部
印刷／製本　図書印刷株式会社
カバー　リンクアップ
本文デザイン・DTP　リンクアップ
編集　リンクアップ
担当　野田大貴

定価はカバーに表示してあります。

造本には細心の注意を払っておりますが、万一、乱丁（ページの乱れ）や落丁（ページの抜け）がございましたら、小社販売促進部までお送りください。送料小社負担にてお取り替えいたします。

ISBN978-4-297-11958-4 C3055

Printed in Japan